"十一五"国家重点图书出版规划项目

应用生物技术大系

食品生物技术理论与实践

主　编　姜毓君　包怡红　李　杰
副主编　赵　锋　崔英俊

科学出版社

北　京

内 容 简 介

本书是一本介绍生物技术基本理论及其在食品科学中应用的专著。生物技术的迅猛发展已经对食品科学产生了极大的促进作用，因此引起了科学界、产业界和消费者的极大兴趣和关注。本书在介绍生物技术基本理论的基础上，较为全面地阐述了其在食品科学、食品工业生产以及食品安全检测中的应用，并对有关食品生物技术引起的争议进行了客观的分析。全书共分九章，包括：食品生物技术导论，食品生物技术的对象与方法，基因克隆和重组蛋白生产，植物生物技术及其在食品生产中的应用，动物生物技术及其在食品生产中的应用，发酵技术及其在食品生产中的应用，工业化细胞培养及其在食品生产中的应用，生物技术在食品安全检测中的应用，伦理、安全和规范。全书内容深入浅出，循序渐进，语言叙述通俗易懂、简明流畅。

本书可以作为高等院校食品生物技术等相关专业的研究生和本科生的教材及参考用书，食品行业的科研人员也可从本书中获得非常有益的知识。

图书在版编目（CIP）数据

食品生物技术理论与实践 / 姜毓君，包怡红，李杰主编. —北京：科学出版社，2009.9（2017.4重印）

（应用生物技术大系）

ISBN 978-7-03-025627-0

Ⅰ. 食… Ⅱ. ①姜… ②包… ③李… Ⅲ. 生物技术-应用-食品工业 Ⅳ. TS201.2

中国版本图书馆CIP数据核字（2009）第168938号

责任编辑：李秀伟　刘　晶 / 责任校对：邹慧卿

责任印制：赵　博 / 封面设计：耕者设计工作室

科学出版社 出版

北京东黄城根北街16号

邮政编码：100717

http://www.sciencep.com

北京科印技术咨询服务有限公司数码印刷分部印刷

科学出版社发行　各地新华书店经销

*

2009年9月第 一 版　开本：787×1092　1/16

2009年9月第一次印刷　印张：15 1/2

2025年1月第三次印刷　字数：350 000

定价：**98.00元**

（如有印装质量问题，我社负责调换）

作 者 简 介

姜毓君，男，1971年出生，博士，国家乳业工程技术研究中心副主任，国家乳制品质量监督检验中心主任，东北农业大学食品学院教授，博士生导师。从事食品科学教学与科研工作，主要研究方向涉及食品生物技术、食品安全和食品蛋白质。先后主持"863"、国家科技支撑等国家和省部级课题十余项，发表学术论文三十余篇。已出版《食品蛋白质》、《食品酶学》和《食品安全检测技术》等专著和教材6部。

包怡红，女，1970年出生，博士，美国佛蒙特大学博士后，东北林业大学食品科学与工程专业副教授，硕士生导师。从事本科生、研究生的教学与科研工作，主要研究方向涉及食品生物技术、食品微生物、功能性食品与林副产品深加工。主持和参加的国家、省部级科研课题17项，发表学术论文四十余篇。出版专著《木聚糖酶工程菌的构建》、《畜产品加工30法》2部，主编著作3部，副主编、参编科技书籍和教材7部。

李杰，男，1972年出生，博士，东北农业大学生命科学学院副院长，副教授，硕士生导师，遗传学学科负责人。先后讲授了遗传学、分子遗传学、植物基因工程研究方法等本科生和研究生课程。在科研方面，主要从事植物基因工程、微生物基因工程、酶工程等方向的研究。主持各级科研课题8项；在国内外学术刊物上发表学术论文40余篇；申请基因专利3项；出版专著1部，教材3部。

前 言

自 20 世纪后半叶，生物技术所取得的巨大成就和进步，不但使其获得了引人注目的地位，同时也为医药卫生、农业科学以及食品科学研究注入了大量的新鲜血液，提供了许多新的思路。生物技术对解决人类所面临的食品短缺、食品安全、健康、资源、经济和人类可持续发展等问题及促进国民经济的发展是至关重要的。人们普遍认为21世纪是生物技术的世纪，生物技术产业将是 21 世纪的支柱产业。

生物技术是由多学科综合而成的一门交叉性学科，涉及生物化学、分子生物学、微生物学、细胞生物学、免疫学、遗传学和化学工程等，包括基因工程、细胞工程、酶工程、蛋白质工程、发酵工程等。这五大工程之间是相互依赖、密切联系、难于分割的。现代生物技术的核心是基因工程，由它带动和推动其他各大工程的发展；而现代生物技术的基础和归宿是发酵工程和酶工程，否则就不能获得产品和经济利益，也就体现不了基因工程和细胞工程的优越性。

食品生物技术（food biotechnology）是生物技术的一个分支。传统生物技术的发展，从某种意义上代表了食品生物技术的发展历程，因此，食品生物技术同生物技术的关系最为密切。现代食品生物技术是现代生物技术与食品科学技术相互渗透而形成的一门交叉学科。

食品生物技术是生物技术应用在食品科学以及食品原料生产、加工、制造、检测和储藏中的一个学科。现代生物技术的出现，为改造传统的食品生产，进行食品深度加工，开发新产品，提高食品质量和减少营养损失等增添了新的活力。

本书是在系统总结、概括我们多年教学经验和研究成果的基础上，并借鉴了国内外最新有关资料编写而成的。书中力图在介绍基本理论和基本知识的同时，将生物技术在食品科学研究和生产中的应用实例呈现在读者眼前，使广大读者能够掌握和适应食品科学技术进步的新趋势，为读者开展类似的研究提供分析问题和解决问题的思路和方法。全书共分为九章，分别由姜毓君（第一章、第六章7～8节、第八章以及第九章）、包怡红（第二章、第三章、第六章1～6节）、李杰（第四章）、崔英俊（第五章）和赵锋（第七章）撰写，由赵锋负责全书统稿和插图。

食品科学是一门非常重要的应用科学。食品工业是国民经济的主要组成部分，它的发展不仅与人民生活息息相关，而且也是衡量一个国家经济、科技、文明和社会发展水平的重要指标。生物技术在食品科学和食品工业中的应用还仅仅是个开始。本书的出版，得到了国家"863"计划项目（2008AA10Z311）、国家科技支撑计划项目（2006BAD04A08、2009BADB9B06）和东北农业大学创新团队项目（CXT007-3-2）等课题的资助，在此表示衷心的感谢。尽管我们力图在本书的编写过程中注重系统性、实践性和前沿性，但是由于学术水平、研究经验和写作能力所限，书中难免有错误和不妥之处，希望广大读者不吝赐教。

编 者
2009年7月于哈尔滨

目 录

前言
第一章　食品生物技术导论 ·· 1
　第一节　食品生物技术概述 ·· 1
　第二节　食品中的 DNA 重组技术 ·· 3
　　一、概述 ·· 3
　　二、转基因植物 ·· 5
　　三、转基因动物 ·· 7
　　四、转基因微生物 ··· 8
　第三节　食品微生物技术 ··· 9
　第四节　食品生物技术检测 ·· 10
　第五节　食品生物技术与食品安全 ··· 11
　　一、食品生物技术的争议 ·· 11
　　二、食品安全 ·· 12
　参考文献 ·· 13
第二章　食品生物技术的对象与方法 ·· 15
　第一节　细菌 ·· 15
　　一、概述 ·· 15
　　二、细菌的增殖 ·· 15
　　三、细菌的生理多样性 ··· 17
　　四、细菌的遗传学 ··· 18
　第二节　真菌 ·· 21
　　一、概述 ·· 21
　　二、真菌的应用 ·· 23
　第三节　病毒 ·· 25
　第四节　遗传信息的传递 ·· 27
　　一、DNA ·· 27
　　二、真核生物的转录和翻译 ··· 29
　　三、多肽的翻译后修饰 ··· 29
　　四、生物技术与基因的相关性 ·· 30
　第五节　基因工程技术 ··· 30
　　一、核酸的纯化 ·· 30
　　二、凝胶电泳 ·· 30
　　三、印迹和杂交 ·· 31

四、DNA 测序 32
　参考文献 32
第三章　基因克隆和重组蛋白生产 34
　第一节　概述 34
　第二节　基因克隆一般过程和主要工具 35
　　一、限制酶 36
　　二、质粒载体 37
　第三节　互补 cDNA 41
　第四节　聚合酶链反应 42
　　一、概述 42
　　二、PCR 扩增的机制 42
　　三、PCR 技术的不足 44
　　四、PCR 技术的衍生类型 44
　第五节　pUC 载体 45
　第六节　噬菌体载体 47
　　一、Lambda 载体 47
　　二、柯斯质粒载体 48
　第七节　人工染色体与亚克隆 50
　第八节　重组凝乳酶 50
　　一、凝乳酶与干酪的制作 50
　　二、重组凝乳酶与包含体 51
　　三、用酵母的重组体生产重组蛋白 52
　第九节　重组牛生长激素 53
　参考文献 54
第四章　植物生物技术及其在食品生产中的应用 56
　第一节　概述 56
　第二节　植物组织细胞培养 58
　　一、植物生长调节 58
　　二、离体生活周期 58
　　三、离体繁殖 59
　　四、植物组织培养与传统植物育种 60
　第三节　转基因植物的培育 62
　　一、概述 62
　　二、培育转基因植物的过程 64
　　三、植物转化系统 66
　第四节　转基因植物在食品生产中的应用 73
　　一、转基因抗虫 73
　　二、转基因抗病 75

三、除草剂抗性 …………………………………………………………………… 77
　　　四、延迟成熟 ……………………………………………………………………… 78
　　　五、高品质大米 …………………………………………………………………… 81
　第五节　发展中的转基因植物 ………………………………………………………… 84
　　　一、农艺学性状 …………………………………………………………………… 84
　　　二、贮存蛋白 ……………………………………………………………………… 85
　　　三、抗营养物和其他非期望的物质 ……………………………………………… 85
　　　四、面包生产中重要的蛋白质 …………………………………………………… 88
　　　五、淀粉质量 ……………………………………………………………………… 88
　　　六、甜味剂的替代品 ……………………………………………………………… 89
　　　七、维生素与植物化学物质水平 ………………………………………………… 89
　　　八、过敏原的减少与消除 ………………………………………………………… 90
　参考文献 ………………………………………………………………………………… 91

第五章　动物生物技术及其在食品生产中的应用 ……………………………………… 93
　第一节　概述 …………………………………………………………………………… 93
　第二节　转基因动物的培育方法 ……………………………………………………… 95
　　　一、显微注射法 …………………………………………………………………… 95
　　　二、逆转录病毒载体法 …………………………………………………………… 96
　　　三、精子载体法 …………………………………………………………………… 96
　　　四、胚胎干细胞介导法 …………………………………………………………… 97
　　　五、体细胞核移植法 ……………………………………………………………… 98
　第三节　转基因动物及其应用 ………………………………………………………… 98
　　　一、转基因鱼 ……………………………………………………………………… 99
　　　二、转基因哺乳动物 ……………………………………………………………… 104
　　　三、转基因家禽 …………………………………………………………………… 112
　第四节　克隆技术及其应用 …………………………………………………………… 115
　　　一、概述 …………………………………………………………………………… 115
　　　二、克隆的基本技术程序 ………………………………………………………… 118
　　　三、克隆技术的应用价值 ………………………………………………………… 121
　　　四、克隆技术存在的问题 ………………………………………………………… 123
　　　五、克隆技术对人类社会的影响 ………………………………………………… 125
　第五节　胚胎干细胞的研究 …………………………………………………………… 126
　　　一、无胚胎化成熟体细胞克隆技术 ……………………………………………… 127
　　　二、成年干细胞与人体组织和器官培养 ………………………………………… 128
　　　三、发育主导基因与组织和器官培养 …………………………………………… 129
　　　四、胚胎干细胞研究面临的问题与展望 ………………………………………… 133
　第六节　转基因生物与食品安全 ……………………………………………………… 134
　参考文献 ………………………………………………………………………………… 137

第六章 发酵技术及其在食品生产中的应用 … 141
第一节 概述 … 141
第二节 啤酒酿造 … 142
一、概述 … 142
二、麦粒发芽 … 144
三、捣碎 … 145
四、初次发酵 … 146
五、二次发酵 … 148
六、代谢抑制的改善 … 149
七、高密度的发酵 … 150
八、联乙醯的消除 … 150
第三节 发酵乳 … 151
一、发酵剂 … 152
二、噬菌体污染 … 153
三、乳酸菌的重组 … 154
第四节 氨基酸的生产 … 156
一、概述 … 156
二、微生物的选择 … 157
三、脯氨酸的生产 … 160
四、谷氨酸的生产 … 160
五、天冬氨酸的生产 … 162
第五节 微生物酶的应用 … 163
一、概述 … 163
二、淀粉酶 … 164
三、脂肪酶 … 167
四、多聚半乳糖醛酸酶 … 169
第六节 微生物多聚糖的生产 … 169
一、概述 … 169
二、复合多聚糖 … 170
三、黄原胶 … 171
第七节 柠檬酸与维生素的生产 … 173
一、柠檬酸的生产 … 173
二、维生素的生产 … 174
第八节 发酵技术的潜在问题与趋势 … 175
参考文献 … 176

第七章 工业化细胞培养及其在食品生产中的应用 … 177
第一节 大规模细胞培养 … 177
第二节 影响大规模细胞培养的环境因素 … 178

一、氧气 178
　　　二、pH 182
　　　三、温度 182
　　　四、营养供给 183
　第三节　生物反应器的类型 186
　　　一、搅拌型生物反应器 186
　　　二、连续培养型生物反应器 188
　　　三、固定床反应器 190
　第四节　下游加工处理 193
　　　一、下游加工处理的重要性 193
　　　二、细胞裂解 194
　　　三、悬浮细胞的分离 194
　　　四、产物的收集 196
　参考文献 197
第八章　生物技术在食品安全检测中的应用 198
　第一节　食品安全检测的迫切性 198
　　　一、全球食品安全状况 198
　　　二、危害分析的关键控制点 200
　　　三、非病原体的检测 202
　第二节　生物检测技术 203
　　　一、核酸探针 204
　　　二、聚合酶链反应技术 206
　　　三、DNA芯片与微阵列技术 208
　　　四、抗体检测系统 209
　　　五、荧光检测技术 217
　　　六、生物传感器检测技术 218
　参考文献 221
第九章　伦理、安全和规范 223
　第一节　概述 223
　第二节　消费者的观点和食品生物技术 224
　第三节　转基因作物的安全评估和规范 226
　　　一、评估方法 226
　　　二、实质等同性原则的争议 227
　　　三、新基因的风险评估 228
　　　四、转基因食品标注的意义 230
　　　五、检测评估的标准 231
　　　六、生物技术和发展中国家 231

第四节　食品生物技术的未来 …………………………………………………… 232
参考文献 …………………………………………………………………………… 233

附录 ……………………………………………………………………………………… 234
转基因食品卫生管理办法 …………………………………………………………… 234

第一章 食品生物技术导论

第一节 食品生物技术概述

民以食为天，这是亘古不变的真理。随着经济的快速发展，人们的生活水平也逐渐提高，从而对食品的要求也越来越高。食品工业是世界各国经济的重要组成部分，并且其发展依赖于技术的进步，而食品加工技术的发展是 20 世纪科学的主要进展之一。在发达国家，由于生物技术的发展提高了在培育、储藏和加工动植物食品方面的能力，因此人们在任何时候都能够享受极为丰富的新鲜或加工过的食品。而在发展中国家，粮食产量的增加一定程度上缓解了人口增长的压力，这主要归功于育种方法的改进。

然而，着眼于全球，当今的食品加工技术依然存在着缺点。在工业化国家，食品的生产严重依赖于燃料，几乎所有的工业化产品都需要消耗燃料，如杀虫剂和化肥（生产化肥需要消耗大量的能源，这些能源通常来自于矿物燃料）。在发展中国家，不管如何努力提高粮食生产效率，饥饿和营养不良的现象仍然随处可见。一方面，全世界的耕地面积日益减少，庄稼面临着污染和盐化的威胁；另一方面是人口持续增长，虽然过去 20 年来人口增长的速度已经大幅度地减缓，但对人口发展趋势的普遍预测是人口会一直增长下去，这种趋势在发展中国家尤为明显，因此，如何提高粮食生产以应对人口的增长，是未来要面对的挑战之一。

从目前来看，食品技术仍存在着许多问题，这些问题关系到食品向高价值产品的转化过程。在世界上许多地方，食源性疾病的发生率呈现上升的趋势，其中有一部分归因于食品加工体系过于复杂。越来越多的消费者相信天然食物有利于身体的健康，在某种程度上这种观点有一定道理，但是其中也存在着威胁健康的隐患，而且这也在一定程度上促进了食源性疾病的发生。未经高温消毒的苹果酒中的埃希氏大肠杆菌 O157∶H7 引发的感染，正是这种现象的一个例证。现在的消费者已经意识到食源性病原体对健康的威胁，而且更为关注农药残留对健康带来的潜在危害。

生物技术能在一定程度上解决这些问题。食品生物技术的突破促进了农业体系的发展，提高了农业生产的效率，并且增强了农业体系的持续性，减少农业体系对农药和化肥的依赖。本书的目的旨在加强读者对这种能够改善食品生产体系的方法的理解。举例来说，DNA 重组技术（一种直接改变生物体基因结构的方法）已经为谷物、棉花和土豆的生产者提供了代替杀虫剂来控制害虫的方法。将 DNA 从细菌转移到植物，这种方法在 40 年前还不可想象，但现在已经成为改良植物生长的关键技术。苏云金芽孢杆菌（*Bacillus thuringiensis*）产生的毒素蛋白能够杀死特定的几种害虫，当将编码这种毒素蛋白的基因转移到植物，从而使其成为转基因植物时，这种转基因植物就对某些特定的昆虫变得有毒，从而起到保护植物不受害虫侵害的作用。这种技术也能够用来改善农作物的营养品质并使其更易于加工（例如，改变小麦的高分子麦谷蛋白的特性，能够提高干面团的酵力）。

利用生物技术能开发出更有效的监测体系，可以更容易地检测出食品中的食源性病原体和毒素，从而使食物更为安全。微生物在食品工业中扮演着一个重要的角色，而且在食品加工中显得越发重要。从细菌和真菌中能够获得多种有用的酶、氨基酸和多糖，它们在食品工业中的应用正在逐步增加。

但是食品生物技术同样引起了诸多争议。消费者（尤其在欧洲大陆及英国、日本）对于转基因作物的安全性心存疑虑。许多消费者和环保组织相信转基因作物对人类和环境有潜在的危险，并且认为政府部门对转基因作物的评估还不够。另外，也有许多人认为食品生物技术仅仅对那些大公司的发展有利，而对普通大众没有什么好处。而且，反全球化的激进人士热衷于将食品生物技术作为攻击的目标，认为它是剥削发展中国家的一种手段。

1999年的秋天，有研究发现在玉米外壳和其他几种供人类消费的作物中存在大规模的"Starlink^{Tm}"谷物污染。这种作物的一个基因能够产生抗欧洲玉米钻心虫的毒素，而欧洲玉米钻心虫对农作物有非常强的破坏力。但这种作物不允许为人类食用，不过它可以用来作为动物的饲料。限制这种玉米作为食品的原因是其中的蛋白质可能会引起一些人类的过敏反应，而引起过敏的原因可能是对消化酶的一些抗性作用。最后的结果是使一些公司蒙受了巨大的经济损失，而人们对于食品生物技术的不信任也开始加剧。

Starlink事件过去后不久，瑞士的生物技术学家宣布已经开发出一种称为"金米"的稻米，这种稻米比普通稻米含有更多的β-胡萝卜素，人体可以利用胡萝卜素合成维生素A。维生素A缺乏症在发展中国家广泛存在，并且会引起非感染性夜盲症。这种缺乏症的普遍原因是将稻米作为唯一的主食，因为对于居住在极度贫困地方的人和南亚的贫苦农民来说，稻米是他们唯一能够获得的食物。

"金米"对于维生素A缺乏症的效用还不确定，况且它也不是解决世界营养不良问题的永久方法，但是它将会使世界一些贫穷地方维生素A的营养水平得到改善。一些生物技术公司很快把"金米"作为生物技术对于人类社会有潜在好处的一个例子而大肆宣扬。这种将"金米"作为宣传工具的做法遭到了公众和"金米"开发者的批评。"金米"的开发途径与那些商业转基因作物不一样，开发的基金来自于瑞士政府和一个美国的基金组织（洛克菲勒基金）。"金米"的开发者一直允诺发展中国家的农民可以免费获得"金米"的种子，而且他们也不会为这种转基因作物寻求知识产权。相反，像Monsando这样的公司却成功地为其开发的转基因作物取得了专利权。美国和加拿大的大量关于争夺专利权的案例也从侧面说明了生物技术公司认为转基因作物的知识产权非常重要。

大多数的消费者对于生物技术的应用持矛盾的态度。许多调查也发现消费者有误解生物技术本质的趋势。例如，在大洋洲，一份涉及2000人的调查报告显示，大多数人对于食品生物技术的危害和益处还不甚清楚，然而他们却感觉危害远远大于益处。因此，消费者对于生物技术进入到食品工业存有疑虑，但是这种担心不是基于专业知识的。其他国家的消费者也持有类似的心态。公众对于生物技术虽然存有敌意，但仍有转变态度的可能。为了鼓励这种转变，生物技术工业需要使消费者相信生物技术能够改善他们的生活，并且对环境和人类健康没有任何威胁。

实际上，大多数消费者没有重视食品生物技术的那些无争议的方面，像来自微生物的食品添加剂（如黄原胶）和基于DNA的检测技术。这些生物技术对于消费者和环境没有危险，而那些反对生物技术的激进团体常常忽视它们也是一种生物技术（罗云波和生吉萍，2006；罗琛，2000）。

本书的主要目的是使读者对食品生物技术的各个方面进行了解。有必要的话，读者可以通过其他更为专业的读物致力于技术细节的研究。书中通过大量的实例说明了生物技术的危害和益处，并且将全面剖析围绕着食品生物技术的争论。

第二节 食品中的DNA重组技术

一、概　述

由于生物技术是一个很宽泛的概念，所以很难对其精确地定义。然而，在食品的应用中，生物技术通常能用以下几条来描述：

第一，直接改变动物、植物或者微生物的DNA（即众所周知的"基因改良生物体"，或者称为GMO）；

第二，作为食品或食品添加剂的微生物或微生物产品；

第三，与食品工程相关的微生物或微生物产品的DNA或蛋白质水平的检测和鉴别方法。

这并不是唯一的描述，许多植物的传统培育一般也被认为是生物技术的过程。例如，植物的培育者常常将植物与其野生亲缘植物杂交来获得新的杂交植物，而杂交后的植物具备有用的新特性。这个过程需要利用多种细胞技术，所以这种技术被认为是生物技术方法。

微生物在农业中的直接应用越来越普遍。例如，根瘤菌（*Rhizobium*）是一种能够将大气中的氮气转到某种植物中的细菌，通常将其转接到种子上，能够减少植物对肥料的依赖性。对害虫和杂草的微生物控制方法也越来越普遍。

功能性食品和营养品有时也被认为是生物技术的一部分。功能性食品通常被定义为可提供超过一个正常人基本营养需求且对健康有益处的食物。营养药品有时被定义为在保健食品中的特殊成分，它们有促进健康的效果。然而，更为常见的是，"营养药品"这个词局限于那种能够改善健康并且能以纯化方式（如以药片的形式）销售的食物成分。因为保健食品经常是通过传统农业正常的非转基因植物生产的，它们不涉及其他形式的食品生物技术，因此，它们不在本书的讨论范围之内。许多维生素有促进健康的效用（如抗氧化作用），也属于功能性食品范畴，然而，用来提高维生素含量的DNA重组技术毫无疑问是食品生物技术，它与维生素的传统生产方式截然不同。食品中含有许多可促进健康和预防疾病的成分，许多生物技术研究者对采用DNA重组技术提高这些成分的含量十分感兴趣。

DNA重组技术的重大突破是基因克隆。这意味着可以单独处理从生物体的染色体组（生物体中全部的基因信息）提取的某个目的基因。在第三章我们将讨论具体操作的细节，但一般来说，通常是将一个基因片段转移到载体上来进行基因克隆

（图1-1）。载体可以将DNA片段从一个生物体转移到另一个生物体。质粒是最常用的载体，它是小的环状双链DNA，并且可以在宿主细胞内进行复制。一个质粒载体插入到一个细胞中，则这个细胞包含目的基因，并且能够与其他含非目的基因的细胞相分离。

基因克隆可以对一个基因序列和特性进行细致的研究，并且它也能将一个基因转移

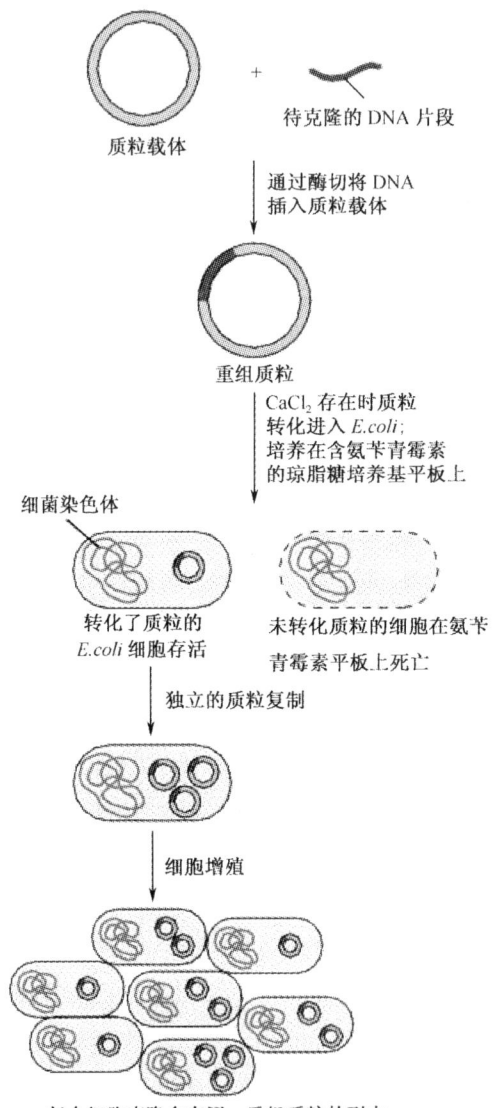

图1-1 将DNA片段克隆到质粒载体的一般过程（Primrose and Twyman，2006）
质粒含有复制起点和氨苄青霉素抗性基因（未示出）。高浓度$CaCl_2$能够刺激质粒进入 E. coli 细胞，但转化率很低，其中有一些细胞转化了单个质粒分子；未转化质粒的细胞在含氨苄青霉素的培养基中死亡。进入宿主细胞后，质粒的复制不依赖宿主细胞的染色体。转化细胞增殖成一个克隆群落，每个子代细胞至少遗传分配到一个质粒

到多种生物体内。因此，从一个细菌分离出的基因可以转移到其他的细菌、植物或动物中去。在某些情况下，基因转移相当容易；而在另一些情况下（例如，将一个基因转移到多细胞动物中）则较为复杂和具有挑战性。分子生物学的一个作用就是将特殊基因从一个生物体转移到另一个生物体中，不受配伍禁忌（动物的繁殖是在同一种属间进行）的限制。

基因克隆的基本技术是 20 世纪 70 年代中期发展起来的。基因转移的直接产物是重组体，因为转移后的染色体含有其他生物体的 DNA，此过程称为基因工程，用特殊的媒介得到的产物称为基因改良生物体（GMO）。本书中"GMO"总体上是指通过 DNA 重组技术改良的生物体（植物、动物和微生物），而"转基因植物"、"转基因动物"和"转基因微生物"是 GMO 的特殊形式。

二、转基因植物

大约 11 000 年前，人类开始耕种作物并且驯养动物。同时他们可能也开始繁殖培育动植物。繁殖培育是一个简单的基础过程，上一代的显性特征传给子代（对于植物，通常是授粉方式），具有这种特征的子代经过选择然后繁殖。这是个持续的过程，一直持续到获得想要的改良作物为止。

对于作物改良如增产和抗病，繁殖培育仍然是一个有效的方法。这个特点对于食品加工者和营养学家都非常重要，前者关心土豆中蔗糖的含量等，后者关心胡萝卜中的 β-胡萝卜素含量等。然而，这种方法的主要缺点是无法调控自然繁殖中的基因混杂。当一个花粉颗粒细胞核传授给一个卵细胞的细胞核时，这个花粉颗粒细胞核的所有染色体与卵细胞细胞核的所有染色体混杂。许多情况下不需要的特性与需要的特性会一起转移到卵细胞中。20 世纪 70 年代中期，植物学家很快认识到 DNA 重组技术可能会带来植物培育的革命。培育者不再仅仅依赖于在其他培育变种或相近种属中寻找新特性，而是也从其他的生物体中转移基因使植物获得需要的特性。此外，DNA 重组技术能够避免传统培育过程中遇到的大量基因混杂的问题。在 DNA 重组技术中，只有目的基因和一两种其他的基因能够被转移到植物中，这确保了在基因转移过程中有价值的性状不容易丢失。第一篇关于转基因的论文发表于 20 世纪 80 年代初，而一些公司在 90 年代初向转基因植物商业化迈出了第一步。

转基因作物已经受到了公众的高度关注，并且一直处于争议之中。1994 年以来，美国生产商已经公布了 51 种转基因植物变种，大多数是 1995～1998 年间公布的（图 1-2），并且大多数为生产商带来了利益。它们具有对除草剂的抗性，含有能够产生对害虫有毒力作用的毒素蛋白基因，或者对作为植物病原体的病毒有抗性（表 1-1）。相对地，这些公布的植物中除了晚熟变种以外，只有极少数与消费者直接相关。晚熟番茄有两个潜在的优势：具有很长的成熟期，没有伴随着藤蔓成熟而发生的软化；由于降低了果胶质的分解率，从而提高了固体物质的含量。第一个特性有利于成熟番茄的运输，第二个则有助于改善番茄的口感。

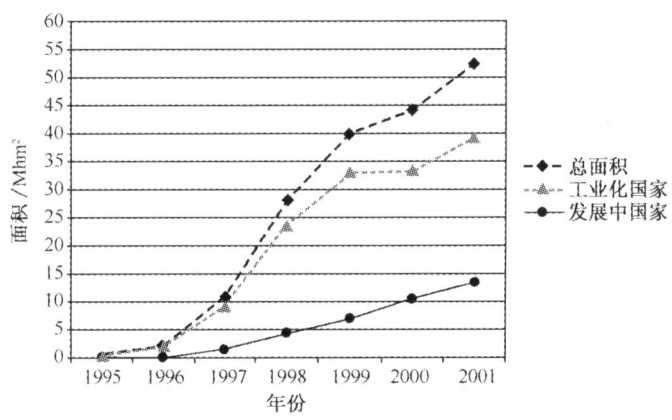

图 1-2 世界上转基因作物的面积（James，2001）

表 1-1 截至 2000 年已经商业化的生物技术作物（Krueger，2001）

国家和地区	批准的生物技术作物数量	国家和地区	批准的生物技术作物数量
美国	51+	阿根廷	3
加拿大	38+	澳大利亚	3
日本	30+	巴西	1
欧盟	12	俄罗斯	1
墨西哥	3	印度	1

随着生物技术的发展，公布的转基因作物的数目还会增加，并且对于食品工业和消费者来说转基因植物会带来直接的好处（表 1-2）。现在，这样的转基因植物之所以很少，原因之一是改良目标无论是以有利于生产加工或是以满足消费需求为目的，往往都存在技术难题，很难实现。例如，抑制豌豆或其他豆科植物中脂肪氧化酶（lipoxygenase，LOX）的活性可以改善其风味和香味。然而，这样做可能会导致植物对诸如昆虫攻击等各种类似刺激的抵抗能力的降低，因此这样的改良必须是在对其实质有着全面了解的前提下方能进行。

表 1-2 1994~2000 年间在美国已经商业化的转基因作物中引入的特性（Perry，2002）

特性	数量	特性	数量
抗除草剂	23	抗病毒	3
抗害虫	14	改良脂质组成	2
不育/多产	8	提高营养水平	1
晚熟	6		

注：一些转基因作物具有一种以上的新特性。

世界上只有少数作物是通过 DNA 重组技术改良的。水稻和小麦的品种改良尤其困难，原因之一是它们很难在试管内栽培。然而，近年来技术的进步已经使对水稻和小麦的品种改良相当简单方便，在未来 5 年中重组水稻和小麦的产量可能会增加。在大众能够广泛接受转基因植物之前，转基因作物的商业化发展（如大多数蔬菜）前景还不够乐观。

重组作物在生产实践中已经相当普遍。每年美国农业部（USDA）的经济资源部（ERS）都会对随机抽选的农民进行调查。调查指出，1996～2000年重组作物的耕种面积逐年扩大，有些重组变种接近总面积的50%（如抗杂草的大豆）。抗昆虫和抗杂草作物的耕种尤其成功，这是因为它能减少用于控制害虫和杂草的农药支出。

在北美洲，实现转基因作物的大规模种植意味着大部分用于食品加工的玉米、大豆和油菜是转基因作物。然而，只有几种转基因作物（一些抗昆虫玉米和抗杂草大豆的品种）允许作为食品出口到欧洲。一些在北美洲种植的转基因作物必须采取隔离措施，这就是众所周知的作物隔离制度。这对于某些商品（如美国的大豆）则很难做到，因为转基因植物引进之前并不需要隔离制度。因此，强制执行各品种的隔离体系将是一个成本极高的过程。尤其在 Starlink 事件之后，许多农民担心隔离制度会阻碍转基因作物的国际贸易。除非全球的消费者对于转基因作物的不信任的现状得到改善，否则将来转基因作物污染问题可能阻碍转基因作物商品的出口。2001年7月，欧盟出台了一部管理转基因作物使用的法规，规定了任何转基因产品含量超过1%的食品必须注明其中含有转基因作物。因此，在运输过程中即使非转基因作物的商品中含有很少一部分转基因种子也可能会引起麻烦。

在欧洲，直到2002年也没有新的转基因植物的许可。尽管欧盟即将推出新的转基因品种核准办法，但在短期内欧洲转基因作物的种植面积依然不太可能大规模增长。而且，反生物技术激进团体在欧洲比北美更具影响力，公众对转基因食品对人类和环境的安全性还有疑虑。但在英国，虽然对转基因作物的反对声音仍然广泛存在，公众对转基因作物的态度却已经有了明显的转变。

三、转基因动物

相对于转基因植物在商业上的成功，转基因动物的匮乏有几个方面的原因。首先，许多作物都有容易确认的优点（如玉米和玉米螟），可以通过改变单独的基因来解决（如编码对玉米螟有毒的蛋白质的基因），但这样简单的问题在动物生产体系并不常见。举例来说，饲料转化率（动物将饲料转为体内组织的能力）对动物生产体系非常重要，如果动物用少量的饲料就可以增重，生产者就可以节约大笔费用。不利的是，许多因素影响饲料转化率，用改变单个基因的办法来解决是不现实的。加大给予动物（如猪）的生长激素量以提高饲料转化率的办法，也会影响到动物的健康（如骨骼生长异常），但转基因鱼例外。生长激素水平提高的转基因鲑鱼（大麻哈鱼），比非转基因鱼成长快很多，而且没有副作用。然而，在渔场里饲养转基因鱼，很难预防它逃逸到环境中，如果与野生型鲑鱼群杂交，可能会减弱全体的适应性。其实转基因鱼通常是不育的，并不能与野生型鱼杂交。但是不管有怎样的保护措施，转基因鱼的安全性仍然处在争议之中。

英国研究者对克隆羊（多莉）的广泛宣传，让人们开始关注用转基因动物制造人类蛋白质的可能性，如有医疗作用的 α_1 抗胰蛋白酶（α_1-antitrypsin）。这种"分子药物"将可能是转基因动物的第一种商业用途，这种用途是属于农业还是属于食品仍在讨论中。但是，无论转基因动物的分子药物成功与否，它将对转基因动物在传统农业的发展产生巨大的影响。它在传统农业中的用途包括改良牛奶中的蛋白质或乳脂，提高对病毒或细菌病原体的抗性，以及提高肉制品中瘦肉的含量。但是，2003年以前转基因动物的商业化并未实现，因为没有获得生产许可，不可能进行转基因鱼的商业开发和销售（彭志英，2008；王向东和赵良忠，2007）。

许多动物的繁殖技术也受到生物技术的影响。胚胎克隆、储藏和转移是现代动物管理和动物繁殖过程的重要部分。如果一个动物个体有特别优良的特性，可以用离体培养（细胞培养）技术大量繁殖子代，让具有优良特性的动物大量繁殖。

四、转基因微生物

迄今为止，在食品生产和加工中，重组微生物的应用只限于微生物重组酶和一种提高牛奶产量的重组激素（牛生长激素，BGH）。重组凝乳酶就是微生物产生的一种重组酶。自20世纪80年代以来，人们开始用DNA重组技术将牛的凝乳酶基因转移到几种真菌中，现在重组凝乳酶在世界乳制造业中已经得到广泛的应用（图1-3）。凝乳酶提高了在由乳酸菌作用的牛奶发酵起始时凝乳的形成率。凝乳酶一般是从屠宰后的牛胃中获得，但是这种供应来源不是很稳定。相反，重组凝乳酶不具有这种不稳定性，因为它可以通过生物反应器（大规模细胞生长容器）中重组酵母的生长来进行生产。有趣的是，重组凝乳酶甚至引起了美国和欧盟之间的分歧。欧盟未要求用凝乳酶制作的干酪必须标明含有转基因生物产品，理由是这种干酪卖给消费者时只含有微量的重组凝乳酶。然而，美国政府坚持认为这是一种不公平的贸易手段，因为这意味着欧盟产品可以免除

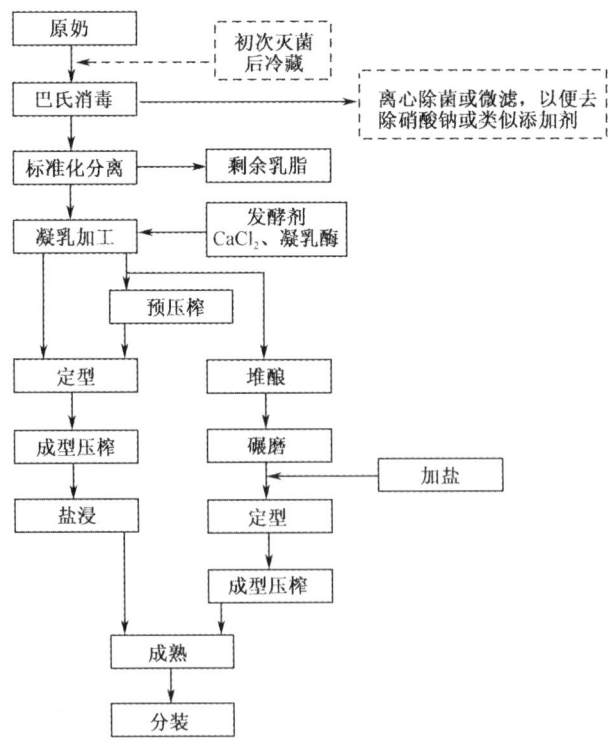

图1-3 干酪制作过程（Doyle and Beuchat，1997）

标注像干酪这样的商品,而其他含有少量(>1%)转基因植物的商品(主要是从美国进口)却必须标明。

另一个重组微生物在食品中应用的例子是牛奶场主使用的重组牛生长激素(rBGH)。将BGH的基因转移到大肠杆菌(*E. coli*),对这种重组细菌进行大规模的培养产生大量的重组牛生长激素,再将其注射到奶牛的体内,就可以达到牛奶增产的效果。

大部分美国公众反对将重组牛生长激素引入到牛奶工业中(详见第三章),但是美国食品和药物管理局(FDA)已经确信它是可靠和安全的,而在加拿大以及欧洲的许多国家,它的使用是非法的。有些情况下,这可以归结为对动物福利的关注,或者是对激素与人类健康的潜在关系的关注。有必要指出人们关注的对象是由激素本身及其对奶牛的新陈代谢的影响,扩展到对动物和人类自身健康的影响,而不是因为重组牛生长激素是重组体。换句话说,即使是将天然的牛生长激素注射到奶牛体内,也会引起类似的关注。

第三节 食品微生物技术

微生物在生物技术中具有极为重要的地位。细菌和真菌在生物反应器中能够大规模生长,因为生物反应器能够调节营养、氧含量、pH和其他因素的水平。在食品工业中,利用生物反应器培养微生物主要有4个原因:一是微生物的产物可作为食品添加剂或食物;二是微生物产生的酶可用来改良食品的性质或是作为食品的组成成分;三是微生物将食品转化为其他的形式;四是微生物将食品工业的废料(如纤维素)变为无环境危害的产物(如CO_2)。黄原胶就是源自微生物的食品成分,这种多糖是一种有效的增稠剂,用于调味色拉油和其他食品的加工。它是由野油菜黄单胞菌生产的,这种细菌非常普通(图1-4A)。改性淀粉是另外一种常用的食品成分,用淀粉酶或其他的微生物酶

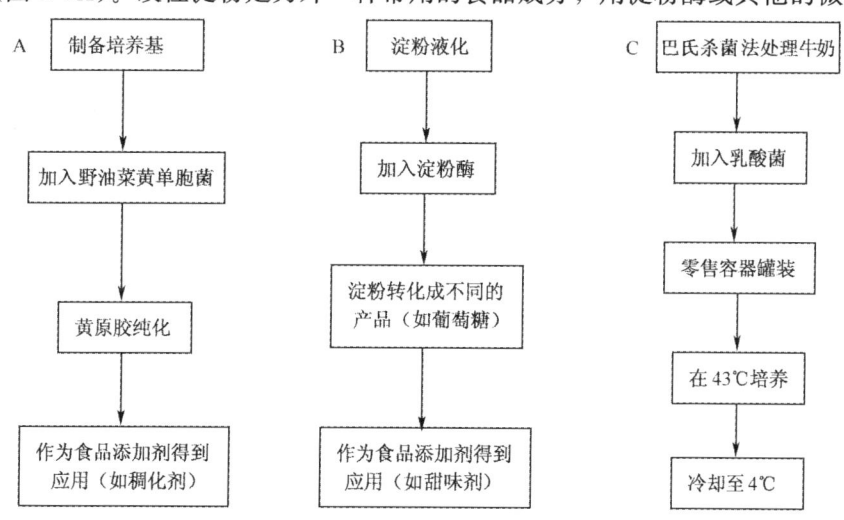

图1-4 利用微生物的食品加工过程(Perry,2002)

A. 用野油菜黄单胞菌进行的黄原胶生产;B. 用微生物酶(淀粉酶)将淀粉转化为有用的食物成分;C. 用乳酸菌将牛奶转化为干酪

改变玉米或土豆淀粉的结构来生产（图 1-4B）。像葡萄糖和果糖这样常用的甜味剂和各种增稠剂、填充剂，都是用这种方式获得的。微生物也可以将牛奶转变成其他的形式（如干酪，图 1-4C）。啤酒酿造、葡萄酒酿造和其他工业酿酒依靠酵母属酵母菌将碳水化合物转化为乙醇。

区分传统和现代微生物技术并不困难。牛奶和乙醇发酵是最为普通的传统生物技术，它们已经应用了几千年并且被世界上大部分的消费者所接受；相反，黄原胶和其他微生物食品添加剂及酶直到 20 世纪才作为食品工业的一部分。

所有的乙醇饮料都是由传统生物技术制造的。以蔗糖等碳水化合物为底物加入酵母，菌类用这些底物作为碳源和能源，并且将它们转化为乙醇和二氧化碳。酵母在这个过程中起着至关重要的作用。没有酵母，乙醇不能产生，乙醇饮料的许多风味也将消失。制作面包中也用到酵母，由酵母放出的二氧化碳形成的气室可以加速发酵过程。

干酪、酸奶和其他的发酵奶制品也是在微生物的作用下制成的（图 1-3 和图 1-4）。制作过程中乳酸菌的作用至关重要，这种菌群通过发酵产生能量，发酵的主要产品之一（往往是发酵的唯一产品）是乳酸。这种有机酸降低牛奶的 pH，引起乳蛋白的稠化和凝固，并且能够创造一个产生抗病原菌的环境（如沙门氏菌种），有利于牛奶中产生风味（如假单胞菌种）。乳酸菌（如保加利亚乳酸杆菌）也能产生有助于发酵奶制品风味的挥发性成分。

乙醇和乳酸不是食品工业利用微生物技术生产的唯一产品。许多加入到食品中的酶、氨基酸和增稠剂源自多种微生物。另外，黄原胶、谷氨酸盐等普通的食品配料也是微生物产品，加入到食物中（浓汤）可以增加"肉汤"的味道和改善口味。谷氨酸是一种氨基酸，并且在大多数蛋白质中可以找到。然而，从微生物中收集谷氨酸比从蛋白质（大豆蛋白）中分离谷氨酸要容易。谷氨酸棒状杆菌（*Corynebacterium glutamicum*）是一种革兰氏阳性菌，能够分泌大量的谷氨酸，许多日本生物技术公司已经在生产中利用了它的这种能力（Doyle and Beuchat，1997）。

第四节 食品生物技术检测

食品的安全性检测是食品安全的重要因素。在工业国家，食品安全性是公众的首要关注点，并且对食品工业在商业上的成功也至关重要。大肠杆菌（*E. coli* O157：H7，*Campylobacter jejuni*）、单增李斯特菌（*Listeria monocytogeneslisteria*）和肠炎沙门氏菌（*Salmonella enteritidis*）等病原体是引起食源性疾病的常见原因，不仅增加了不必要的医疗支出，而且许多情况下甚至导致死亡。食源性疾病发生率总体上仍然是增长的，与英国的疯牛病（BSE）蔓延这样的事件联系在一起，自然会引起消费者和政府及整个食品工业的巨大的惊恐和不安。

在食品中检测和正确辨认病原菌是治疗食源性疾病的重要部分。传统的细菌检测方法虽然有效，但一般需要很长时间，这限制了它们的应用，因为如果待检样品有限，常常直到疾病发生后病原菌都很难被检测出来。

许多重要的检测技术都涉及生物技术，其中最为普遍的是用哺乳动物的抗体来确认菌种和辨别菌株。产生抗体主要是通过控制小鼠和兔的免疫反应，也可以从淋巴细胞的体外培养（多细胞组织的离体培养）获得，这种方法得到的抗体就是单克隆抗体。抗体法在临床上也得到广泛的应用，通常用抗体法检测患者体液样本中的病毒来鉴别食源性疾病。

在临床上和食品工业中也开始使用 DNA 检测。聚合酶链反应（PCR）和标记探针可缩短检测时间，并且具有很高的灵敏性。PCR 非常灵敏，理论上可以通过 PCR 扩增来检测单个病原体的 DNA。DNA 检测的主要问题是食品的成分复杂，大多数成分对这些方法有干扰。目前，这些方法主要用于转基因植物（如大豆和玉米）中特异 DNA 的病原菌株的识别和检测（Serageldin，1999；陈福生等，2004）。然而，DNA 检测在食品工业中必将会越来越重要。

第五节　食品生物技术与食品安全

一、食品生物技术的争议

食品生物技术在某些方面是不具有太大争议的。例如，很少有消费者注意到干酪中的重组凝乳酶或调味色拉油中的黄原胶是微生物技术产品，用酵母发酵生产乙醇也被认为是安全的技术，并且生物检测技术也被看做是降低食源性和水源性疾病发生率的强大而有效的工具。

然而，转基因植物和转基因动物已经引起了一些激进组织和消费团体的抗议，尤其在欧洲，生物技术学家无法让消费者相信转基因作物是安全的。最终欧盟制定出法律，规定含有转基因作物的食品必须进行标明。许多食品加工商和零售商对消费者的这种不信任的态度过于敏感，从而导致了英国的零售柜台不再出售任何含有转基因作物的食品。虽然一些对消费者的调查表明了公众对食品生物技术的厌恶已经有所减轻，但是近期内转基因食品在欧洲仍然不可能得到认可。然而，在美国、加拿大和阿根廷，情况则大不相同，那里种植着大面积的转基因大豆、玉米和油菜。这些国家虽然对转基因作物有些限制，但对含有转基因作物的食品采取的是自愿标注，没有立法强行做标注。反对生物技术的激进团体并没有赢得公众的普遍支持，但大量调查表明还有相当一部分美国人强烈反对转基因作物用于食物，尤其是食物没有标注是否含有转基因生物。迄今为止，尽管反对者还不能对美国或加拿大政府施加足够的压力来制定强制标注法，但是不久的将来这种形势可能会改变。因此，北美洲的食品生物技术公司不能忽视消费者中激进主义者反对转基因生物的呼声。

消费者和反对生物技术的激进团体关注的问题主要是转基因生物对人类和环境安全的潜在危险（图 1-5）。在人类安全方面，普遍的观点是对含有转基因生物的食物的过敏性和毒素的未知作用还没有得到充分的验证，许多将转基因作物商业化的公司没有公开它们的转基因作物安全性的数据，这也增加了人们的担心。许多团体还认为 DNA 重组技术本质上是危险的，因为它是建立在非自然的基因杂交的基础上，而在自然的繁殖过程中永远也不可能发生。生物技术公司试图打消公众对人类安全问题的疑虑，但是没有成功，部分原因是生产商一直坚持认为用实质等同性原则可以作为评定食物是否安全的标准。这种方法包括将转基因作物的营养、毒素、维生素与原作物进行全面的比较。如果这些成分处在相同的水平上，可以认为转基因作物和天然作物是实质等同的。这种实质等同性的概念受到了反对生物技术的激进分子和一些有影响力的科学家的攻击（例如，加拿大皇家社会科学委员会近来公布了一份与食品生物技术相关的安全性风险的评估）。但是，到目前为止，科学家承认没别的方法可以代替实质等同性原则评估转基因植物的安全性。而且对食用含有转基因植物产品食物的人群的调查中，还没有发现引起人类疾病的例子（邱礼平，2008；李志亮，2005）。

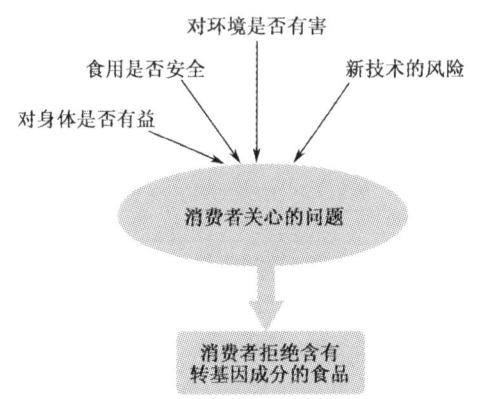

图 1-5　消费者不信任含有转基因成分食品的原因

激进团体和一些科学家（如生态学家）争论的另一个焦点是对转基因作物的环境安全性还没有足够的评估。举例来说，现在科学界对抗除草剂的转基因作物转变成杂草或将它们的基因转移到杂草的可能性还存在争议，这常常被称为"超级杂草"问题。抗昆虫作物则遭到更为猛烈的批评，尤其是在 1999～2000 年公布的研究表明作物花粉中大量的含有杀昆虫蛋白的成分威胁帝王蝶（monarch butterfly）的生存。大多数政府的管理机构（如美国环境保护署）主张在管理过程中对这种危险应当仔细评估。所以，环境风险问题成为无数消费者对转基因生物怀有敌意的一个主要原因，尤其在欧洲。

"里面有什么？"的疑问也是消费者怀有敌意的重要原因。生物技术公司希望转基因作物的引入能够促进消费者的健康（如功能性食品中含有对健康有益的成分），从而让大部分人接受转基因生物。如同微波炉的推广，如果微波炉不能带来巨大的好处，它也不可能迅速地被人们接受（沈娴和龚柏华，2005）。

二、食品安全

食物为人体供给营养，食品的生产、加工和销售是世界食品安全的关键，也是每个国家的经济和政治稳定的关键。工业化国家全年有充足的优质多样的食物供应。丰富的食品带来的结果就是食品安全的问题，主要集中在三个问题上：一是保证食物不能被病原体所感染；二是鼓励公众正确地摄取营养；三是减少贫困。

然而，在发展中国家大多数人处在极度贫困之中，食物的安全性常常是很低的。虽然有丰富的食物，但是穷人没有能力购买，这也是许多发展中国家的食品出口到发达国家的主要原因。尽管20世纪后期许多相关机构和组织努力去解决或减轻食品生产和销售的不平等，但却一直未能实现。

生物技术有提高食品安全性的能力。例如，许多转基因作物降低了农业上对杀虫剂的支出，因为这些作物自身就具有抗昆虫的能力。同样，DNA技术扩大了检测方法的范围，提高了灵敏度和效率。可惜的是，只有为数不多的科学家正在从事开发适合发展中国家应用的低成本检测技术的工作。

生物技术也有助于人类与贫穷和营养不良作斗争，含有丰富β-胡萝卜素的"金米"是最好的例子。维生素A缺乏症在发展中国家普遍存在，并且作为公众健康问题长久以来得不到改善，"金米"具有缓解这个问题的潜力。生物技术也降低了生产者对化肥的依赖，具有"西方式"农业的优势——以较少的劳动力带来高产。

虽然这些生物技术带来的益处是切实可行的，但转基因作物的引入在发展中国家仍然是有争议的问题。一些国家（如斯里兰卡）计划完全禁止转基因作物的进口和种植；而另外一些国家（如印度）正在尝试发展他们自己的生物技术工业，并且接受转基因作物。

关键问题是转基因作物带来的"绿色革命"是积极的还是消极的。大幅度提高农产品产量会加重农民之间的经济不平衡以及对工业化国家生物公司的技术和设备的依赖性。大多数转基因作物的开发是以公司的利益为出发点，对开发一种作物来改善热带地区的农业问题漠不关心，而热带地区正是大多数发展中国家所在的地区，生物技术很难对这个地区有什么影响。然而，随着西方国家对热带农业研究的支持力度的加大，将会促进发展中国家的转基因作物的出现。

近来发起的向赞比亚农民提供抗干旱玉米的种子，有效地减少了由于干旱给农民带来的损失。这个创造性的想法将对很多国家（尤其是发展中国家）食物生产问题的解决带来积极的影响（邓平建，2006；王译等，2003；Serageldin，1999）。

参 考 文 献

陈福生，高志贤，王建华. 2004. 食品安全检测与现代生物技术. 北京：化学工业出版社
邓平建. 2006. 转基因食品释疑. 北京：人民卫生出版社
李志亮，吴忠义，王刚等. 2005. 转基因食品安全性研究进展. 生物技术通报，3（3）：1~4
罗琛. 2000. 生物工程与生命. 北京：高等教育出版社
罗云波，生吉萍. 2006. 食品生物技术导论（面向二十一世纪课程教材）. 北京：化学工业出版社
彭志英. 2008. 食品生物技术导论（普通高等教育"十一五"国家级规划教材）. 北京：中国轻工业出版社
邱礼平. 2008. 食品安全概论. 北京：化学工业出版社
沈娴，龚柏华. 2005. 转基因食品安全性的争论. 上海预防医学杂志，17（6）：297~300
王向东，赵良忠. 2007. 食品生物技术. 南京：东南大学出版社
王译，陈君石，闻芝梅. 2003. 转基因食品. 北京：人民卫生出版社
Doyle M P, Beuchat L R. 1997. Food Microbiology: Fundamentals and Frontiers. 3rd ed. Washington DC: ASM Press
James C. 2001. Global Review of Commercialised Transgenic Crops: 2001 Feature: Bt cotton. ISAAA Briefs, No. 26. ISAAA: Ithaca, NY
Krueger R W. 2001. The public debate on agrobiotechnology: a biotech company's perspective. AgBioForum, 4

(3&4): 209~220

Perry J 2002. Introduction to Food Biotechnology. Boca Raton, FL: CRC Press

Primrose S, Twyman R. 2006. Principles of Gene Manipulation and Genomics. 7th ed. Cambridge, MA: Blackwell Publishing

Serageldin J. 1999. Biotechnology and food security in 21st century. Science, 285: 387~389

Smith J M. 2006. Genetic Roulette. Fairfield: Yes!Books

第二章 食品生物技术的对象与方法

一名食品生物技术学家需要熟练地掌握细胞分子生物学,自如地运用微生物学、植物学、动物生理学及食品工程技术。例如,功能性食品研究的许多问题还需要对食品化学(包括人类营养生理学及流行病学)有充分理解。另外,食品生物技术学家还需要了解市场规范、主体运营规律和国际贸易等,这些知识将对新技术开发产生巨大的影响。

本书主要介绍分子营养学、食品科学及细胞生物学技术,重点强调微生物学和细胞生物学基础。这些方面的研究对食品生物技术学家来说具有重要意义——它们能把DNA从一个细胞转移到另一个细胞;它们还能生产出许多有价值的生物化学物质,并能将简单的物质转化成特殊的代谢产物,典型的例子就是利用葡萄生产葡萄酒。另外,一些主要的微生物(如病毒、细菌和真菌)的基本组织构造和生理生化特性决定了其在生物技术的应用中具有不同的作用。涉及DNA的生物技术在现代分子生物学中已相当普遍,对不同微生物特性的掌握程度对于了解DNA技术的工作原理非常重要,因此需要对每种生物进行仔细、深入地研究。本章在重点介绍微生物和细胞生物学基础的同时,还将讨论DNA工程的其他技术。

第一节 细 菌

一、概 述

细菌是食品生物技术研究的主要对象,主要功能如图2-1所示。细菌产生的许多酶、氨基酸、维生素和多糖在食品加工中都有直接的应用;细菌还是基因克隆和一些分子生物合成过程的主要参与者。另外,细菌也是引起食源性疾病的主要原因,所以发展对致病菌检查的高效识别工具是食品生物技术研究的主要目标之一。食品生物技术学家既要利用细菌有益的方面也要控制其有害的方面。

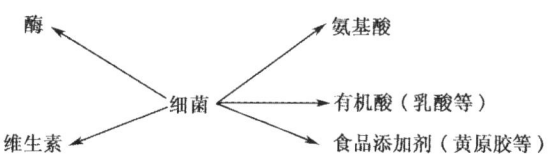

图2-1 利用细菌生产的有益产品(Perry,2002)

二、细菌的增殖

细菌一方面造福于人类,一方面又对人类产生危害。一个主要原因就是细菌的生长要求非常简单,一般只需要碳源(如葡萄糖)、氮源、无机盐和水,所以它们在食品里生长非常迅速。细菌存在于食品、土壤、空气和水中，很难将它从食物中彻底消灭。因此，利用何种措施来抑制微生物在食物中的生长，一直是食品微生物学家和食品工程技术人员研究的重点。现在一般采用添加有机酸或盐、加热处理、低温冷藏和超低温冷冻等方法。细菌与食品安全和食品生物技术有关的特性见表 2-1。

表 2-1 与食品加工有关的细菌特性（Perry，2002）

特性	项目	
	与生物技术的相关性	与食品安全的相关性
容易培养	大规模工业化生产的价格低廉	可在许多食品中生长
生长速度快	大规模生产和小范围的试验操作简单、价格低廉	在许多食品中生长迅速
生理学的多样性	可生产种类各异的有益产品	不易保证安全性
毒素的生产	利于诊断方法的发展和抗生素的发现	容易导致食源性疾病
可在食品中安全地应用	可用于食品加工和食品原料的预处理	很难对新型微生物食品进行评价
基因结构	可用于基因工程的操作中	容易引起不利特性的传播

细菌在简单培养基中生长的能力也有一定的可变性。一些细菌可以利用营养肉汤培养基、半固体培养基、固体培养基在实验室里的培养皿中甚至是在一个大型生物反应器中生长。生物技术学家经常用廉价"养料"（如糖浆）来供给在生物反应器里生长的细菌所需的全部营养。细菌的这种特性决定了其在食品工业中的广泛应用，如利用细菌来生产各种酶。

细菌体积微小、结构简单，并且生长速度非常快，因此它们生产出所需的物质比一些典型的真核细胞快得多。以大肠杆菌为例，细胞分裂一次仅需要 12.5～20min。若按 20min 分裂 1 次计，则理论上 1h 可分裂 3 次，每昼夜可分裂 72 次，这样，最初的一个细菌已经产生了 4 722 366 500 万亿个后代，总重约达 4722t。这可能是因为细菌只存在单一染色体，且主要以裂殖为主，比有丝分裂更简便；而含有多倍染色体的真核生物，主要通过复杂的有丝分裂进行后代的繁衍。不过，实际上由于受营养、空间和代谢产物等条件的限制，细菌的几何级分裂速度充其量只能维持数小时而已。

微生物的这一特性在发酵工业中具有重要的实践意义，主要体现在它的生产效率高、发酵周期短。例如，酿酒酵母（*Saccharomycea cerevisiae*），每 2h 分裂 1 次（是大肠杆菌裂殖速度的 1/6），但在单罐发酵时，仍然可以 12h 收获 1 次，每年可收获数百次，这是任何其他农作物所不可能达到的。有人统计，一头 500kg 的食用公牛，每昼夜能从食物中"浓缩"0.5kg 蛋白质；同等重的大豆，在合适的栽培条件下，24h 可生产 50kg 蛋白质；而同样重的酵母菌，只要以糖厂的废料糖蜜和氨水作为主要养料，在 24h 内可合成 50 000kg 的优良蛋白质。如果酵母菌的蛋白质含量为 45%，那么一个年产 10 万 t 酵母菌的工厂所生产的蛋白质的量，相当于在 3.75 万 hm^2 农田上每年所生产的大豆蛋白质（Perry，2002）。

细菌生长旺、繁殖速度快的特性使科学研究周期大为缩短、空间减少、经费降低、效率提高，这对生物学基本理论的研究，尤其对细菌本身的研究有很大的益处。例如，将一管细菌悬浮液经稀释后倒入固体或半固体培养皿进行培养,如果稀释倍数得当,每一个菌体细胞都可以独立生长;若条件适宜则可以长成肉眼可见的菌落,这个菌落就可以认为是菌体细胞的"克隆"(图 2-2)。

三、细菌的生理多样性

细菌另一个有益的特点是它们生理学差异极大,自然界中几乎所有的有机复合物都可被细菌所利用。这种多样性对于生物学家非常有用。例如,大多数酶就是细菌利用简单、价格低廉的有机复合物产生的代谢产物。在食品工业中可以将植物来源的淀粉转变成各种复杂的食物成分,而种类各异的酶一般就是从可以进行这样转变的细菌或真菌中提取的(表 2-2)。

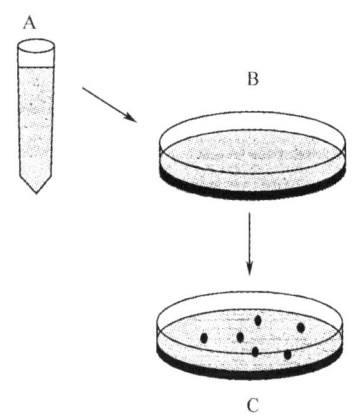

图 2-2 利用细胞培养液悬浮培养菌体细胞的"克隆"(Perry,2002)
A. 菌体细胞悬液 B. 倒入平板并在适宜条件下培养 C. 每一菌体细胞形成一个单菌落

表 2-2 淀粉产物的商业应用一览表(Perry,2002)

产品	应用	关键酶	酶的来源	微生物
葡萄糖	甜味剂	葡萄糖苷酶	黑曲霉	真菌
果糖	甜味剂	葡萄糖异构酶	链球菌属	细菌
麦芽糊精	增稠剂	α-淀粉酶	芽孢杆菌属	细菌

另外一些细菌的代谢产物,如多糖、维生素、氨基酸、有机酸和脂类都是食品工业中重要的物质。例如,乳品工业中需要乳酸菌有效地发酵碳源释放乳酸并产生最终产物。乳酸菌大多是兼性厌氧菌,能耐受氧气却不利用氧气。它们都发酵产生 ATP(三磷酸腺苷)来满足细胞的生长和繁殖。它们的发酵效率很高,特别是乳球菌,能快速地产生足够的乳酸使牛乳的 pH 在几小时内从 6.0 降至 4.5。

细菌代谢产物的多样性在干酪成熟和泡菜生产中也起重要作用。在这两种产品的生产中,细菌的生长是连续的而且多种微生物相互配合,具有一定的共生性。例如,首先由一种菌(如泡菜中的明串珠菌属)降低培养基的 pH,利于泡菜乳酸菌生长,使其迅速达到对数生长期,这是泡菜生产的一个至关重要的部分。这种细菌产生的代谢产物可以赋予最终产品特殊的风味。一些其他传统发酵食物风味的独特性,同样也是由众多种类的细菌和真菌共生而产生的。

一种微生物要被开发、利用必须先被鉴定和命名。为了更好地应用某种能用于工业化生产特定酶的细菌,不仅要通过鉴定工作了解它的菌落特征、菌体形态、生理生化特性,还要知道它的最适生长环境。

这个鉴定过程是复杂、繁琐、冗长和费时的。近 20 年来,研究人员的努力已使这个过程的效率提高了许多。随着 DNA 序列技术的发展,生物体全基因组的研究正飞速地进行。目前已测出至少 30 种细菌的 DNA 全序列,而且越来越多的细菌基因组序列将被测定,这将极大地方便细菌的鉴定,这也是本文强调生物信息学重要性的原因。生物信息学是一门新兴的交叉学科,它所研究的是生物学的数据,而它所采用的方法则是从各种计算机技术衍生出来的。它把基因组DNA序列信息分析作为源头,在获得蛋白质编码区的信息之后进行蛋白质空间结构的模拟和预测,然后依据特定蛋白质的功能进行必要的药物设计。基因组信息学、蛋白质空间结构模拟及药物设计,构成了生物信息学的三个重要组成部分。

利用生物信息学,可以使微生物的鉴定变得很容易。例如,要得到热稳定性好的果胶酶,如果生物信息基因数据库非常完善,就能利用计算机软件和数据系统,很容易地找到嗜热的且可以产生果胶酶的候选微生物(罗云波和生吉萍,2006;邬敏辰,2005)。

四、细菌的遗传学

在细菌和真核生物中,遗传信息传递的基本机制(如DNA复制、转录和翻译)都是相似的,只是在细菌中相对简单些。真菌有一系列染色体,每条染色体都有数目繁多的双链DNA分子和蛋白质。相比之下,细菌只有一条结合少量蛋白质的染色体,因此细菌的基因调控机制比真菌的简单。所以,对细菌的调控机制了解得越具体,越容易改进细菌的基因表达。

细菌细胞中除染色体外,还具有另一类遗传因子——质粒。质粒通常以共价闭合环状超螺旋双链DNA分子的形式存在于细胞中,分子质量比染色体小,可携带某些遗传信息,如耐药因子、细菌素及性菌毛等。质粒能进行独立复制,失去质粒的细菌仍能正常存活。质粒可通过接合、转导作用等将有关性状传递给另一细菌。

1. 质粒的性质

(1)质粒的复制

通常一个质粒含有一个与相应的顺式作用元件结合在一起的复制起始区(整个遗传单位定义为复制子)。在不同的质粒中,复制起始区的组成方式是不同的,有的可决定复制的方式,如滚环复制和θ复制。在大肠杆菌中使用的大多数载体都带一个来源于pMB1质粒或ColE1质粒的复制起始位点。在复制时,首先合成前RNA Ⅱ,即前引物,并与DNA形成杂交体;而后RNase H切割前RNA Ⅱ,使之成为成熟的RNA Ⅱ,并形成三叶草二级结构,该引物引导质粒的复制。形成的RNA Ⅰ可控制RNA Ⅱ形成二级结构,同时Rop增强RNA Ⅰ的作用,从而控制质粒的拷贝数。削弱RNA Ⅰ和RNA Ⅱ之间相互作用的突变,将增加带有pMB1(或ColE1)复制起点的质粒拷贝数(图2-3)。

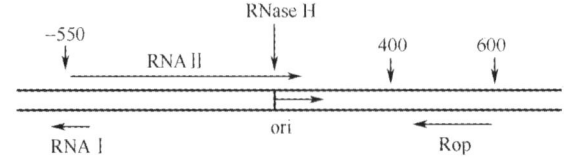

图2-3 具有pMB1(或ColE1)复制起点的质粒(孙明,2006)

(2) 质粒的拷贝数

质粒拷贝数分为严紧型与松弛型。严紧型质粒每个细胞中拷贝数有限，一个至几个不等；松弛型质粒拷贝数较多，可达几百个。不同类型的质粒与复制子及拷贝数的大致关系见表 2-3。pUC 系列质粒的复制单位来自质粒 pMB1，但其拷贝数较高。pMB1 质粒的复制并不需要质粒编码的功能蛋白，而是完全依靠宿主提供的半衰期较长的酶（DNA 聚合酶 I、DNA 聚合酶 III）、DNA 指导的 RNA 聚合酶，以及宿主基因 $dnaB$、$dnaC$、$dnaD$ 和 $dnaZ$ 的产物。因此，在抑制蛋白质合成并阻断细菌染色体复制的氯霉素或壮观霉素等抗生素存在时，带有 pMB1（或 ColE1）复制子的质粒将继续复制，最后每个细胞中可积聚 2000~3000 个质粒（孙明，2006）。

表 2-3 质粒载体及其拷贝数（Sambrook and Russell，2001）

质粒	复制子	拷贝数
pBR322 及其衍生质粒	pMB1	15~20
pUC 系列质粒及其衍生质粒	突变的 pMB1	500~700
pACYC 及其衍生质粒	p15A	10~212
pSC101 及其衍生质粒	pSC101	5
ColE1	ColE1	15~20

(3) 质粒的不相容性

利用同一复制系统的两个质粒会在复制和随后向子细胞的分配过程中彼此竞争，这样的质粒在细菌培养物中不能和平共处，这种现象称之为不相容性，是质粒分类的主要指标。携带相同复制子的质粒是从细胞内的质粒库中随机选取出来进行复制的，但是这并不能确保两个不同质粒在一个菌落中的拷贝数总能保持相同。例如，较大的质粒比较小的质粒需要更多的复制时间，因而在同一菌落的每个细胞中其选择地位处于劣势。即使质粒的大小相似，也可能不容，这是因为在各个细菌细胞中来自随机过程的复制起始效率是不平衡的，这种不平衡可以很快导致两种质粒在拷贝数上的严重失衡。在一些细胞中，一种质粒处于绝对优势；而在另一些细胞中，与之不相容的另一种质粒却占尽上风。在无选择条件下，细菌生长几代后，占少数的质粒可能在菌落的某些细胞中丧失殆尽。在原始细胞的后代中可含有两种质粒中的任意一种，但极少兼而有之。具有不相容性的质粒组成的群体称为不相容群，它们一般具有相同的复制子。目前在大肠杆菌中已发现 30 多个不相容群，如 ColE1 和 pMB1，pSC101 和 p15A。

(4) 质粒的转移性

质粒的转移性是指在自然条件下，很多质粒可以通过细菌的接合作用转移到新宿主内。它需要移动基因 mob、转移基因 tra、顺式因子 bom 及其内部的转移缺口位点 nic。

2. 质粒的应用

质粒在细菌中很常见，但在大多数真核细胞中很少见。因为质粒经常具有重要的基因（如抗性基因），故其对细菌很重要。具有一定特性的质粒可与其他质粒结合，因此通过质粒的传递和结合，可以将基因从一个细胞传递给另一个细胞（图 2-4）。

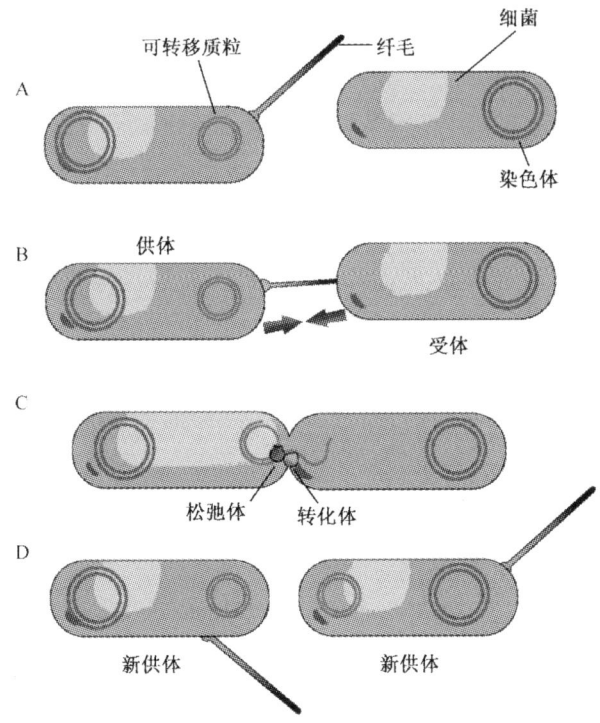

图 2-4 细菌的接合（Doyle and Beuchat，1997）
宿主细胞中具有可以转移的接合质粒（A），作为供体的宿主细胞含有驱动纤毛形成的基因，纤毛将细胞相互连接（B）。复制出的新质粒通过纤毛转移到其他细胞（C），形成新的供体（D）

  分子生物学家最初就想利用质粒间的结合而实现细菌的重组，但又怕重组基因释放到环境中感染了其他细菌。因此，质粒间结合没有用于基因克隆，但是质粒在基因克隆中已经成为有用的 DNA 载体。外源 DNA 能够轻松插入质粒，完成质粒重组，进而被宿主所接受，如大肠杆菌细胞快速分裂产生大量质粒，并可轻松地将质粒从菌体中提取、纯化出来。
  质粒载体具有一个能被复制 DNA 的蛋白识别的起始位点（通常大约 300 个碱基长度）。质粒若不含有起始位点，则不能复制，无法随着细胞的分裂而传到下一代，进而丢失。质粒通常不能被真核生物复制系统确认，所以在真核生物中很少应用质粒。在细菌中质粒具有独立复制功能，多数质粒具多种复制方式。在一些细胞中通过高效复制扩增的质粒，称为高拷贝质粒。若复制效率低，则质粒数量少，称为低拷贝质粒。一般来说，前者用于克隆生产，因为细菌质粒能被宿主菌聚合酶识别，宿主还能为质粒复制提供能量和原料。质粒可在宿主细胞中生存，无意义的质粒会给宿主细胞带来不利，并且容易丢失。相反，携带具一定有意义基因的质粒，则能赋予宿主细胞特殊抗性，提高其竞争能力，而且不易丢失，这也是质粒一般都含有抗性基因的原因。如果想筛选具有质粒的细胞，可以将其在抗生素环境中培养，不具有抗性质粒的细胞会死亡或出现生长抑制，这是基因克隆技术的核心（王镜岩，2003；Sahm，1999；Doyle and Beuchat，1997）。

第二节 真 菌

一、概 述

"真菌"是生理和结构差异最大的微生物群体。真菌是真核生物,它们分解有机化合物并利用分解产物作为碳源和能源。在食品工业中,真菌可以作为食品(如蘑菇)或者用于改变食物品质。真菌在食品工业上最重要的用途是生产含乙醇的饮料,酿酒酵母通常用于这一目的,与其他酵母菌、丝状真菌和细菌共同作用可使其速度加快。通常利用糖发酵产生乙醇,进而用来生产啤酒、白酒和其他一些含乙醇的饮料。在自然环境下酵母菌在含糖丰富的水果表皮中(如葡萄皮)生长旺盛,主要利用糖的发酵作用把蔗糖转化成乙醇和二氧化碳。

酵母菌是单细胞真菌。酿酒酵母 *S. cereviseae* 曾是真核生物细胞生物学和遗传学研究的模式细胞,因此成为研究最透彻的真核生物,再加上其悠久的安全使用历史,酿酒酵母在食品工业中被广泛地应用。酿酒酵母最大的特点是它在有氧和无氧条件下都能够迅速生长,并产生二氧化碳和乙醇,因此在食物和饮料生产中可以不添加任何添加剂。

许多曲霉和青霉在食品工业中也大量应用,因为它们能把原料(如大豆)转化为附加值产品——酱油,还能分解大量蛋白质,赋予产品特殊的风味。曲霉和青霉都是丝状真菌,其大量菌丝交结在一起,使得每一个细胞都很大,甚至多个细胞交联在一起(图2-5)。丝状真菌能分泌水解酶,其菌落通过菌丝生长能快速地扩展到有机物附近,因此丝状真菌是有机物的最佳降解生物。淀粉酶和蛋白水解酶是曲霉属产生的两种降解酶。

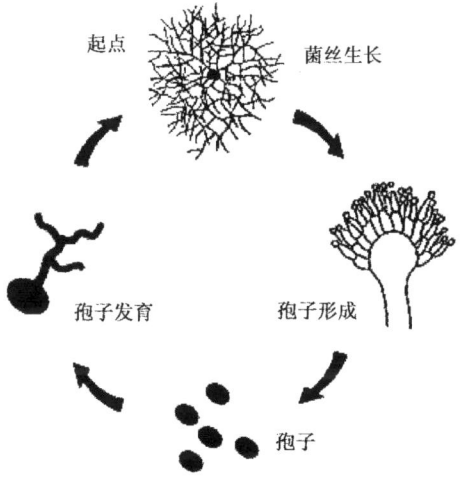

图 2-5 由单个孢子生成的丝状真菌(Doyle and Beuchat,1997)

①菌丝生长:这个阶段的真菌结构由细丝状纤维即菌丝构成,菌丝能够释放酶来降解和破坏特异底物(如木质成分、有机物碎片或皮肤)。菌丝相连形成群落,相互缠绕的菌丝簇即菌丝体;
②孢子形成:孢子形成取决于一些环境因素,如光、氧气、温度和养分。孢子由特异的菌丝细胞产生;
③孢子:孢子是真菌传播和存活的最主要方式。霉菌孢子能持续休眠数月或数年并且经常能耐受极端恶劣的环境。单个孢子长出与细胞宽度几乎相似的菌丝,菌丝延长并产生分支,形成菌丝相连的克隆;
④孢子发育:孢子发育形成与单细胞相同宽度的纤维丝(菌丝),菌丝延长形成分支。孢子发育也需要特殊的环境和生物学因素,养分和水分尤其重要。然而,真菌在某种环境下可能需要更特殊的信号。

不是所有的真菌都有益于人类。一些真菌产生有毒代谢物，如黄曲霉毒素。因为黄曲霉毒素可引起肝中毒、突变、畸形、癌变和免疫抑制等，甚至在低浓度情况下也可引起病变，因此在各类毒素中被认为毒性最大。黄曲霉毒素可产生黄曲霉毒素 B1、B2、G1、M1、M2，其中 B1 的毒性最大。黄曲霉毒素是一组极毒的化学物质，主要由黄曲霉（Aspergillus flavus）和寄生曲霉（A. parasiticus）产生。这些曲霉在全世界的空气和土壤中广为分布，死的和活的动植物都能感染，黄曲霉污染物普遍存在于坚果和谷物中。在热带和亚热带地区，食品和饲料中出现黄曲霉毒素的概率最高，因为那里的湿热气候为真菌生长提供了最佳的条件。例如，黄曲霉的生长繁殖需要一定的温度、湿度条件，温度 28~30℃、相对湿度 80%~90% 是黄曲霉最适生长条件，花生、玉米、水稻和小麦是其较好的生长基质；玉米、麦类、稻谷等谷实饲料原料的水分含量为 17%~18% 时是黄曲霉生长繁殖的最适条件。因此黄曲霉毒素污染食物和饲料是食品安全的重要问题。霉菌毒素的污染在发展中国家尤为突出，原因主要有三个：一是真菌最适宜在温暖潮湿的条件下生长，这正是热带和亚热带的普遍环境；二是发展中国家的保存技术（如制冷）没有发达国家应用得广泛；三是发展中国家缺乏使用鉴别技术的经济能力，因此难于发现被真菌和霉菌毒素污染的情况。一些国家已经制定了限制黄曲霉毒素在饲料和食品中最高含量的管理条例。美国食品和药物管理局规定（1988 年），玉米中黄曲霉毒素的最高含量为 202μg/kg（对人和奶牛）、100μg/kg（对家禽）、2002μg/kg（对育肥猪）和 3002μg/kg（对肉牛）。欧盟规定从 1999 年 1 月 1 日开始，农产品中黄曲霉毒素的最高含量一般为 42μg/kg，而黄曲霉毒素 B1（毒性最大的化合物）的最高含量为 2μg/kg。

真菌通过使储藏食物酸败和造成植物疾病，严重地危害世界经济。历史上关于真菌造成的植物流行病泛滥事件很多。例如，1950 年，真菌引起的小麦锈病导致了北美农场产量的大幅减少，这次灾害最终通过培育抗性小麦品种得到制止。2005 年又出现了一种新型的小麦锈病，专家们将引起此病变的真菌命名为 Ug99。由于这种小麦病害，肯尼亚小规模农户的小麦收成已减少了一半。专家们警告说，全球小麦供应量减少 1/10 就意味着小麦收成减少 6000 万 t，损失将超过 90 亿美元。1999 年，这种名为 Ug99 的小麦锈病病种首次出现在乌干达，继而又在 2001 年和 2003 年分别出现在肯尼亚和埃塞俄比亚，对这三国的小麦产量造成了很大影响。该锈病将会使小麦茎部产生锈色，逐渐破坏植物。埃塞俄比亚农业观察组织主管 Abera Deressa 说："这种新型病菌已经破坏了埃塞俄比亚的小麦生产，但是我们无法得知破坏的程度，我们正在对此进行评估。"这种锈病由一种真菌引起，它的孢子可随风向世界各地传播。另外，锈病孢子还可以粘在国际旅客的衣服或行李上，从而四处传播。Abera 警告称，除非采取进一步制止措施，否则该病菌将会进一步传播至埃及及中东地区，甚至会越过大洋进入欧洲和亚洲地区。

真菌病原体的传播影响了小麦等作物的丰收，使农民和食品加工者共同蒙受经济损失。目前还只能通过在收获前后使用杀菌剂来控制灾害。生物学家正极力采用生物学方法控制这些真菌引起的疾病。尝试发展转基因作物来加强对病害的抵制，也有可能避免收获后其他病虫害对植物的侵染。利用有益生物进行生物控制，不仅阻止了植物的疾病传播，且由于减少农药用量甚至不用农药而提高了产物的质量和产量。

生物学家在对真菌植物病原体和真菌毒素的检测和鉴定上,也开展了许多研究。尤其是抗体技术已经在现阶段取得巨大的成功,用于检测食物中真菌毒素的大量抗体技术已经得到了商业应用。

真菌分类鉴别要求对真菌学有全面的掌握。真菌分类是复杂、不完善而且变化很大的,但关于分类的部分标准已得到业内人士的认同。几类传统的用于区别差异较大的真菌的分类系统,足以鉴别一些"类真菌"(性状与真菌相似的原生生物)和一些"真菌"(性状差异较大的具有一定经济价值的真菌)。这些"类真菌"和"真菌"同样可以导致植物疾病的产生。例如,1845 年暴发的马铃薯晚疫病,造成爱尔兰的马铃薯溃烂、起斑、枯死、块茎腐烂,使农作物失收,诱发了北美洲移民潮,这是历史上植物流行病导致的最大灾难之一。马铃薯晚疫病是由卵菌纲的疫霉菌($Phytoptherain\ infestans$)引起的。卵菌无性繁殖形成游动孢子囊(zoosporangium),管体菌丝无分隔,细胞壁有纤维素,性亲和的两个游动孢子结合,产生双倍体的合子,并发展成双倍体菌丝,因其含有纤维素近似植物,被称为"藻状菌"或"藻菌"。不过,"真菌"在系统发育上要比"类真菌"更接近植物和动物。

一般将真菌分成三大类:接合菌纲、子囊菌纲和担子菌纲。大多数霉菌属于接合菌纲和子囊菌纲,蘑菇多数属于担子菌纲。接合菌纲与其他真菌有很大不同,它们的菌丝很少生长在墙壁上,而在潮湿环境中生长得更为迅速。接合菌纲是使水果(也包括那些水活性高的食物)腐败的重要因素,这里也包含许多有用真菌,特别是毛霉属和根霉属。例如,少孢根霉($Rhizopus\ oligosporus$)常常用来将黄豆制成丹贝(tempeh)——一种亚洲东南部流行的食品。子囊菌纲包括大多数食品生物技术应用的重要真菌(如 $S.\ cereviseae$),如珍贵食物(如木耳)。真菌学专家也创立了人工模拟组,在生命周期的有性阶段隔离它们,用分子技术鉴定它们的来源和种属关系,从而推测出大多数种是子囊菌纲或担子菌纲。但是现在常用的分类法还是比较混淆的,以至于有些真菌有两个或更多的名字:一是无性繁殖的,多数都划分在未知菌门(Deuteromycota);二是有性繁殖的,一般能归属于子囊菌门(Ascomycota)或担子菌门(Basidiomycota)。食品生物中的真菌大多数属于未知菌门。

二、真菌的应用

酵母菌和丝状真菌在基因克隆中都有广泛应用,尤其是当克隆的主要目的是生产大量重组蛋白时。真菌有许多与植物细胞和动物细胞相似的细胞器,这些细胞器一般都参与细胞内的各种生理活动。例如,信使 RNA(mRNA)在真核生物的转录中经常在产物翻译前进行编辑(图 2-6)。

典型的真核生物基因包括非编码区域,即内含子。内含子是不能翻译成蛋白质的 DNA 序列。在 mRNA 离开细胞核并在细胞质被翻译之前,需将内含子从 hnRNA 中移走,同时剩下的序列也必须被剪接到一起构成 mRNA。细菌中不存在这种编辑工作,因此很难在细菌中克隆真核生物基因。真菌能编辑 mRNA,但其过程与哺乳动物和植物略有不同,所以经常使用 DNA 文库,特别是把一个植物或动物基因克隆到酵母菌或丝状真菌中。

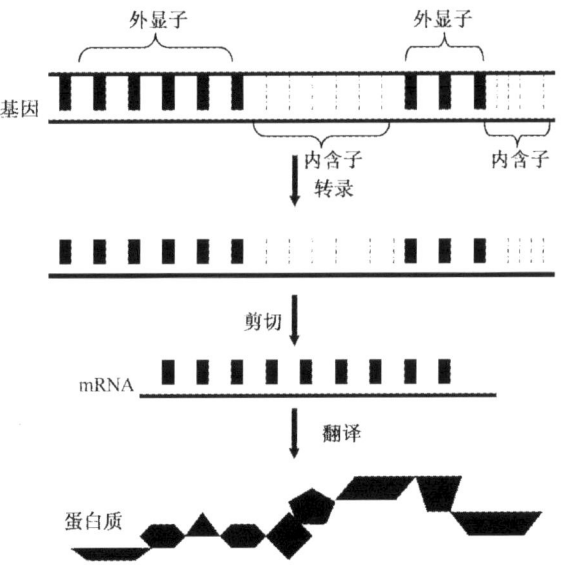

图 2-6　真核细胞的信息传递（Allam et al.，2008）

真核细胞和原核细胞另一个基本区别是蛋白质分泌的过程。原核细胞的蛋白质分泌相对简单，一条编码信号肽的序列就可以使蛋白质通过细胞膜，然后信号肽被酶解脱离。真核细胞则是通过粗糙内质网（RER）上附着的核糖体合成蛋白质，然后蛋白质进入 RER，多肽链被糖基化并运送到胞外（图 2-7）。

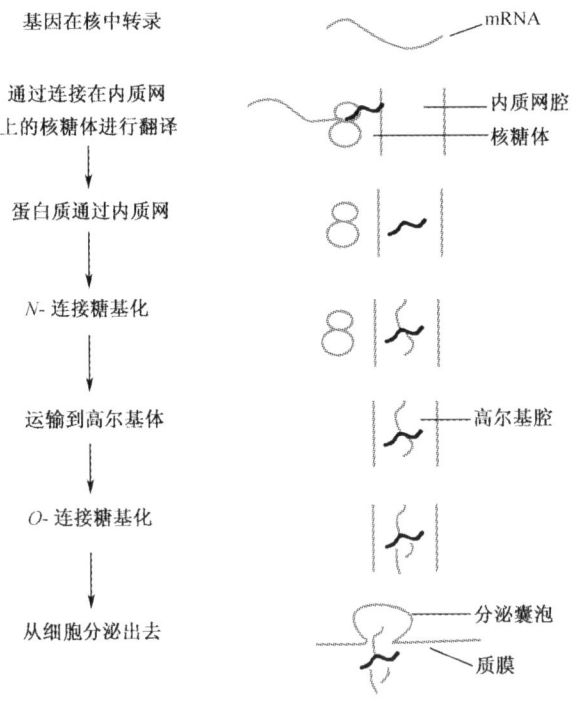

图 2-7　真核细胞的蛋白质分泌过程（Perry，2002）

真核细胞的蛋白质分泌过程发生在 RER 和高尔基体中，是分泌蛋白质的重要过程。分泌蛋白从 RER 通过孢囊膜转移到高尔基体，在高尔基体经过糖基化修饰再由分泌囊泡转运出去与细胞膜融合，在细胞外释放。真核细胞经常有能力分泌蛋白，过程与哺乳动物相近。因此，它们比细菌更适合表达（转录和翻译）哺乳动物蛋白，从而在食品生产和加工中发挥作用。凝乳酶和牛生长激素就是例子。一些动物蛋白在真核细胞不能正确表达，主要是因为多肽在合成之后不能正确折叠，所以动物蛋白的最佳表达载体还是动物细胞（Allam et al., 2008；汪堃仁等，1998；Deacon，1997）。

与细菌相比，真菌的主要缺点是它们的生理过程和遗传背景太复杂。把 DNA 移入真菌也更困难，并且适于真菌的翻译过程的细胞质粒载体更少。尽管如此，真菌表达系统还是越来越得到大家的认可，与细菌一样是生物技术领域中重要的研究工具。

第三节 病 毒

病毒通常被认为是细胞中的有害寄生物，造成了生活和生产的巨大损失。病毒也常是作物和动物食品的重要污染物。近年来，由病毒引起的流行病可以使整个食品加工系统陷入混乱。生物技术中检测和鉴定病毒病原体的诊断技术得到了很大的发展。病毒的传播与食源性疾病休戚相关，多数病毒在食物样品中不能被轻易检测出来，因此现阶段亟须病毒鉴定技术和手段的成熟。

病毒对人类有一定用处。所有生物体都是病毒的寄主，一些病毒可以从寄主细胞的 DNA 片段移动到另一个细胞。基因克隆的主要目的就是把特定的 DNA 片段从一个生物体移到另一个生物体，因此，病毒早已应用在基因工程上了。

病毒缺乏细胞构造，依赖寄主细胞实现繁殖，它们能够复制仅仅因为它们能进入适合的细胞并使用细胞内的物质产生新的病毒粒子。病毒体由蛋白质外壳和病毒核酸组成（图 2-8）。其中的核酸即 RNA 或 DNA 片段，可以从一个生物体移到另一个生物体。

病毒的核酸携带所有遗传信息，可以使其在寄生细胞内复制。病毒侵染细胞的一般过程如图 2-9 所示。

1) 吸附。病毒在一个特定的位置靠近寄生细胞。病毒袭击一个寄生细胞，但一般不侵染非寄主细胞。病毒尾丝尖端与宿主细胞表面的特异性受体（蛋白质、多糖或脂蛋白-多糖复合物等）接触，就可触发颈须把卷紧的尾丝散开，随即附着在受体上，从而把刺突、基板固着于细胞表面。吸附作用受内、外许多因素的影响，如噬菌体的数量、阳离子浓度、温度和辅助因子（色氨酸、生物素）等。

2) 侵入。只有病毒核酸进入细胞。整个病毒粒子通过细胞吞噬进入细胞后，进行脱衣壳，破坏衣壳将核酸释放到细胞质中。通常吸附后尾丝收缩，基板从尾丝中获得一个构象刺激，促使尾鞘中的蛋白质亚基发生复杂的移位，并紧缩成原长的一半，由此把尾管推出并插入到细胞壁和细胞膜中。此时，尾管端所携带的少量溶菌酶可水解细胞壁上的肽聚糖，以利于侵入。

3) 增殖和装配。病毒接管细胞，正常的细胞代谢被打乱，细胞的酶、核糖体和代谢途径都被病毒利用，合成自身的蛋白质和核酸，然后利用这些元件装配出新的病毒粒子。

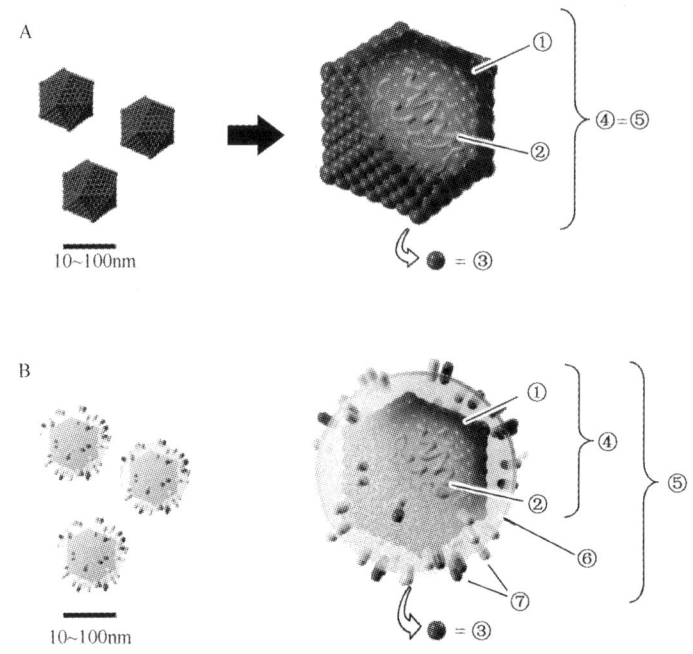

图 2-8 病毒的基本结构（Doyle and Beuchat，1997）
A. 无被膜病毒（nonenveloped virus）；B. 被膜病毒（enveloped virus）
①衣壳；②核酸；③衣壳粒；④核壳体；⑤病毒体；⑥被膜；⑦刺突（被膜糖蛋白），以二十面对称的病毒为例

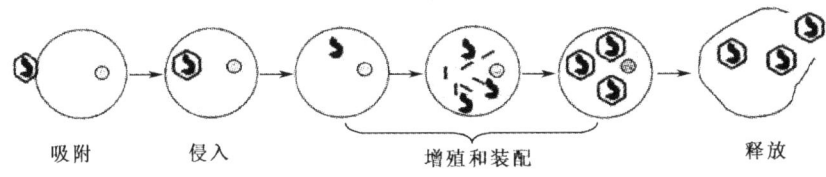

图 2-9 病毒侵染真核细胞的过程（Perry，2002）

4）释放。新的病毒粒子会释放出部分溶菌酶，将细胞膜溶出裂痕，真核生物的病毒有时通过溶菌作用释放，有时通过芽殖释放，芽殖不至于致死寄生细胞，有包膜病毒通过芽殖获得它们的包膜。

这个引入周期通常被称为裂解周期，病毒有活力并且病毒核酸进入寄生细胞的 DNA 中。生物技术常用 lambda（λ）噬菌体进行基因克隆，因为这些病毒具有溶源性而被转移，进入细胞后会快速裂解（王镜岩，2003；汪堃仁等，1998）。具体内容见第三章第七节。

第四节 遗传信息的传递

一、DNA

1. DNA 的结构

脱氧核糖核酸（DNA）和核糖核酸（RNA）是许多生物技术应用的主要对象。DNA 汇集了遗传信息，DNA 结构的特征见图 2-10。

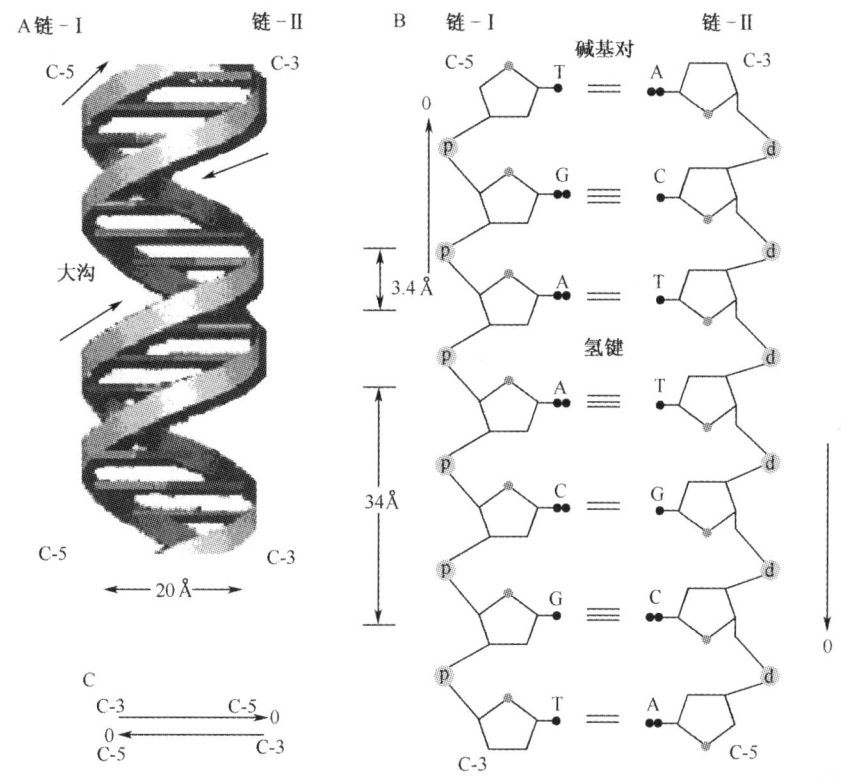

图 2-10　DNA 的结构（Lewin，2000）
A. DNA 双螺旋；B. 双链的细微结构；C. C-5、C-3 端和双链间的反向平行特性

第一，DNA 是一个由两条反向平行的链组成的双螺旋。

第二，每条主链由脱氧核糖构成骨架，由磷酸共价键相连。

第三，每个脱氧核糖共价键长链由腺嘌呤（A）、鸟嘌呤（G）、胞嘧啶（C）、胸腺嘧啶（T）构成。

第四，两条互补链由氢键连接配对，构成稳定的双螺旋。

第五，氢键连接互补配对（C-G 和 A-T）。

第六，三个碱基构成一个密码子编码一个特定氨基酸。

两条链反向平行的特点是稳定双螺旋构型的重要原因。每条链都有一个 3′端和一个 5′端，链的方向对 DNA 的功能很重要。DNA 分子由稳定的双螺旋结构松解为无规则线性结构的现象，称为变性。变性 DNA 在适当条件下，两条互补链全部或部分恢复到天然双螺旋结构的现象，称为复性，它是变性的一种逆转过程。这两种方法在分子生物学中广泛应用。如果两条链来源不同则叫做杂交，杂交经常用单链 DNA 探针使 DNA 链定向退火。杂交可以发生在两条 DNA 链、两条 RNA 链，或者一条 DNA 链和一条 RNA 链之间。杂交引物是聚合酶链反应（PCR）的重点。

2. DNA 复制

当一个细胞分裂时，分裂成的两个细胞必须有相同的 DNA 序列，这是通过 DNA 的复制来实现的。无论细菌还是真菌都有一些蛋白质和酶使 DNA 链打开，允许 DNA 聚合酶以一条链为模板合成一条新的互补链。DNA 聚合酶开始合成一条 DNA 新链的前提是需要有一个能与模板序列互补的引物 RNA。RNA 引物经常用来控制 DNA 复制的起始点。新的 DNA 总是从 $5'$ 端到 $3'$ 端进行合成。DNA 在细胞中的复制要求特定的 DNA 序列在染色体上作为复制源（图 2-11）。多种分子生物学技术与 DNA 复制的特点有关，包括 PCR。

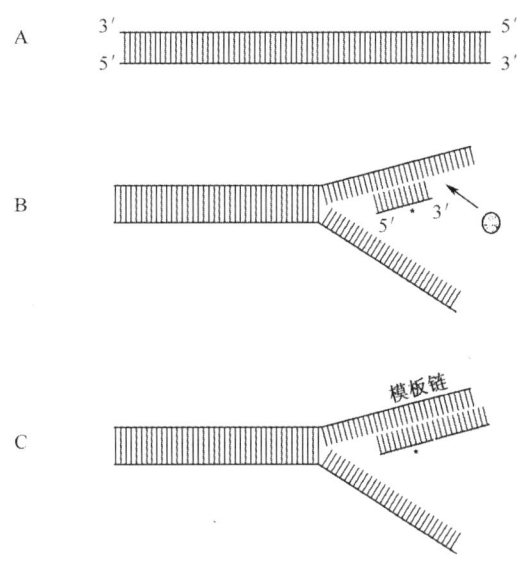

图 2-11 DNA 的复制（Lewin，2000）

3. mRNA 的转录

转录的最终产物是一条与 DNA 链上的一段序列互补的单链 RNA。与之互补的 DNA 链是编码链，也被称为有义链。转录是由 RNA 聚合酶催化的，合成方向是从 $5'$ 端到 $3'$ 端。

真菌中，RNA 聚合酶中的一种亚基经常要协助 RNA 聚合酶结合启动子。许多真菌基因转录也有一个调控范围。阻遏蛋白与操纵子结合并阻碍 RNA 聚合反应，诱导物决定了转录应在哪个位点结束。真核生物不仅具有反式作用因子，也具有顺式作用元件。许多真核生物基因的 DNA 序列中都存在启动子，一种 TATA 序列决定了 RNA 从哪里开始转录。

许多真核生物是由细胞、组织和器官组成的多细胞生物体。一些启动子在植物基因中决定形成特定组织，这对生物技术学家十分重要。当转录一个植物基因时，通过使用特定的启动子经常可能发现编码特定组织和器官的新基因。

二、真核生物的转录和翻译

如第二节提到的一样，细菌和真核生物最根本的区别是真核生物 RNA 被移去内含子、经过剪接过程从而具有 RNA 功能。原核生物与真核生物之间存在本质上的不同，真核生物的 RNA 转录由复杂的剪接体控制，而原核生物剪接由自动催化控制。

在真菌中，RNA 在转录开始后与核糖体结合，核糖体由核糖体 RNA 与特殊蛋白质连接形成的一些亚基组成。在特定的过程中，转运 RNA（tRNA）分子与氨基酸交换作用于核糖体和 RNA。结果一条氨基酸链的序列由 RNA 序列决定。一个典型真菌 RNA 分子的结构见图 2-12。

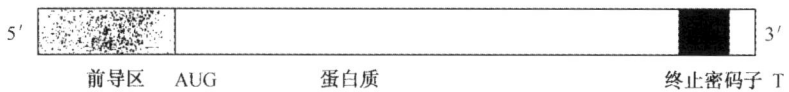

图 2-12　真核生物的 mRNA 结构（Lodish et al.，2000）

AUG 标志着翻译的开始位点。核糖体开始组建一个多肽位点时，这一点的左边（沿 5′方向结束）有一个前导区不被翻译，它的 SD（Shine-Dalgmo）序列是核糖体结合位点的一部分，是起始核糖体与 mRNA 结合并发挥作用必不可少的，核糖体结合位点与 mRNA 的蛋白质编码序列起始部分重叠。新的多肽和 RNA 随后从核糖体释放。终止密码子的右边 3′端被认为是尾随区的非编码区。

在真核生物中核糖体上的翻译过程是相似的，但 RNA 的结构不同。在细胞核内，酶将 RNA 的 5′端分子前导区特异位点的几个碱基甲基化——甲基化帽子，这个帽子帮助 RNA 与核糖体结合。另一个过程也发生在细胞核——聚腺苷酸化，即 RNA 3′端有 100~200nt 腺苷酸。这个过程与把 RNA 从细胞核转移到细胞质有关。

三、多肽的翻译后修饰

在真菌中，多肽离开核糖体并完成最终的折叠，经常需要一种叫做分子伴侣的蛋白质的帮助，这是一个必要的过程，因为蛋白质的功能依赖于蛋白质的三维空间构象，二硫键对于折叠过程至关重要。

真菌有简单的细胞结构。当一个蛋白质在细胞质中被加工，它将有三种去向，即细胞质、细胞膜或细胞外（分泌蛋白）。

在真核生物中，蛋白质由于存在于细胞的不同位置而被定向（细胞核、内质网等），这一复杂过程也由信号序列的氨基端控制。生物技术学家主要研究分泌蛋白。这些蛋白质由核糖体合成并与内质网相连，在多肽离开核糖体之前，分泌蛋白由信号序列引导并能与信号识别颗粒快速作用,信号识别颗粒与受体停泊蛋白在内质网膜上结合,将新多肽带入内质网。

当多肽从核糖体释放时,它要经历内质网→高尔基体→细胞外的运输过程。当它在内质网时,最重要的是糖基化作用,这包括在多肽的特定位点上添加低聚糖,这些糖链被添加到天冬酰胺、丝氨酸、苏氨酸或赖氨酸上。天冬氨酸的糖基化在内质网开始、在高尔基体完成,而赖氨酸的糖基化只在高尔基体内发生(糖基化作用在真核生物中多种多样)。分泌蛋白通过运输囊泡从内质网出芽转移到高尔基体,又经过分泌囊泡运输到膜,通过膜融合将内容物释放到胞外。然后,翻译后修饰过程并没有到此结束,一些蛋白质以前体形式存在(如胰岛素),必须进行修饰加工,去除一些氨基酸序列(王镜岩,2003;汪堃仁和薛绍白,2002;Lewin,2000)。

四、生物技术与基因的相关性

为什么生物技术研究者要知道那么多关于DNA的知识呢?这是因为许多生物技术加工涉及基因在生物体间的传递,如果是亲缘关系较远的生物体间传递可能出现许多问题。例如,启动子、终止子、核糖体结合体和信号序列能否在一个新细胞中工作,RNA转录物在翻译前能否正确编辑,新细胞能否进行翻译后修饰。

第五节 基因工程技术

一、核酸的纯化

由于细胞具有核酸酶可以将核酸聚合体切割成小片段或单个核苷酸,所以把DNA从其细胞成分中分离出来常常是很重要的。细胞必须先被裂解,动物细胞的裂解可以通过溶剂(如蔗糖)、膜增溶剂(如SDS)、蛋白水解酶来完成。病毒及有细胞壁的细胞(如真菌、植物)需要其他的方法。例如,通常用细胞壁破壁酶处理酵母菌细胞,能很容易地溶解其细胞壁。

一旦细胞的内容物被释放,先加入酚使蛋白质变性;再加入氯仿溶解脂混合后离心;最后分为三层:酚层、水层和氯仿。然后加入冷乙酸,使DNA和RNA沉淀下来,在水或缓冲液中离心。这样处理的DNA样品通常混有RNA。因为RNA比DNA还不稳定,并且RNA酶在环境中广泛存在,所以RNA很容易被降解。处理RNA样品必须加倍小心,戴手套能避免皮肤上的RNA酶污染RNA样品(萨姆布鲁克和拉塞尔,2002)。

二、凝胶电泳

通过凝胶电泳可以分离不同长度的DNA片段并确定DNA片段的大小。将含有DNA的凝胶置于含有缓冲液的电泳槽里,然后通电,DNA片段则向其电荷相反方向移动。DNA片段的移动并不是等速的,小片段移动快,大片段由于凝胶阻力移动缓慢,从而分离不同大小的DNA片段。已知大小的DNA标样加到一条固定的泳道,待测DNA片段加在其他泳道。可通过在凝胶或DNA样品中添加溴化乙锭来观察凝胶中的

DNA。溴化乙锭结合DNA，紫外光下可见（图2-13）。根据标样和待测样品的迁移率之比计算DNA片段大小。电泳可以分离、测量小片段DNA，DNA片段大于40kb时应选用其他技术（萨姆布鲁克和拉塞尔，2002）。

三、印迹和杂交

印迹和杂交技术普遍用于DNA序列的检测。DNA印迹法可以判断在一个DNA片段中是否有特异的DNA序列。印迹用于来自电泳凝胶或其他分离纯化系统的DNA。通过毛细管作用，将DNA从凝胶转移到硝酸纤维素滤膜或尼龙膜上。水促进DNA在转移过程的移动。转移

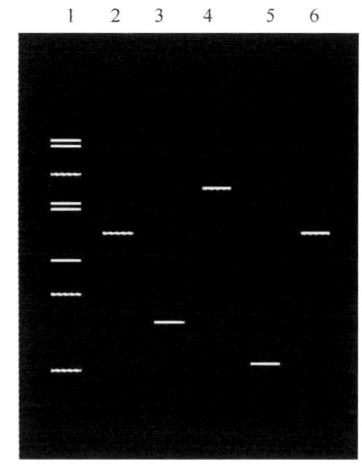

图2-13 DNA的凝胶电泳（Lewin，2000）

时，NaOH溶液使DNA变性，成为一条单链。去除NaOH后，用探针对固定在膜上的DNA或RNA的一个特异序列组成进行标记。使用放射性同位素或添加荧光化合物，是两种常用的标记探针的方法。

如果一个DNA样品序列与探针互补，将发生杂交（图2-14），膜上没有杂交的探针将被冲洗掉。应用放射性同位素探针或荧光探针，以上的过程也能测定特定RNA的转印，这就是Northern杂交。DNA和RNA探针能应用于Northern杂交和Southern杂交。

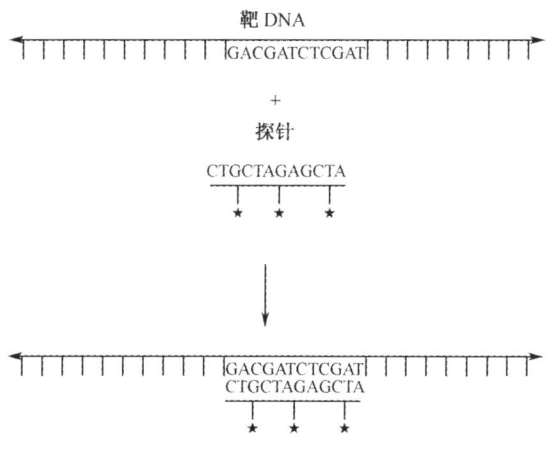

图2-14 DNA杂交（Speicher and Carter，2005）

杂交可以在没有凝胶电泳的条件下完成。例如，斑点杂交是把含DNA的样品置于硝酸纤维素膜，然后使用探针标记，未杂交的探针被冲走，杂交探针可以被测定。斑点杂交是目前快速测定DNA特殊序列的方法，正在被广泛应用（Speicher and Carter，2005）。

四、DNA 测序

DNA 测序的研究核心是掌握和使用基因。如果知道一个基因序列，就可以与来自另一个生物体的基因进行比较。蛋白质的氨基酸序列可以通过掌握的基因编码来推测。基因序列也是一种特殊的直接的表达形式。设计的基因探针可用于基因检测，或使用 PCR 技术进行基因扩增（萨姆布鲁克和拉塞尔，2002）。

可以通过化学测序或桑格双脱氧法进行 DNA 测序。在这里介绍桑格双脱氧法。

（1）提供饮食样品基因的一个 DNA 片段。

（2）把样品分成 4 管。

（3）在每管中加入 4 种核苷酸，额外加入其中一种核苷酸的类似物。例如，一管中应含有鸟苷三磷酸盐（GTP）、胞嘧啶三磷酸盐（CTP）、胸苷三磷酸（TTP）、腺苷三磷酸（ATP）和双脱氧 ATP（ddATP）。这些核苷酸类似物都用放射性同位素或荧光素标记。

（4）在每个试管中加入 DNA 聚合酶和 DNA 引物，合成一个 DNA 新链。当 DNA 聚合酶被迫利用一个双脱氧核苷酸时，链的延长被终止。

（5）假设 A 管中包含 ATP 和 ddATP，DNA 聚合酶在给新链加上核苷酸时，当 DNA 模板上存在胸腺嘧啶时，它将加入 ATP。如果加入正常 ATP，那么链将被继续延长；如果加入 ddATP，那么链将停止合成。这个结果是 A 管中有一系列以 ddATP 为链末端的片段。

（6）用高浓度聚丙烯酰胺凝胶电泳分离各管中的片段。

（7）使用放射自显影或荧光标记检测法测定片段。

（8）从凝胶两头或底部开始"阅读"DNA 序列。

参 考 文 献

蔡文琴. 1994. 实用免疫细胞化学与核酸分子杂交技术. 成都：四川科学技术出版社

罗云波，生吉萍. 2006. 食品生物技术导论（面向二十一世纪课程教材）. 北京：化学工业出版社

萨姆布鲁克 J，拉塞尔 D W. 2002. 分子克隆实验指南. 第三版. 黄培堂等译. 北京：科学出版社

孙明. 2006. 基因工程. 北京：高等教育出版社

汪堃仁，薛绍白，柳惠图. 1998. 细胞生物学. 第二版. 北京：北京师范大学出版社

王镜岩. 2003. 生物化学（上下册）. 第三版. 北京：高等教育出版社

邬敏辰. 2005. 食品工业生物技术. 北京：化学工业出版社

郑建仙. 2004. 功能性食品生物技术. 北京：中国轻工业出版社

Allam A R, Shyambabu M, Srinubabu G. 2008. Microarray analysis of differentially expressed genes between diabetes vs healthy. J Proteomics Bioinform, 2 (1): 49~71

Deacon J W. 1997. Modern Mycology. 3rd ed. Oxford: Blackwell Science

Doyle M P, Beuchat L R. 1997. Food Microbiology: Fundamentals and Frontiers. 3rd ed. Washington DC: ASM Press

Lewin B. 2000. Genes. 7th ed. Oxford: Oxford University Press

Lodish H, Berk A, Zipursky S L *et al*. 2000. Molecular Cell Biology. 4th ed. New York: Freeman

Perry J. 2002. Introduction to Food Biotechnology. Boca Raton, FL: CRC Press

Sahm H. 1999. Prokaryotes in Industrial Production. *In*: Lengeler J W, Drews G, Schlegel H G, eds. Biology of the Prokaryotes. Wiley-Blackwell

Sambrook J, Russell D. 2001. Molecular Cloning: a Laboratory Manual. 3rd ed. New York: Cold Spring Harbor Laboratory Press

Speicher M R, Carter N P. 2005. The new cytogenetics: blurring the boundaries with molecular biology. Nat Rev Genet, 6 (10): 782~792

第三章 基因克隆和重组蛋白生产

第一节 概 述

人们通常了解蛋白质在饮食中的重要性，而很少有人了解某些特定蛋白质作为食品改良剂和添加剂的重要作用。例如，淀粉酶将淀粉转化为葡萄糖这样的甜味佐料；在酿造领域使用淀粉酶将淀粉转化为可发酵糖；蛋白酶可嫩化肉，还可应用于干酪生产使牛奶凝固。

这样的酶通常都来源于植物、动物和微生物，是天然来源的蛋白质；反之，重组蛋白来源于原本不产生上述蛋白质的生物组织。编码蛋白质的 DNA 被转入到这些组织中。例如，凤梨中存在蛋白酶，利用基因技术可以从凤梨的 DNA 中分离编码这种酶的 DNA，然后把它转移到微生物中，如大肠杆菌。然后，大量培养这种微生物，分离纯化蛋白酶。这种蛋白酶就是一种重组蛋白，它不是天然来源物的产物，也可叫做异种蛋白。

食品生物技术经常利用细菌或真菌生产重组蛋白，因为这些生物比较容易大量繁殖。哺乳动物包括人类的细胞是用于人类治疗的重组蛋白的来源，不久的将来在植物或动物中将生产用于治疗的蛋白质。

重组蛋白与食品有关的应用就是基因重组粮食作物。重组蛋白可以提高粮食作物的品质，使食品生产者、加工者和消费者受益。

要生产一种重组蛋白，就要将特定的基因从一种生物转移到另一种生物。油脂可以从生物中直接提取，但许多特定蛋白质却不能从其他生物中提取。例如，用于治疗侏儒症（儿童时期激素产生不足而导致的一种疾病）的人类激素，它只在人体内产生。人类激素唯一的天然来源是人的尸体，但是从尸体中提取很微量。一旦将编码激素的人类基因转移到老鼠细胞中，激素就会大量产生，而且造价降低。

牛生长激素最初发现于母牛体中，如同人生长激素，牛生长激素也不易从天然来源中得到。20 世纪 80 年代，牛激素基因被转移到 *E. coli*，微生物产生大量完整的牛生长激素。牛激素注射到母牛体内，奶产量会增加，这样的牛激素会很受养牛户的欢迎。

凝乳酶既有天然来源，又可通过重组蛋白途径产生。这用于增加牛奶的产量的酶已在干酪生产中使用了上千年。美国大多数干酪的生产使用这种酶。重组凝乳酶的一个优点，就是它比天然来源的凝乳酶效果好。重组凝乳酶及其相关的技术问题将在本章的最后介绍。

有时酶容易从植物或动物中获得，但酶的质量并不理想。例如，可以取代凝乳酶的一些微生物蛋白酶，由于过度水解蛋白质会使干酪的风味降低。理论上，可以通过改变氨基酸活性位置的顺序来改变酶的活性。这可以通过定点突变技术实现。尽管这样的蛋白质来源是天然的，其最终产物也可叫做重组蛋白。

本章将要解释基因克隆在细菌和真菌中的应用和重组蛋白的产生过程。基因改良食物中最具争议的是对人类可能有潜在性危害的抗性基因。理论上，基因从一个生物组织向另一个转移的过程分两步：① 基因克隆；② 将基因转移到目标生物。基因克隆是在微生物和植物中生产重组蛋白的第一步。

第二节　基因克隆一般过程和主要工具

为了将目的基因从一个生物转移到另一个生物，首先要将它从所有基因中分离出来，否则会失去重组生物的优势——基因的准确转移。鸟枪法（shotgun cloning）可以做到这一点。它是应用限制酶将供体 DNA 切割成许多基因片段，然后将这些基因片段用凝胶电泳分离后随机克隆到大量宿主细胞中。为了鉴别含有目的基因的宿主细胞，通常需要根据目的基因的某一特性建立一种高效的筛选方法。具体操作过程如图 3-1 所示。

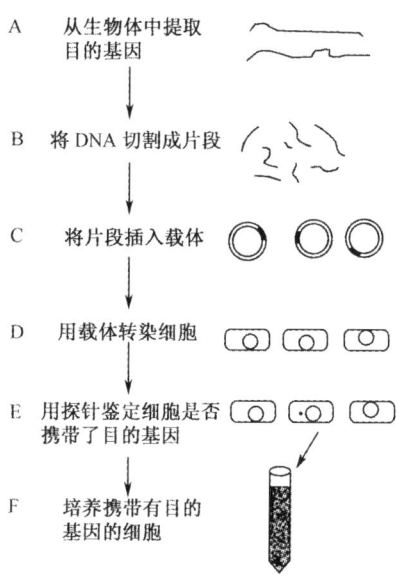

图 3-1　质粒作载体的鸟枪法（Lander *et al.*，2001）

1）获得 DNA。

2）使用限制酶切割 DNA。

3）将 DNA 并入目的物。目的物是一种能够在靶细胞中复制的作用物。通常质粒或噬菌体被用作目的物，此时靶细胞为微生物。现在假设目的物是质粒，这个环状 DNA 分子可以在寄主细胞中复制。在此阶段不能区分目的基因和其他基因。每一个基因片段将被转入质粒中，一部分质粒将含有目的基因。

4）将目的物转入靶细胞。通常靶细胞为 *E. coli*。打开细胞膜的气孔将质粒移入 *E. coli*，然后质粒在细胞中扩散，这个过程效率很低，排除不含有质粒的细胞是很必要的。质粒目的物通常具有抗性基因，它起标识物的作用。如果把抗生素加到微生物生长环境中，只有那些具有目的质粒的微生物才能存活下来。接下来将两种细胞分开，一种细胞具有目的基因的质粒,另一种没有。

5)使用探针分离具有目的基因的质粒。大多数探针为 DNA 片段,这是一段与目的基因互补的片段。它可使目的基因退火,无法让其他 DNA 片段退火。探针与一个比较容易探测的化合物相连,如放射性同位素或荧光物质。

6)大量培养具有目的基因的细胞。这些细胞具有产生目的蛋白的基因,在细胞生长过程中也就收获了目的蛋白。

7)靶细胞应该能够高效合成大量的目的编码蛋白。由于各种原因,靶细胞通常不能合成大量的目的蛋白,要将目的基因重新转移到更合适的细胞中,这个过程称为亚克隆(subcloning),即把 DNA 片段从某一载体上克隆到另一载体上。亚克隆与鸟枪法理论相似,因为基因的背景相对简单,它比鸟枪法更容易。

一、限 制 酶

限制酶又称限制性内切核酸酶,因其在分子内切割 DNA 而得名。它切割 DNA 的特定位置(图 3-2)。例如,$EcoR\,I$ 识别 DNA 的 GAATTC 序列。

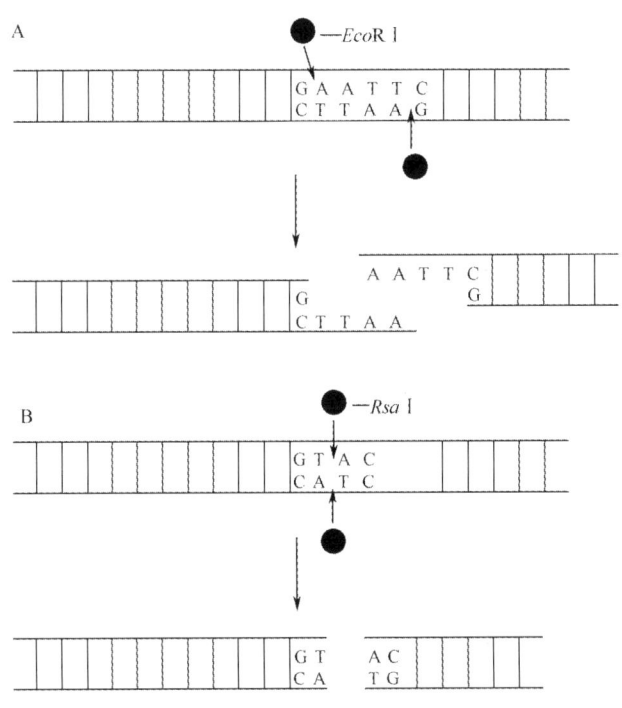

图 3-2　$EcoR\,I$(A)和 $Rsa\,I$(B)切割 DNA(王镜岩,2003)

以下几点对限制酶的使用很重要。

第一,每种酶通常只识别一个序列。

第二,很多酶都很有特点。一些识别短序列,一些识别长序列,序列长短影响酶的切割效率。例如,从 DNA 样品中抽取分别与 $Rsa\,I$、$EcoR\,I$ 和 $Sfi\,I$ 作用的样品。$Rsa\,I$ 作用于 4 个碱基的序列,切的次数较多;$EcoR\,I$ 切的次数少一些;$Sfi\,I$ 最少

（图 3-3），很明显，限制酶的选择很重要。每一种目的物中可移入 DNA 的量是有限的。适合的酶切割出适合特定目的物的 DNA 片段。

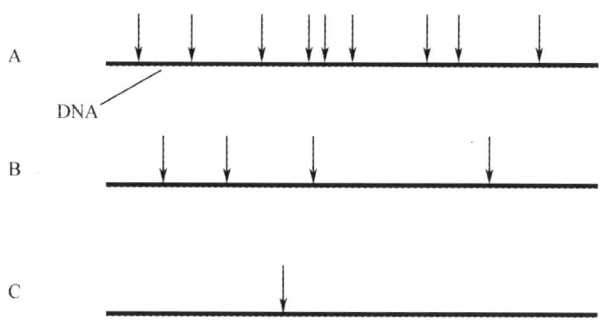

图 3-3　不同酶切割 DNA 的频率和位点（王镜岩，2003）

第三，很多限制酶会产生"黏性末端"。"黏性末端"是从切割点伸出的 DNA 片段（图 3-2A）。彼此互补的黏性末端可以重新组合，这样就可以结合其他来源的 DNA 片段。如果两个 DNA 样品被同一种酶切割并产生了黏性末端，当样品混合，复性就可能在不同来源的 DNA 链间完成。然而，来源于同一样品的黏性末端可能因互补而重新复性。另外，某些酶会产生平末端（图 3-2B）。

第四，通常被某一种限制酶识别的序列是"回文"（palindrome）结构。从同一方向读起，两条链上的 DNA 序列是一样的。限制酶是从细菌中提取的，是其抵抗噬菌体或抗生素的防御体系的一部分。细菌 DNA 具有可以被自身核酸酶识别的位点，酶类识别核酸位点并使其甲基化，防止 DNA 被自身的酶类分解。

二、质粒载体

质粒是一种很重要的工具。过去的 20 年里，这些环状双链 DNA 被广泛地应用于基因克隆。质粒很小，容易操控，可以大量培植。例如，某菌种可以产生一种酶，它可以把淀粉分解成有价值的食物成分，但这种菌种很难大量繁殖，所以把编码这种酶的基因转移到 $E.\ coli$（图 3-4），然后使用一个常用的质粒 pBR322（图 3-5）来进行克隆。pBR322 有一个 ori 序列，其中具有两个抗性基因，这些抗性基因在基因克隆中很重要。具体过程如下。

(1) 纯化具有目的基因的 DNA

这一过程只需很少量的 DNA，称这种 DNA 为外源 DNA。

(2) 纯化质粒 DNA

首先培养具有 pBR322 的 $E.\ coli$，然后破碎细胞释放细胞内部物质。因为小型的质粒具有不同于染色体 DNA 的物理特性，质粒 DNA 很容易从染色体 DNA 中分离纯化。

(3) 用同一种酶切割质粒 DNA 和外源 DNA

切割序列 GGATCC 的 BamH I 是一种较好的选择。原因有以下三个。

1) 真菌具有多个不同的染色体，它们存在于被纯化的 DNA 样品中。然而，只有一种 DNA 具有基因 $AmylX$。如果被切成小段，理论上每一个小段都可能合成一个独

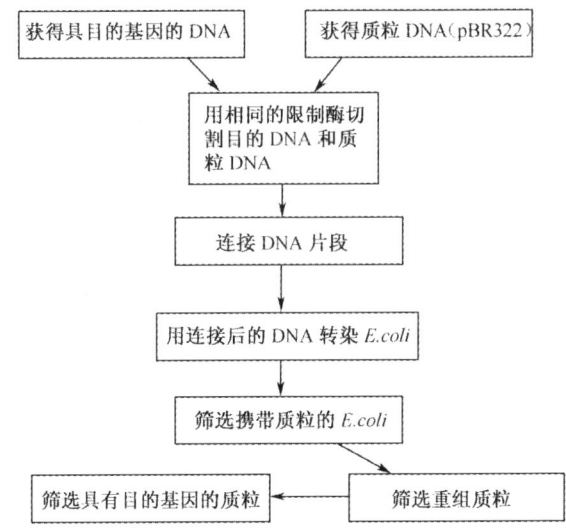

图 3-4 利用 pBR322 的基因克隆（Perry，2002）

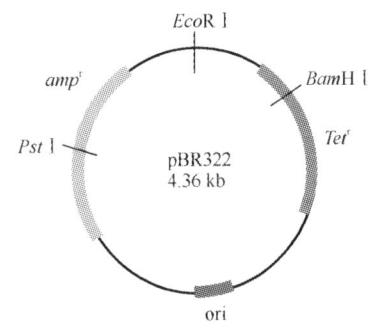

图 3-5 pBR322 结构图谱（孙明，2006）
Pst I 位点插入 DNA 片段能够破坏 pBR322 基因具有的氨苄青霉素抗性（amp^r），而在 BamH I 位点插入 DNA 片段能够破坏该基因具有的四环素抗性（tet^r）。复制受 ColE1 起始位点（ori）控制

立的质粒。从众多的质粒中分离出具有目的基因的质粒相对比较容易。

2）真菌 DNA 的切割是必要的，因为将 4000 多个碱基对并入 pBR322 是不实际的。这需要很多质粒载体，如 λ 噬菌体、黏性质粒和酵母染色体。酵母染色体可容纳大片段的 DNA。

3）BamH I 可以产生黏性末端。这使得外源 DNA 片段与质粒 DNA 片段复性。BamH I 只能识别并切割一个 pBR322 的序列。因此 BamH I 的分解作用将环状的质粒转化为线性质粒并产生黏性末端。如果存在两个以上的作用位点，pBR322 将被切割成几段，永远都不能产生一个有用的载体（因为有可能丢失 ori 或抗性基因）。还有一点值得注意，BamH I 的作用位点在四环素抗性基因内。

（4）具有目的基因的 DNA 与载体 DNA 连接（图 3-6）

DNA 片段随意碰撞时，互补的黏性末端可以复性或连接。简单的退火不能在磷酸骨架间形成共价键，所以除非加入 DNA 连接酶，否则这种作用不是永久的。DNA 连接酶将外源 DNA 与质粒 DNA 连在一起，组成重组质粒。如果这步成功，将会得到大量的重组质粒，其中一些具有目的基因、一些具有外源基因的其他片段。除了重组质粒，还会产生重新复性的不具有其他外源 DNA 的质粒，这些质粒将在第 7 步去除。

（5）将混合的复性 DNA 移入 E.coli

载体质粒无法被分离，除非它们被移入微生物内。将质粒或其他 DNA 序列转入

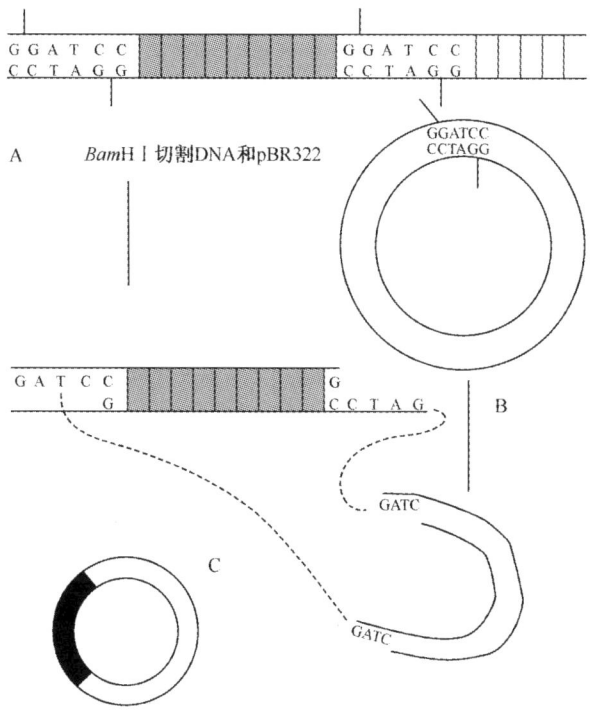

图 3-6 具有目的基因的 DNA 片段与 pBR322 的连接（蔡文琴，1994）

E. coli 或其他细菌常用的方法是转化。

从基因克隆的角度讲，转化主要适用于用微生物从水溶液中摄取目的基因，可惜大多数微生物不能做到这点。肺炎链球菌（Streptococcus pneumoniae）具有这个能力，因为其具有一种特别的蛋白质，这种蛋白质可使来自其他细胞的肺炎链球菌 DNA 进入细胞内，然后整合到载体细胞的染色体上。

E. coli 不能用这种方式接纳外源 DNA。脂质双分子层细胞膜不允许外源 DNA 进入细胞，E. coli 缺少允许外源 DNA 进入的蛋白质。但是 E. coli 可以被改良，从而提高接纳外源 DNA 的能力。最普通的转移方法是把 E. coli 溶于冷的 $CaCl_2$ 稀溶液中。这可使脂膜短暂冻结，产生裂缝和毛孔，大量的 DNA 可以由此进入。此法缺点之一就是效率低——只有 $1/10^6$ 的微生物细胞被移入 DNA。另外，很多种类的微生物不能用这种方法。

质粒 DNA 进入 E. coli 后并不稳定。DNA 聚合酶将结合质粒的起始区域然后复制，防止质粒的丢失。不同的质粒复制的数量不同。复制频率高的质粒叫做高拷贝质粒。pBR322 是一种低复制频率的质粒，所以它不像 pUC 系列载体那样使用广泛。

转化会产生混合微生物，其中只有小部分具有目的基因，大部分是不具有目的基因的质粒。把那些转化了有意义 DNA 片段的质粒的微生物，称为重组体。

（6）筛选保有质粒的微生物

通过添加氨苄青霉素可以很容易除去无用微生物。E. coli 对氨苄青霉素很敏感。pRB322 中的 bla 基因编码 β-内酯酰胺酶，它可以降解氨苄青霉素，所以只有带有 pRB322 的微生物才能在氨苄青霉素存在的环境下生存。

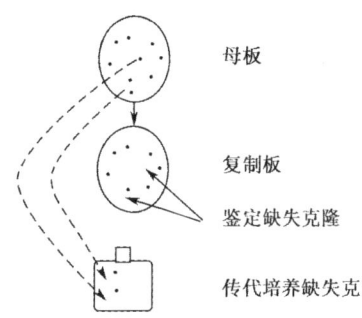

图 3-7 含有 pBR322 重组质粒细菌的分离（孙明，2006）

（7）筛选重组基因

氨苄青霉素使有用微生物存活下来。即使采取了相应措施防止无用质粒重新复性，分离重组的质粒也是很必要的。将微生物稀释后，在含有氨苄青霉素的固体琼脂中培养，保证单菌落的生长，即一个菌落是由一个单细胞长成，这样每一个菌落都是含有一样质粒的纯种细胞，遗传性状一致（图 3-7）。

那些含有环状质粒的微生物，因为具有抗性基因可以在含有四环素的环境中生存。外源 DNA 在 BamH I 位点插入，破坏了抗四环素基因，成为无功能基因，无法赋予细胞抗性。因此，带有重组质粒的细胞可在含有氨苄青霉素的培养皿中生长，但不能在含有四环素的培养皿中生长。把这种混合重组菌落称为 DNA 文库。

（8）筛选 DNA 文库

只有很少一部分重组质粒具有目的基因，大多数具有的是无用基因。所以要筛选确认那些含有目的基因的质粒。最常有的方法是使用 DNA 探针（图 3-8）。

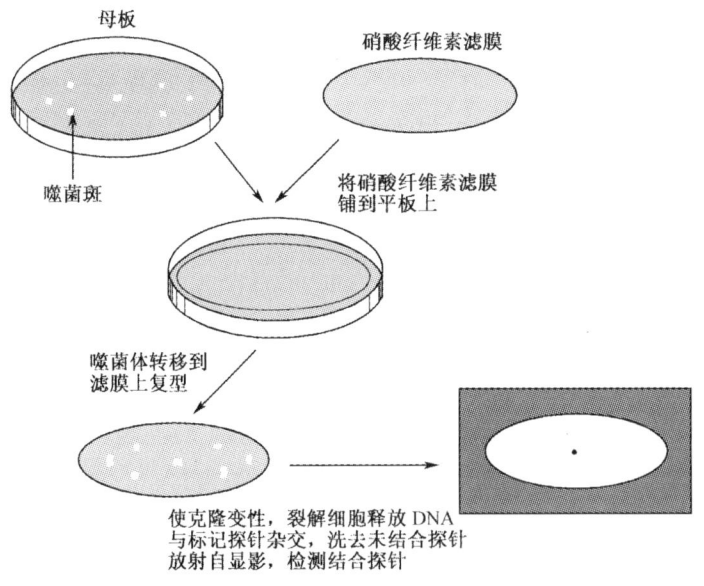

图 3-8 利用 DNA 探针筛选 DNA 文库（Sambrook and Russell，2001）

DNA 探针是一段 DNA 单链片段，与目的基因的一部分互补。通常将放射性物质如 ^{32}P 加入探针，非放射性的物质也被广泛应用，如荧光物质和生物素标记探针。荧光物质和一些特殊复合物能通过共价键与寡核苷酸相连接。荧光物质与 DNA 杂交后形成复合物，在紫外光下放射出长波的光。这样，探针就"亮"起来了。生物素探针的机制则是其与亲素或链亲和素相连。亲和素又可与酶以共价链相连，在底物存在时，形成有颜色的终产物。利用 DNA 与生物素探针结合形成复合物，可以探测杂交。

探测的第一步是把 DNA 文库放在琼脂培养皿里。将一张滤纸放在培养基上,移出菌落微生物,同时保持母板方向。加入碱使细胞裂解,质粒 DNA 变性成为单链 DNA。

单链探针与单链 DNA 结合在滤纸上,这就是一种杂交。然后,把探针加到滤纸上,经过孵育,滤纸上的探针就会脱离。根据探针的不同类型,可以采用放射自显影或荧光法检测是否存在探针。一旦目的重组菌落被确定,微生物就可以从平皿里取出,然后大量培养。通过测定基因或目的蛋白,进一步保证正确的基因被转入 *E. coli*。

如果对 DNA 序列一无所知,那么就不能使用 DNA 探针,但这种情况很少见。不同生物有很多相同的基因信息。如果不具备这样的信息,就必须使用其他方法。如果目的基因是酶,可以筛选纯细胞确定酶活(孙明,2006;萨姆布鲁克和拉塞尔,2002;Sambrook and Russell,2001)。

第三节 互补 cDNA

当目的基因来源于细菌或其他具有小基因的生物体,鸟枪法就很有效。但如果克隆真核细胞的基因,尤其是动物细胞或植物细胞的基因,必须筛选大量的重组纯细胞,此法就不太有效。

真核细胞的 DNA 序列不能直接翻译成蛋白质。mRNA 转录物通常含有一些需剪切的片段(内含子)。剪切后的序列(外显子)连接在一起形成新的 mRNA 分子,离开核在核糖体中进行翻译。这就很难采用鸟枪法处理真核细胞基因。如果将整个真核细胞基因转移到 *E. coli* 中,*E. coli* 缺少编辑能力,整个 mRNA 转录物被翻译成蛋白质,这样的蛋白质是不可能保留原有蛋白质性能的。

逆转录病毒解决了这一问题。逆转录病毒使用 RNA 存储遗传信息。逆转录酶将 RNA 转化为 DNA,然后 DNA 被并入寄主细胞(图3-9)。这样产生的 DNA 双链不含有内含子,可以从含有目的蛋白的生物中分离出 mRNA。逆转录酶使用 mRNA 为模板产生互补的 DNA 链,这样就产生了一条 RNA-DNA 杂交链。随后使用特殊的核酸酶消化 mRNA,DNA 聚合酶 I 的 Klenow 片段,将以单链 DNA 为模板产生一条互补链。逆转录酶和 Klenow 片段产生一个双链的 DNA 分子。剩下的克隆过程与鸟枪法相似,唯一的区别就是第 3 步使用的 DNA 来源于 mRNA 模板,而不是含有目的基因的生物。

由 mRNA 产生的 DNA 叫做 cDNA,用这种方法建立的文库就是 cDNA 文库。与鸟枪法相比,这种方法可以大量产生真核细胞基因。

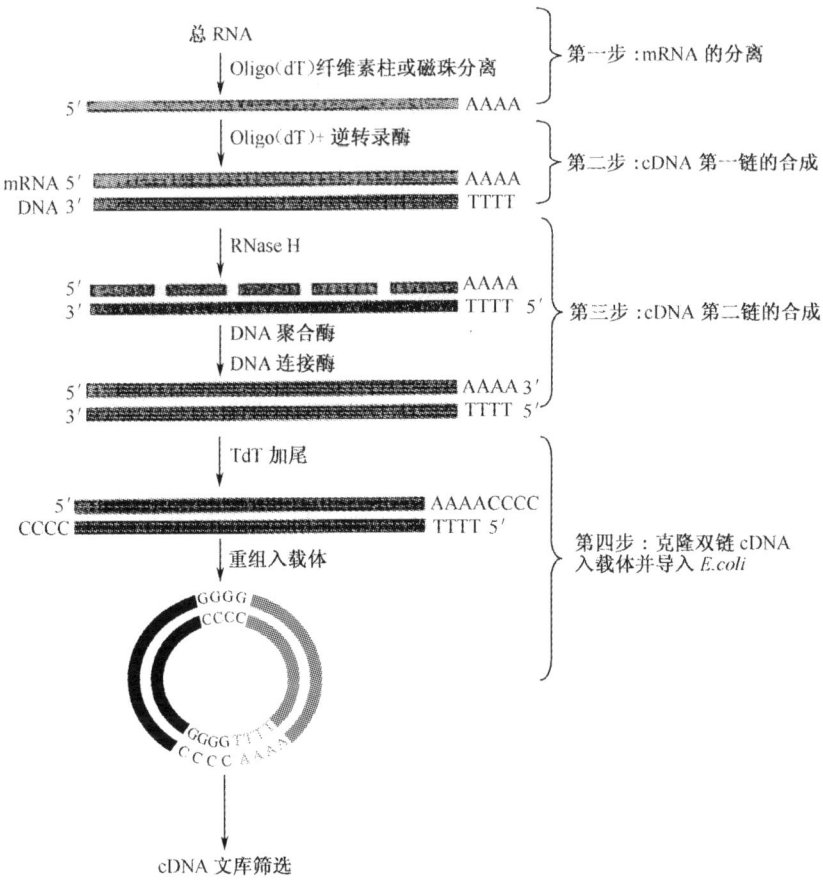

图 3-9　cDNA 文库构建流程图（Sambrook and Russell，2001）

第四节　聚合酶链反应

一、概　　述

近年来，聚合酶链反应（polymerase chain reaction，PCR）越来越多地应用于克隆领域和分子生物学的其他领域。PCR 可用于扩增特定的 DNA 序列。PCR 的缺点就是要知道目的基因的信息，必须已知基因两端的序列用于设计引物。另外还需要 DNA 聚合酶和核苷酸混合物及一个可以控温的加热器，因为 DNA 聚合酶的热稳定性是很重要的。PCR 可以简化基因克隆。如果了解目的基因的引物，可以使用 PCR 扩增 DNA，然后将它并入目的物，通过将重组质粒转入到合适的寄主细胞完成克隆过程。PCR 只扩增目的基因，因此其他杂质在早期就被稀释了。

由真核细胞 DNA 扩展而得到的 DNA 包括内含子和外显子。编码内含子和外显子的 DNA 可以通过 mRNA 前体获得，使用逆转录酶将 mRNA 转化为 cDNA，然后使用 PCR 扩大 cDNA。

二、PCR 扩增的机制

引物是短小的 DNA 序列，引物的序列要与基因的末端相互补。一旦目的基因的末端序列已知，就可以很容易地设计引物。引物的合成相对廉价，操作性强。

在含有目的基因的 DNA 样品中加入引物、热稳定的 DNA 聚合酶，然后将这个混合物放入加热器中。以下就是 PCR 循环的步骤：一是反应物加热到 90℃，DNA 双链打开；二是降温到 50℃，引物和单链 DNA 结合；三是加热到 72℃，在此条件下，DNA 聚合酶从引物开始合成 DNA，产生新链的方向是 $5'→3'$（图 3-10）。

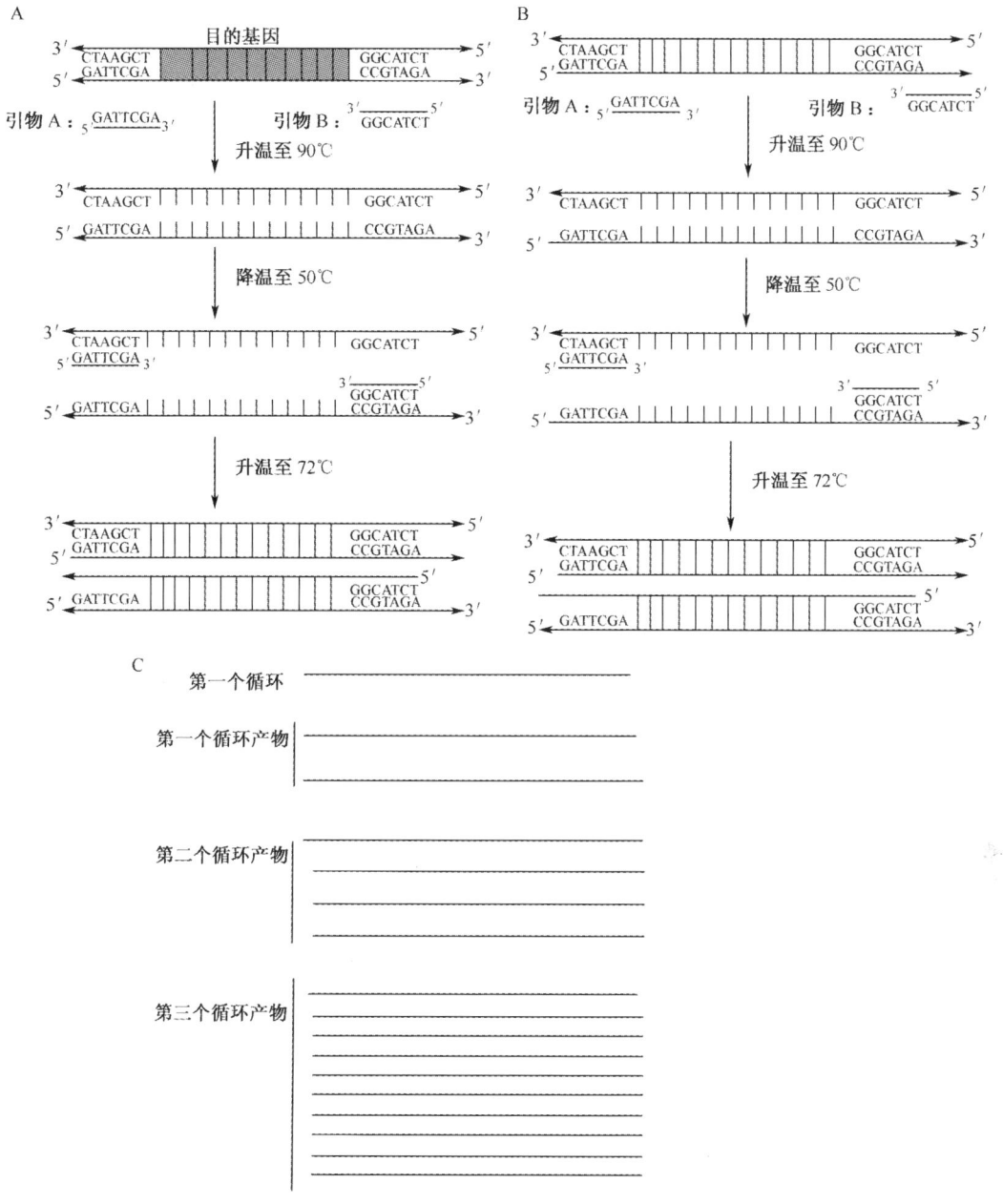

图 3-10　DNA 的 PCR 扩增（Hengen，1995）

A. 在第一个循环中，引物与每条链结合，利用 DNA 聚合酶合成出互补链；B. 在第二个循环中，引物再次与每条链结合，新链仅合成出引物之间的部分；C. 在第三个循环中，仅还有引物间部分的扩展占据主导地位，随着循环的继续，其余非目的产物逐渐被稀释

PCR 循环 20～30 次，这使得 DNA 序列不断扩大，引物引导 DNA 聚合酶合成基因。几个 PCR 循环之后，引物间的这段序列比其他的 DNA 序列多得多。PCR 循环 30～40 次后，DNA 复制了 10^9 倍。

在第一次循环中，DNA 被加热到 90℃，双链打开变成单链。当温度降到 50℃，引物产生互补链。每一个 DNA 片段的 5′端和 3′端，只有两条链反平行时才能结合。这个阶段模板链双向延伸。

DNA 聚合酶需要一个能做新链起始序列的 DNA 片段，所以它必须有一个引物。使用设计好的引物可以控制 DNA 的起始位点。DNA 聚合酶沿一个方向合成 DNA 链，方向是 5′→3′。一个循环后，每一个原始模板都被复制了。

以新合成的一条链为例，与第一个循环一样，第一步是加热到 90℃，DNA 双链打开；然后降温到 50℃，引物和单链 DNA 结合。从引物开始，DNA 聚合酶开始合成新链，方向是 5′→3′，新链包含两个引物区域和夹在中间的 DNA 序列。连续的复制循环产生了越来越多的 DNA 片段。20 次或更多次的循环后，产生的 DNA 可以通过琼脂糖凝胶检测到。

三、PCR 技术的不足

PCR 技术引起的最严重的问题就是 DNA 污染。如果存在与引物互补的其他 DNA，部分杂 DNA 片段将被复制，导致有用产物和无用产物混合在一起。

另外一个问题是 PCR 所使用的 DNA 聚合酶缺少校对能力。大多数 DNA 聚合酶可识别、移走错误碱基，并补上正确的。用于 PCR 的酶通常来源于嗜热水生杆菌（*Thermus aquaticus*），缺少 DNA 聚合酶的校正功能，这样，错误的碱基就会结合到新链上。如果这发生在复制早期还不太严重，使用 PCR 探测基因也不会受影响。但如果是为了分离将要克隆的基因，小差错都可能产生大问题。因此，最好在使用 PCR 获得目的基因时使用一个热稳定性好且具有校对功能的 DNA 聚合酶，如从超高温耐热菌（*thermococcus litoralis*）中分离的 DNA 聚合酶。

在克隆基因时，PCR 最大的缺点就是在被复制的碱基对多于 5kb 时，效率较低。这个问题很严重，因为很多基因都长于 5kb。尽管如此，PCR 对于基因克隆依然是一个很有用的工具（McPherson *et al.*，2000；Newton and Graham，1997）。

四、PCR 技术的衍生类型

引物不总是与一个目的物结合。如果 DNA 样品的其他基因存在相似的序列，也会被扩增，产生混合物。这个问题的解决方法是使用第二组引物来扩增已被扩增的 DNA 序列，被两个引物作用的序列存在于同一个样品中的可能性不大，这种方法称为嵌套式 PCR。

相似基因导致错配，有时引物会与非目的基因结合。因为 DNA 样品有一部分单链成分，在室温下，引物可能会与那些片段结合。热启动 PCR 可以很好地解决这种错配问题。它可以通过限制 PCR 的关键环节来阻止错配，直到 DNA 样品变性。

PCR 的一个优点是可以修饰 DNA 序列，即使一个引物错了，PCR 依然会复制

DNA 序列。新的 DNA 片段包含在引物中，当循环进行时，它就会被并入扩增的 DNA 片段中。这种方法改变了酶的活性位点，从而提高酶或蛋白质的功能。PCR 引入一个可以被特定核酸酶识别的序列。识别位点通常在引物的 5′端（3′端负责引物的复性），位点附加物引入了黏性接头。如果成功，扩增片段可直接插入到质粒载体中，长序列也可在 5′端引入，启动子和调控元素通常也用这种方法加入到扩增片段中（McPherson et al., 2000; Newton and Graham, 1997; Hengen, 1995）。

第五节　pUC 载体

质粒 pBR322 已不再作为大多数基因克隆工程的常用载体。原因有三个方面：一是质粒拷贝数量低；二是对抗生素的复制是困难且耗时的；三是 pBR322 中的大多数插入物不能被直接表达，很多重组蛋白无法生产。

pUC 族的质粒载体（图 3-11）在这三方面都优于 pBR322。一是起始位点的顺序不

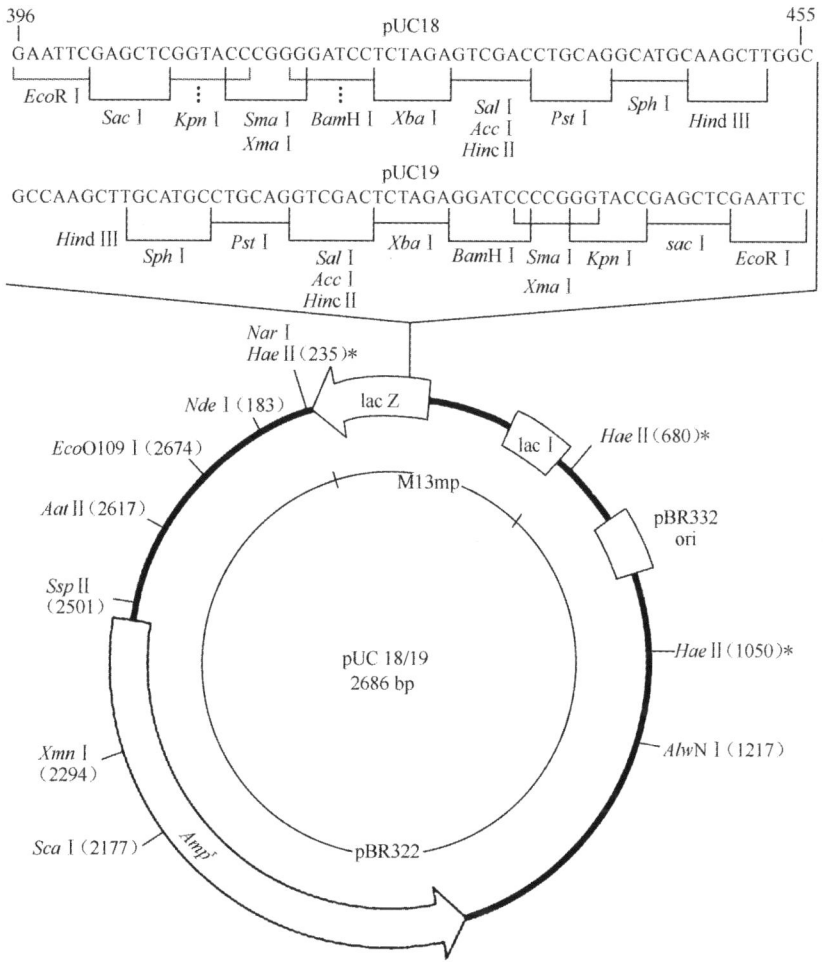

图 3-11　pUC 系列质粒载体的结构（孙明，2006）
* 位点不是唯一的

同，使它更易于反复复制，更容易快捷地获取质粒 DNA（几乎没有细菌可以被载入大量 DNA）。二是启动子顺序不同，在 pBR322 中，由 tet 先导链决定插入基因的转录；在 pUC 载体中，插入基因的转录由 lacZ 启动子决定，lacZ 启动子结合 DNA 聚合酶的能力强于 tet 启动子，可获得大量的 mRNA 和复制蛋白。

pUC 载体的最后一个优点是对细菌的选择和变性（图 3-12）。细菌用 pBR322 转化，便可用 Amp 除去所有不含质粒的细菌。pUC 含有 *amp* 抗体基因，可以应用相同的策略除去不含质粒的细菌。在 pUC 载体中，抑制性位点聚集在多克隆位点（MCS），作为多向接头插入 *lacZ* 基因末端。MCS 包括一系列限制酶切位点，可选择最适当的限制酶来消化质粒 DNA 和所需的外源 DNA。

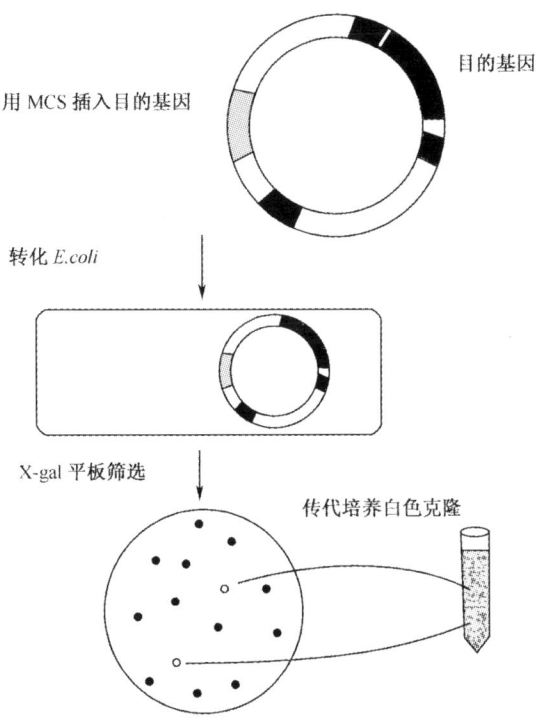

图 3-12 利用 pUC 载体克隆外源基因（孙明，2006）

pUC18 和 pUC19 大小只有 2686bp，是最常用的质粒载体，其结构组成紧凑，几乎不含多余的 DNA 片段，GenBank 注册号为 L08752（pUC18）和 X02514（pUC19）。其由 pBR322 改造而来，其中 *lacZ*（MSC）来自 M13mp18/19。

这两个质粒的结构几乎是完全一样的，只是多克隆位点的排列方向相反。这些质粒缺乏控制拷贝数的 *rop* 基因，因此其拷贝数达 500~700。pUC 系列载体具有一段 lacZ 蛋白氨基端的部分编码序列，在特定的受体细胞中可表现 α-互补作用。因此在多克隆位点中插入了外源片段后，可通过 α-互补作用形成的蓝色和白色菌落筛选重组质粒。

已经成功地获得了在 *lacZ* 序列的末端插入一个外源 DNA 序列的重组体（图 3-12）。这个基因具有编码 β-葡萄糖苷酶的 *lacZ* 基因部分。当 pUC 载体存在于 *E. coli* 时，*E. coli* 产生一种可促使乳糖分解为葡萄糖和半乳糖的 β-半乳糖酶。β-半乳糖苷酶可以使人工合成的糖（5-溴-4-氯-3-吲哚-β-D-吡喃型半乳糖，X-gal）转变成蓝色终产物。因此，一个细菌经 pUC 载体转代后具有完整的 *lacZ* 基因，且整个菌落都呈现蓝色。然而，如果有一个外源基因插入 pUC 载体的 *lacZ* 基因的末端，*lacZ* 基因表达的多肽将不能与染色体片段表达的多肽相互作用，细胞缺乏 β-半乳糖苷酶活性，因此不能将 X-gal 变为蓝色化合物，菌落仍旧是白色。因为这种新型蛋白质是 β-半乳糖苷酶与外源蛋白的融合体，被称为融合蛋白。

由于融合蛋白缺乏 β-半乳糖苷酶活性，所以非常容易识别重组细胞。可在含 X-gal 的琼脂中培养稀释的细菌，并挑出白色菌落做进一步的细胞重组试验。pUC 载体的数量与 pBR322 非常接近。使用 pUC 载体的优点就是更易于确认重组蛋白。关于 pUC 载体的最后一点是：它常常含有 *lac*Ⅰ 基因，该基因编码抑制 *lacZ* 转录的蛋白质。这种蛋白质在没有诱导物（乳糖）存在时可防止 *lacZ* 的转录。*lac*Ⅰ 能使 pUC 正常表达融合蛋白。实际上，合成诱导物异丙基-β-D-硫代半乳糖苷（IPTG）常被用做乳糖替代物。

第六节　噬菌体载体

一、Lambda 载体

pUC 和 pBR322 等质粒载体无法插入超过 10kb 的序列，但 λ（lambda）噬菌体载体可容纳 20kb 的插入 DNA，因此常被用于细胞克隆的起始阶段。λEMBL3 是一种普遍应用的噬菌体载体（图 3-13）。

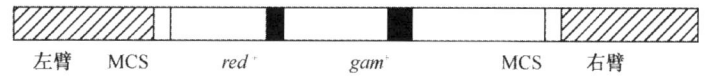

图 3-13　λEMBL3 结构图谱（Perry，2002）

λEMBL3 不同于质粒载体，它是线性的，不含 ori 和抗生素抑制基因。λEMBL3 由三部分组成：左臂、右臂和填充区，填充区包括 *red*$^+$ 和 *gam*$^+$ 基因。位于填充区的基因不是细胞溶解的循环必需的，左臂和右臂则是进行细胞溶解循环的必要条件。

构建噬菌体载体和质粒载体的整个过程相似。在起始阶段都由限制酶将载体和 DNA 切开（包括所需的基因）。构建好的 λEMBL3 在左臂与填充区之间和右臂与填充区之间有 MCS。因此，当限制酶作用于 λEMBL3 时，噬菌体将被分成三个部分：左臂、右臂和填充区。当外源 DNA 被限制酶和 λEMBL3 切除时，将会出现一些连接产物。正确的连接产物如图 3-14 所示。

在这些重组链中，填充区被一段外源 DNA 取代。下一步就是从另外一些连接产物中分离出重组 DNA。实际上，这个过程十分简单。首先加入溶液形式的外装配体体系，其中包括了所有 λEMBL3 粒子装配所需的病毒蛋白。然后将这种溶液与退火的 DNA 混合，只有大小约 47kb 且两侧具有完整左、右臂的 DNA 才会被装配进病毒颗粒。因为缺少左、右臂或是长度不符，许多退火产物不能在装配过程中被利用。

如果噬菌体的 DNA 仍旧存在（左臂＋填充区＋右臂），由于长度相符，将重新装配成病毒颗粒，这些噬菌体可以通过以下几个阶段除去：侵染敏感菌株 *E. coli* 形成溶

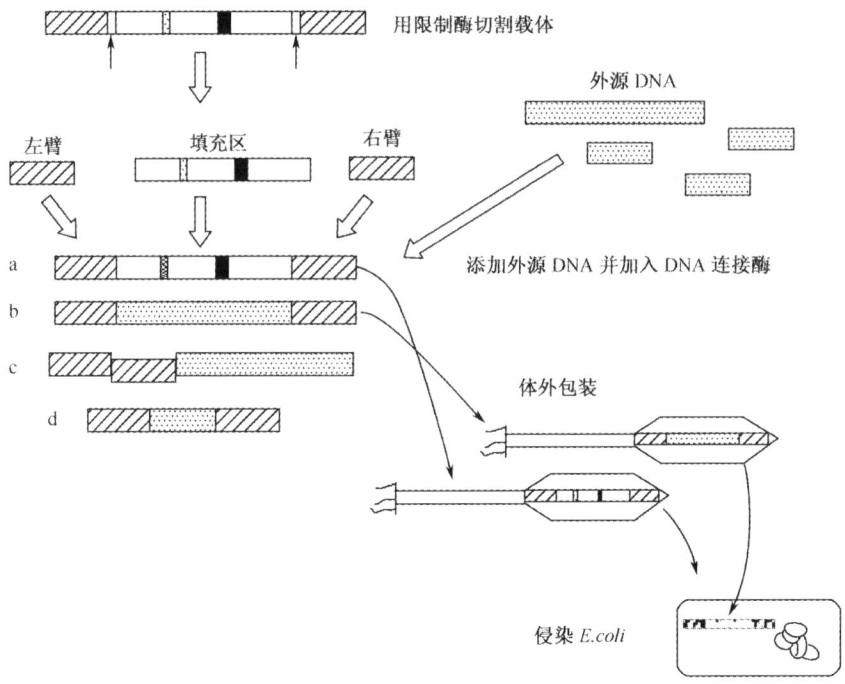

图 3-14　利用 λEMBL3 的基因克隆（Perry，2002）

源性菌株——P2 溶源性 *E. coli*。仅当填充区缺乏 *red* 和 *gam* 基因时，在 P2 溶源性 *E. coli* 作用下，λ*EMBL*3 将完成细胞溶解循环。任何初始的噬菌体微粒都含有完整的填充区，因此不能被 P2 溶源性 *E. coli* 复制。

通过溶源菌侵染的方法筛选出大量具有目的基因的病毒颗粒，最终将构建出一个重组病毒颗粒文库。该方法的原理与筛选重组质粒的方法相似。来自文库的病毒颗粒被稀释，形成 *E. coli* 的"菌苔"。当稀释的噬菌体影响细菌细胞时，在菌苔上的特定区域内就会发生细胞溶解。如果最初噬菌体稀释程度适中，噬菌斑能被成功分离。假设每个噬菌斑都可以从细菌细胞中分离，每个被感染的细胞会复制大量的新细胞，相同的病毒微粒将感染它的相邻细胞。最后，足量的相邻细胞将被感染并停止产生细菌。每个噬菌斑代表着重组 λEMBL3 的克隆（Rapley，2000a；2000b）。

二、柯斯质粒载体

有时需要克隆超过 20kb 的 DNA 片段，可以选择使用柯斯质粒载体，它可容纳 40kb 的片段。这是一些特殊的质粒载体，它包含两个来自 λ 噬菌体的 cos 区，在 cos 区域存在两个限制酶作用位点，其中一个位点在 cos 区内，还有一个抗生素抑制基因和 *E. coli* 复制的起始位点（图 3-15）。cos

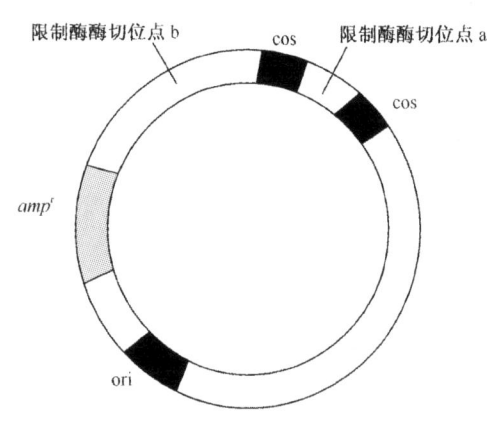

图 3-15　柯斯质粒载体结构图谱（Perry，2002）

序列是λ噬菌体左臂和右臂的一部分，噬菌体DNA组装成新毒菌颗粒必须具备cos序列，另外还需要DNA具有合适的长度（40~50kb）。这些特点使得柯斯质粒载体可在宿主 E.coli 细胞中复制，并利用抗生素进行筛选。柯斯质粒载体同时具备λ噬菌体（cos）和质粒（ori）的特性。

柯斯质粒载体具有限制酶酶切位点。限制性内切核酸酶a和b将柯斯质粒载体切成两部分，两部分都可以携带50kb左右的目的基因片段，将柯斯质粒载体与基因组混合并进行连接（图3-16）。这些产物的长度刚好适合体外装配体系将其包装进入病毒颗粒。然后，通过这种病毒颗粒将DNA引入宿主细胞。DNA只包含cos区域，因而它不能复制新的病毒颗粒。通常利用一般的质粒转化方法，无法使与柯斯质粒载体大小类似

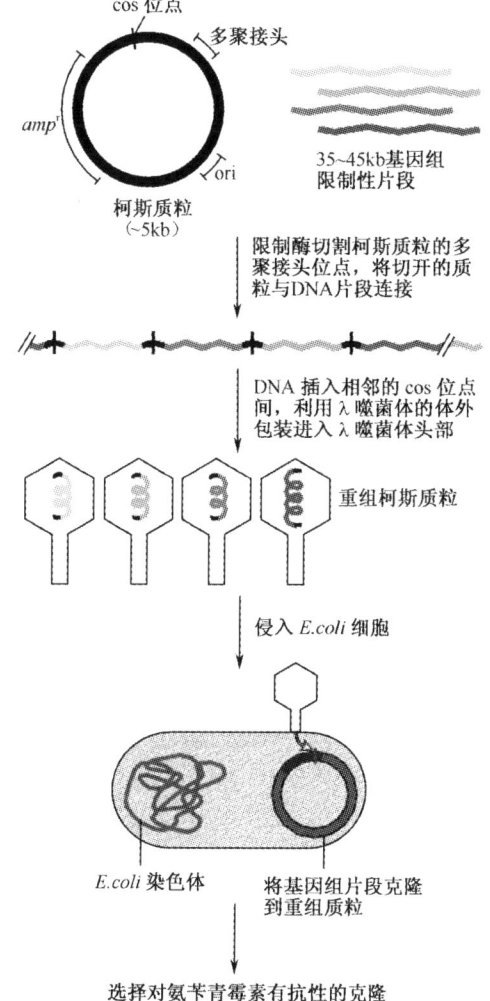

图3-16 利用柯斯质粒载体克隆DNA片段的一般过程（Lodish et al., 2000）

这一过程具有λ噬菌体克隆的高效率，并且可以克隆约等于45kb长的较大的限制性片段。在这个例子中，能够产生4种不同类型的重组柯斯病毒体，每一个病毒体都携带有一段基因组片段，以不同灰度表示。重组病毒体接种到 E.coli 细胞将产生4种不同类型的克隆，图中只表示出一种。注意载体DNA和基因组片段长度不是按规定比例形成的

的质粒在细菌中正常工作。然而,噬菌体插入系统能将大片段的重组质粒插入到宿主细胞中(Rapley,2000a;2000b)。

第七节 人工染色体与亚克隆

测定整个基因组中的一小部分序列比较容易,要弄清每条染色体的基因序列则非常困难。可以携带大片段 DNA 的载体能够更有效地进行测序工作,常用的是噬菌体载体和柯斯载体,而目前人造染色体成了更有效的替代品。人造染色体最初用于酵母,除绘制整个基因组和用染色体寻找特殊基因外,还利用它作为载体将 DNA 插入动物体。

克隆并不是最终目的。如果想要以较低的成本生产大量的重组蛋白,使用前面提到的克隆载体就不可行了,因为它们不适用于大规模生产。在许多情况下需要亚克隆,也就是克隆过程的重复。例如,在某些情况下需要将乳酸乳球菌的基因转换成枯草芽孢杆菌。从理论上讲,在质粒或噬菌体载体合适的条件下,可直接建立枯草芽孢杆菌的 DNA 文库。然而,在 *E. coli* 中建立文库并分离出想要的克隆可能更容易。通常利用穿梭载体将目的基因从 *E. coli* 运输到枯草芽孢杆菌中。

亚克隆还有其他用途。常用载体主要应用于克隆过程而不能促进有效的蛋白质表达;选用强启动子和恰当的信号肽进行亚克隆,通常能提高异源蛋白的高效表达。带有信号肽的载体通常被称做分泌型表达载体。一般情况下,先经过 PCR 扩增后,将克隆的基因亚克隆至适宜的载体上,然后再进行表达(Rapley,2000a;2000b)。

第八节 重组凝乳酶

一、凝乳酶与干酪的制作

凝乳酶在食品生产上的应用历史久远,它是干酪生产必要的酶。当凝乳酶加入到酸奶中,能迅速地将酪蛋白(牛奶中的主要蛋白质)凝固。

传统的凝乳酶提取自犊牛的皱胃上皮细胞。以这个途径获取凝乳酶的主要问题在于原材料供给不稳定。另外,从不同供体和不同组织得到的凝乳酶的纯度和活性一般不相同,这可能会引起蛋白质水解并产生不良气味。

凝乳酶是一种混合蛋白,最初是无活性的凝乳酶原。蛋白质的前端是氨基酸信号肽序列,表明凝乳酶原是分泌型表达蛋白。当其通过脂质膜进入消化道时,信号肽被切除,无活性的凝乳酶原转变成有活性的凝乳酶。在酸性条件下,它具有自动催化活性,可以自我阻断。当凝乳酶原在皱胃的酸性环境中时,一部分蛋白质分解,而剩下的蛋白质是活性蛋白酶。凝乳酶的形成见图 3-17。

乳酸作为乳酸菌代谢产生的终产物,导致奶的酸性增加。不添加凝乳酶时,pH 降低会导致酪蛋白凝结,柔软的凝乳与软干酪十分相似。凝乳酶打开了酪蛋白氨基酸链上与糖链共价相连的位点,会增加凝固程度,从而得到质地坚固的凝乳(图 3-18)。

凝乳酶的反应机制非常专一,因此可以产生与小牛胃蛋白结构完全相同的重组蛋

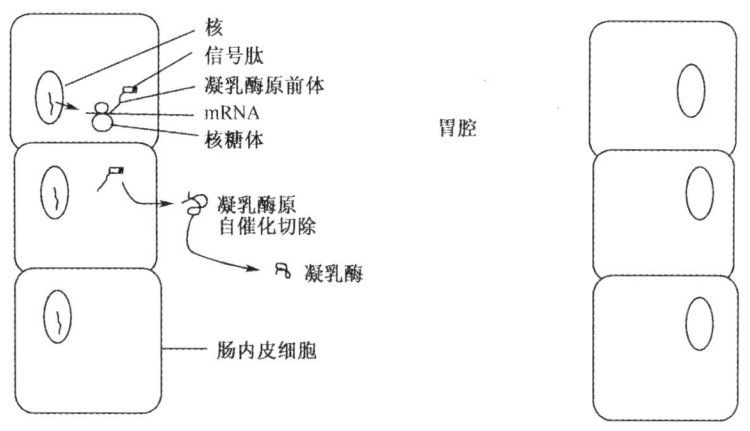

图 3-17　犊牛皱胃中凝乳酶的形成（Ward，1991）

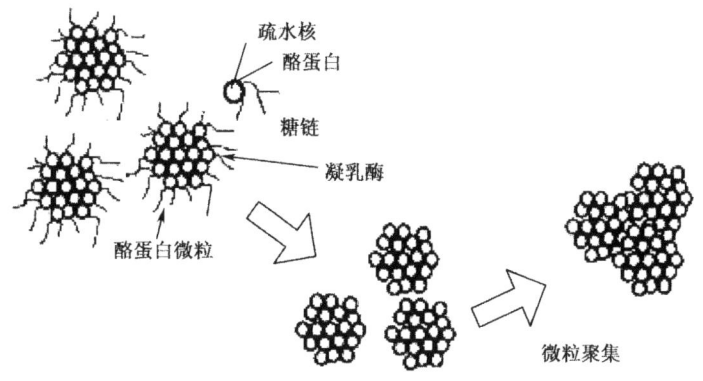

图 3-18　凝乳酶凝固酪蛋白的作用模型（Perry，2002）

白。许多微生物蛋白酶都可以代替凝乳酶，但常常由于过多的蛋白质水解而使其品质较差。更好的方法是将牛的凝乳酶基因转移到微生物中培养，这样就可以以较低的成本大规模生产。一些研究小组在 20 世纪 80 年代初期就开始了这方面的尝试（Beppu，1998）。

二、重组凝乳酶与包含体

将凝乳酶克隆到 E. coli 的初期工作很有成效。从小牛肠内上皮细胞中分离 mRNA，用 pBR322 等细胞质体载体构建 cDNA 文库。分离 E. coli 重组克隆细胞，通过插入 DNA 的序列来确定凝乳酶原基因。

当凝乳酶基因被重新克隆成具有强启动子的表达载体时，问题也随之出现。由于蛋白质被大量生产（占细胞蛋白质总数的 5%），细胞中堆积了变性蛋白，即包含体。当外来蛋白质在 E. coli 和其他细菌中大量表达时，常常出现这样的问题。细菌的内部细胞环境与真核细胞十分不同，这通常会引起真核细胞蛋白的聚合。同时，很多真核蛋白在经过内质网和高尔基体时，会成为真核细胞膜的组成蛋白。

将 E. coli 中的包含体纯化的投资较大。还有一些较好的方法。例如，针对凝乳酶，可以将凝乳酶原基因重新克隆，使真菌作为表达宿主。由于真菌是真核细胞，包含体并不是什么问题（Beppu，1998）。

三、用酵母的重组体生产重组蛋白

在克隆过程中运用酵母（单细胞菌类）的有利条件之一，是一些质粒能够在酵母中复制，也可作为遗传载体，如酵母附加体质粒（YEp）。附加体作为 DNA 片段能够整合入宿主染色体或保持在染色体外。在特定条件下，YEp 在酵母细胞中保持高拷贝值，因此在细胞进行有丝分裂时其浓度并没有被稀释。

与细菌相比，酵母 DNA 的转化较难。电转化法（electroporation，EP）特别有效，它利用较高的电压处理酵母细胞悬液，使酵母细胞膜产生一些小孔，以利于 DNA 进入。

生物技术学家已经构建出 YEp 穿梭载体（图 3-19），它可以在大肠杆菌（E. coli）和酿酒酵母（Saccharomyces cereviseae）中穿梭复制。在 E. coli 凝乳酶原基因克隆后，再将它们亚克隆至 YEp 载体，同时转化入酵母菌，这样就可以生产大量的蛋白质。但可能产生一些不溶蛋白，形成聚合体。这是由于凝乳酶在酵母细胞中不能分泌表达，可以将重组酵母转化成分泌型重组凝乳酶原。凝乳酶原基因被重新克隆进分泌载体。该载体具有能够被酵母菌识别的信号序列。外源基因插入其前端，更易于从宿主酵母细胞中分泌出去。

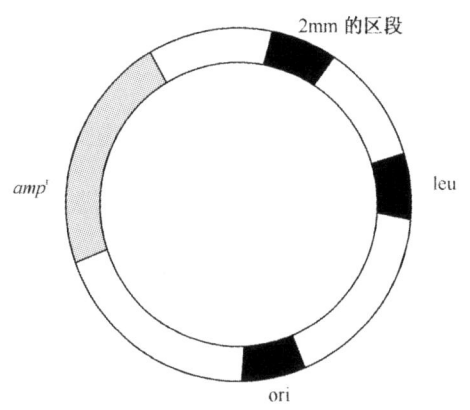

图 3-19 酵母菌 YEp 载体结构图谱（Perry，2002）

分泌型载体是相当有效的。翻译后获得的蛋白质中有很大比例来自酵母细胞的分泌表达。遗憾的是，重组蛋白产量很低，与生产凝乳酶原产品的成本相比并不划算。产量低是因为真菌一般不能大量分泌表达的外源蛋白。解决这一难题可以采取在亚克隆的最后阶段，选取其他宿主酵母——乳酸克鲁维酵母（Kluyveromyces lactis）。这种酵母在商业上用于生产乳糖酶已有很多年了，当具有凝乳酶原基因的重组质粒插入 K. lactis 后，大量重组凝乳酶原被合成并分泌到培养基中，可很容易地收集凝乳酶，纯化后销售。重组凝乳酶现在在丝状真菌钩巢曲霉（Aspergillus nidulans）中也得到了有效的表达。凝乳酶的生产是规模化生产重组蛋白的成功范例。早期的克隆工作中只有很少是非常成功的，为了以合理的成本生产重组蛋白，进行亚克隆和基因改造是十分必要的（Beppu，1998；Glazer and Nikaido，1995）。

美国食品和药物管理局认为重组凝乳酶与天然凝乳酶相似，因而不必作毒性评价就可将重组凝乳酶用于干酪生产。虽然还有一些因素影响了食品和药物管理局的决策，如纯凝乳酶是否会被微生物污染，但是加拿大和欧洲的许多国家也允许使用凝乳酶进行干酪的生产（邬敏辰，2005；Ward，1991）。

第九节　重组牛生长激素

早在 20 世纪 40 年代，动物学家就已经知道注射牛生长激素（BGH）可提高牛奶生产率，但那时 BGH 的唯一来源是死牛，而且花费非常高。对重组牛生长激素（rBGH）的研究始于 80 年代初期，把 BGH 的基因转入到 *E. coli*，大量生产重组细菌是经济可行的，纯化后再以适宜的价格销售给牧民。

将 rBGH 引入全球市场的提议遭到了广泛的反对，然而，对于其他重组蛋白的争议却很少。例如，重组胰岛素和重组凝乳酶就已成功在全球范围内销售，而且几乎没什么争议。对 rBGH 反对是害怕它会对饮用牛奶的人产生不良作用。在美国，食品和药物管理局对于 rBGH 的安全性评价是很负责任的。当出现重组蛋白的毒性问题时，必须进行动物实验。毒物学研究并没有发现注射过 rBGH 的牛的奶对于动物健康有不良作用。然而，许多 rBGH 的反对者怀疑毒物学研究的评价标准，因为这样的研究并不能证明以后长时间内这样的产品或化合物是否会发生不利的转变。

由于人们对这种新型消费品的安全性评价存在疑虑，正确认识这种新型产品与目前产品的不同之处非常重要。对于 rBGH 的核心问题就是注射 rBGH 的牛的奶与未注射 rBGH 的牛的奶是否不同。要清楚地确定 rBGH 牛奶与普通牛奶完全相同是不可能的，因为牛奶是非常复杂的悬浮物，含有大量不同的生物化学成分。食品和药物管理局认为可以只检测特定成分，他们发现注射 rBGH 的牛的奶的指标与同种牛奶的指标非常相似，但是在注射 rBGH 的牛的奶中胰岛素生长因子（IGF-1）大量增加。

关于 IGF-1 的争论涉及肿瘤。IGF-1 的重要作用之一就是提高细胞增殖率。这种现象在肿瘤中也会出现。可以通过以下几点确定像 IGF 这类产品是否会对牛奶消费者存在潜在的危害：一是 IGF 是否从口腔到肠都有残留；二是 IGF 是否被肠吸收，是否在体内循环；三是 IGF 是否对人体生理过程和细胞有所影响，类似 IGF 牛激素是否在人细胞内结合受体。

美国食品和药物管理局认为注射过 rBGH 的牛的奶中 IGF-1 的增长水平并不危险。因为摄取的 IGF-1 到达胃时不可能仍保持其初始状态。同时也提出 IGF-1 的摄入量并不重要，部分原因是由于在普通人的唾液中就含有较大量的 IGF-1。人体肠道上皮细胞吸收 IGF-1 能力不能代表牛 IGF-1 对人细胞的作用能力。

美国食品和药物管理局批准销售注射过 rBGH 的牛的奶并不能减少人们对此类产品的争议。争议的焦点之一是许多酸碱敏感的微生物在胃中的残留低于标准。现在在美国有关 IGF-1 和 rBGH 的争议已有所减少，然而在大多数地区（包括欧洲）仍不允许销售注射过 rBGH 的牛的奶。一些国家（如加拿大）不允许使用 rBGH，因为研究表明它对牛的健康有不利影响。一些研究表明 rBGH 会增加乳腺炎的发病率，并会引发其他健康问题。这些问题可能与奶产品有关，但与 rBGH 并没有直接关系。

牛生长激素引起这么多争议，一部分原因可能在于 BGH 的基本性质，许多人对注射生长激素来增加奶源的做法十分不满。"天然"BGH 来源于动物尸体，这也是许多人感到反感的原因。此外，绝大多数消费者还是对 rBGH 的"非天然"部分不满。然而 rBGH 要比天然 BGH 更安全，因为天然 BGH 可能含有毒素或引起疯牛病的物质。rBGH 的使用并不能直接影响消费者利益，因为它不会提高奶的品质，也不会影响其价格。然而，现在被广泛用于干酪生产的重组凝乳酶则面临截然不同的处境，使用重组凝乳酶生产的干酪对于素食者更加味美可口，而且他们反对使用来自屠宰小牛而得到的凝乳酶。同样，伊斯兰教人和犹太人可能也较喜欢使用重组凝乳酶以确保不使用来自猪的凝乳酶。

人们对影响人体新陈代谢的产品非常敏感，如牛生长激素。其他一些改性蛋白，如重组凝乳酶和重组淀粉酶，现已被反对生物技术主义者们所忽视，引发的争议也非常少。将生物技术用于开发和生产食品，对于消费者也是有益的。显然，人们对生物技术产品的反应，主要取决于生物技术学家在新型产品开发早期对它的评价（Perry，2002；Glick and Pasternak，1994；Juskevich and Guyer，1990）。

参 考 文 献

蔡文琴．1994．实用免疫细胞化学与核酸分子杂交技术．成都：四川科学技术出版社

萨姆布鲁克 J，拉塞尔 D W．2002．分子克隆实验指南．第三版．黄培堂等译．北京：科学出版社

孙明．2006．基因工程．北京：高等教育出版社

王镜岩．2003．生物化学（上下册）．第三版．北京：高等教育出版社

邬敏辰．2005．食品工业生物技术．北京：化学工业出版社

Beppu T. 1998. Production of chymosin (rennin) by recombinant DNA technology, in Recombinant DNA and Bacterial Fermentation. Boca Raton, FL: CRC Press

Deacon J W. 1997. Modern Mycology. 3rd ed. Oxford: Blackwell Science

Doyle M P, Beuchat L R. 1997. Food Microbiology: Fundamentals and Frontiers. 3rd ed. Washington DC: ASM Press

Glazer A N, Nikaido H. 1995. Microbial Biotechnology: Fundamentals of Applied Microbiology. New York: Freeman

Glick B R, Pasternak J J. 1994. Molecular Biotechnology: Principles and Applications of Recombinant DNA. Washington DC: ASM Press

Hengen P N. 1995. Methods and reagents: fidelity of DNA polymerases for PCR. Trends Biochem Sci, 20 (8): 324~325

Juskevich J C, Guyer C G. 1990. Bovine growth hormone: human food safety evaluation. Science, 249 (4971): 875~884

Lander E S, Linton L M, Birren B et al. 2001. Initial sequencing and analysis of the human genome. Nature, 409 (6822): 860~921

Lodish H, Berk A, Zipursky S L et al. 2000. Molecular Cell Biology. 4th ed. New York: Freeman

McPherson M J, Moller S G, Beynon R *et al*. 2000. Pcr (Basics: From Background to Bench). Heidelberg: Springer-Verlag

Newton C R, Graham A. 1997. PCR. 2nd ed. New York: Springer-Verlag

Perry J. 2002. Introduction to Food Biotechnology. Boca Raton, FL: CRC Press

Rapley R. 2000a. Molecular Analysis and Amplification, in Molecular Biology and Biotechnology. 4th ed. Cambridge: Royal Society of Chemistry

Rapley R. 2000b. Recombinant DNA Technology, In Molecular Biology and Biotechnology. 4th ed. Cambridge: Royal Society of Chemistry

Sambrook J, Russell D. 2001. Molecular Cloning: A Laboratory Manual. 3rd ed. Cold Spring Harbor, New York: Cold Spring Harbor Laboratory Press

Ward M. 1991. Chymosin production in Aspergillus, in Molecular Industrial Mycology: Systems and Applications for Filamentous Fungi. New York: Marcel Dekker

第四章　植物生物技术及其在食品生产中的应用

第一节　概　　述

对于研究食品生产、食品科学或营养学的人来说，学习和了解植物生物技术领域的知识是非常必要的。一方面，一些植物生物技术，如植物组织细胞培养，已经得到了社会的认可，在世界各地广泛应用；另一方面，植物转基因技术已在提高食品营养价值，改进食品生产、加工过程等方面展示出巨大的潜力，但其应用却备受争议，还没有被公众普遍接受。

植物组织细胞培养，又叫离体培养，是指从植物体分离符合需要的器官、组织、细胞或原生质体等，通过无菌操作，在人工控制条件下进行培养以获得再生的完整植株或生产具有经济价值的其他产品的技术。利用植物组织细胞培养可以快速繁殖遗传性状相同的克隆，它已经成为培养特定植物的基本方法，同时也是植物育种学家的重要工具。例如，胚拯救和原生质体融合等技术可以扩大植物育种材料的范围。正常情况下，育种学家必须从同种农作物中选取亲本，而通过植物组织细胞培养与原生质体融合等技术的联合应用，育种学家可以在不同种甚至不同属之间实现有价值基因的转移。

同时，植物组织细胞培养也可以作为一种食品加工技术，具有潜在的应用前景。有些用来改变食品口味和香味的化合物，若利用完整植株生产则成本昂贵、生产周期长。这时，可以考虑从培养的细胞或其培养基中分离目的化合物。但是由于植物组织细胞培养的成本相对较高，到目前为止，这项技术还没有在商业上广泛应用。

植物转基因技术，是指把从动物、植物或微生物中分离的目的基因，通过各种方法转移到植物基因组中，使之赋予植物新的性状并稳定遗传，如抗虫、抗病、抗逆、高产、优质等性状。

作为植物生物技术的重要组成部分，植物转基因技术发展只有短短二十几年。最初，Zambryski等（1983）和 De block 等（1984）分别报道用切去癌基因的根癌农杆菌和发根农杆菌进行基因转移，获得形态正常的转基因植株。Horsch 等（1984）首先报道导入的外源基因在植物体内的遗传。次年，Horsch 等（1985）又首创了叶盘法转化烟草。这些研究成果标志着利用植物转基因技术创造植物种质资源的开始。随着转基因技术的问世，世界上第一种转基因食品——转基因晚熟番茄，在1993年正式投放美国市场。此后，抗虫棉花和玉米、抗除草剂大豆和油菜等十余种转基因植物获准商品化生产并上市销售。10多年来，转基因作物种植面积迅速扩大，自1996年以来，转基因作物面积一直飞速增长。1996年，世界转基因作物种植总面积仅为170万 hm^2；1997年为1100万 hm^2；1998年达到3000万 hm^2，已涉及60多种植物；1999年，全球转基因作物种植面积已达到4000万 hm^2；2000年，全球转基因作物种植面积达4420万 hm^2；2001年为5000多万 hm^2。据农业生物技术应用国际服务组织（ISAAA）2008年发布的数据：2002年，全球转基因农作物种植面积已扩大到5870万hm^2；2003年达到6770万hm^2，涨幅为15.3%；2004年达到8100万hm^2；涨幅为19.6%；2005年达到9000万hm^2，涨幅为11.1%；2006年全球转基因作物种植面积增加了1200万hm^2，达到1.02亿hm^2，涨幅为13%；2007年，转基因作物种植面积增加了1230万hm^2，达到1.143亿hm^2，涨幅为12%。

从种植国家来看，2007年，随着智利和波兰的加入，转基因作物种植国增加到23个，其中包括12个发展中国家和11个工业化国家。全球77%的转基因作物种植集中在4个国家，即美国、阿根廷、巴西和加拿大。美国2007年种植规模为5770万hm^2（2006年为5460万hm^2，下同），阿根廷1910万hm^2（1800万hm^2），巴西1500万hm^2（1150万hm^2），加拿大700万hm^2（610万hm^2）。印度和中国也种植了大面积的转基因作物，主要是棉花，种植面积分别为620万hm^2（380万hm^2）和380万hm^2（350万hm^2）。

95%的转基因农作物集中在4种植物上，即大豆、玉米、棉花和油菜。2007年种植最广泛的转基因农作物是大豆，种植规模达到了5860万hm^2，与2006年持平；其次是玉米，种植面积为3520万hm^2，高于2006年的2520万hm^2；棉花种植面积为1500万hm^2，高于2006年的1340万hm^2；油菜为550万hm^2，高于2006年的480万hm^2。

从改良的性状来看，对除草剂的耐性一直是最主要的特性，其次才是抗虫性。2007年用于制造生物燃料的转基因作物种植面积增长很快。例如，在美国，40%的转基因玉米是用来生产乙醇的。

我国的植物转基因研究从20世纪80年代初期开始启动，并于80年代中期开始将生物技术列入国家高技术发展计划（"863"计划），至1999年我国已有73项转基因申请，其中批准环境释放18项，中间试验24项，6种转基因植物被批准进行商品化生产：转基因耐储藏番茄（华中农业大学）、转查耳酮合成酶基因矮牵牛（北京大学）、抗病毒甜椒、抗病毒番茄、抗虫棉花（中国农业科学院）和保铃棉（美国孟山都公司）。为保障我国粮食安全、生态安全和农民增收，开辟新的技术途径，应对日益激烈的国际竞争，提高我国转基因植物研究领域的自主创新能力，加快我国转基因植物研究与产业化进程，经国务院批准，"国家转基因植物研究与产业化"专项于1999年启动实施，中央财政投入5.1亿元，其他部门、地方政府和社会团体和机构配套投入3.2亿元，重点开展功能基因克隆、转基因新材料开发、基因转化核心技术创新、新产品培育和产业化、转基因植物安全性评价及转基因平台建设等研究工作。截至2005年，专项实施历时6年，取得了一系列重大突破和创新成果。获得具有重要应用价值并拥有自主知识产权的新基因46个；获得了转基因抗虫、抗病、抗逆、品质改良、抗除草剂等水稻、玉米、小麦、棉花、油菜、大豆及主要林草等新株系和新品系20 925份，新品种58个。获准并正在进行生物安全性评价的转基因植物新品系、新材料共473例，其中商业化生产58例、环境释放114例、中间试验199例、生产性试验102例。2008年8月9日，国务院常务会议审议并原则上通过了转基因生物新品种培育科技重大专项。这一专项计划动用资金将近200亿元，重点开展转基因动植物新品种培育、功能基因克隆验证与规模化转基因操作技术、转基因生物安全技术，转基因生物新品种推广及产业化和条件能力建设等5大优先领域的基础研究。同时国家加大转基因生物安全执法检查力度,提高转基因生物安全管理水平。

尽管转基因技术应用于农业生产大大提高了粮食产量,增加了食品的营养价值,有望用以解决全球60亿人中12亿人的粮食问题。但是应该看到,自转基因食品问世以来,其安全性的问题受到广泛关注,争论非常激烈(贾士荣,1999,2004)。无论是从转基因技术自身,还是从社会、政治、经济等方面来看,植物转基因技术都还有很长的路要走。

本章将首先介绍植物组织细胞培养及其应用,然后讲解植物转基因技术,最后分析植物转基因技术应用的现状和发展前景。

第二节 植物组织细胞培养

一、植物生长调节

想要了解在离体条件下植物组织和细胞是如何生长发育的,必须首先了解植物是如何生长的,并且了解这种生长是如何被调节的。和所有的多细胞生物一样,植物也是通过细胞分裂和单个细胞生长这两个过程的联合作用而生长的。在大多数动物中,有一种被充分证实的细胞生长和分裂模式来控制成熟的动物体使之不再继续增长。而大多数植物(尤其是木本植物)的生长程度是不确定的,而且生长贯穿于植物的整个生命周期。这种生长只发生在分生组织中,而且是由植物体精确控制的。分生组织最常见于植物根或茎的顶端(顶端分生组织)。腋分生组织不容易看到,休眠芽就长在叶片的腋上。当给予适当的激素条件时,腋分生组织可以发育成新的顶端分生组织,植物的枝就是这样长出来的。具有维管形成层和木栓形成层的侧向分生组织,是在木质化的茎或根内发现的。这些分生组织产生木质化组织和树皮,使植物的周长增加,以便支持顶端分生组织的向上生长。如果这一切不发生,茎就无法为茎顶端的初生分生组织提供营养。

显然,分生组织的生长是受到控制的,不受控制的生长和随之而来的肿瘤的产生,对植物来说是浪费甚至是破坏性的。那么,分生组织的生长又是如何被调节的呢?在植物中,主要是通过植物激素控制植物的生长。生长素、赤霉素、细胞分裂素是研究得最清楚的植物激素。它们在植物的不同部位或不同发育阶段具有不同的功能,不同植物对植物激素的反应也不同。生长素由茎尖合成,沿植物体向下运输,有促进细胞生长和生根的作用。在植物组织培养中,生长素在诱导愈伤组织形成和生根方面起着重要作用。细胞分裂素的主要作用是促进细胞分裂和器官分化,促进侧芽分化和生长,抑制顶端优势,延缓组织衰老等;细胞分裂素主要用于促进细胞分裂,诱导愈伤组织、不定芽和不定胚的产生,而高浓度的细胞分裂素会抑制根的产生,生长素和细胞分裂素的配合使用,对于器官形成和植物体再生可以起调控作用。赤霉素既刺激细胞分裂又刺激细胞生长,对器官形成有良好的促进作用。

二、离体生活周期

植物激素不仅可以控制活体植物的生长,也可以刺激植物细胞在离体条件下的生长。为了说明这一问题，可以试想烟草在一个盆里生长。如果取下其叶片并把它放到另一个盆中，叶片会很快死去并腐烂。但是如果用打孔器在叶片上取下一部分叶（外植体），并把它放入含有矿物质营养、碳源（通常是蔗糖）和植物激素的琼脂培养基中，它就会生长。这种生长可以通过改变加入激素的种类和浓度来进行控制。如愈伤组织的产生。愈伤组织是一团未分化的植物细胞，它不断地分裂。通常情况下，较高浓度的生长素刺激愈伤组织的形成。愈伤组织细胞团可以在液体培养基中被破碎，形成悬浮细胞。只要供给营养和合适的激素，悬浮细胞就可以无限地生长。悬浮细胞可以再放回到琼脂固体培养基中，再次诱导愈伤组织的发生，然后取出一部分愈伤组织放入新鲜培养基，就可以无限地培养愈伤组织。而通常情况下，人们是想通过控制愈伤组织的培养来从愈伤组织获得完整的植株（苗）。培养基中特定激素浓度的改变可以刺激苗的产生。例如，使培养基中含高浓度的细胞分裂素和低浓度的生长素可以导致芽的再生，一旦形成芽，就需要进一步改变激素比例来刺激根的生长，当芽和根都生出来时，就可以把苗移栽到土里。移栽通常会对苗造成伤害，所以要精心照顾并保证足够的营养，以防止苗的早期死亡。从细胞到愈伤组织，再到完整植株的过程就可以保证植株遗传上的一致。

与动物细胞相比，对植物细胞的操作相对容易。这主要是由于在植物中更容易得到全能性细胞。全能性细胞具有分化成植物中具有的各种细胞的潜力。动物中，只在胚形成早期发现全能性细胞，而在植物的分生组织尤其是芽顶端分生组织和腋分生组织中有全能性细胞。成年植物中含有少量的胚性细胞，这些细胞可以在植物的一生中持续地分裂和分化。在一些植物中（如烟草），全能性细胞也可以从非分生组织细胞中获得（如叶片上的光合细胞），而在另一些植物中（如许多谷类）则很难分离到全能性细胞，或许只能在胚组织中找到。这也是具有重要经济价值的转基因大麦、小麦等发展滞后的主要原因。

三、离体繁殖

离体繁殖，又称为微繁或快繁，是指对外植体进行离体培养，在短期内获得大量遗传性一致的再生植株的方法，是植物组织培养技术中应用最广泛、产生经济效益最大的技术。微繁的目的通常是为了获得大量遗传上一致的植物，这些植物可能具有快速生长、高产或其他优良的农艺学性状。同样，这些植物也可能具有好的加工性状，如一种特殊的马铃薯，它块茎里的蔗糖含量较低，更适合加工成冷冻的油炸薯条。这种马铃薯可以用传统的方法繁殖，将它种到地里，收获块茎，把它们作为种子卖给种植者；也可以在培养基里微繁，得到成千上万在遗传上一致的苗，再把这些苗作为种苗卖给种植者。

这项技术的一个好处是可以比较容易地获得不含病毒或病原菌的植物。很难确定传统方法培育的马铃薯块茎是无毒的，但用植物组织培养技术很容易获得无毒植物。最佳的培育无毒植物的策略是用从顶端分生组织中获得的细胞进行细胞培养。这是由于引起病毒病的微生物在植物体内活动主要通过输导组织，且多数病毒还需借助运动蛋白对胞间连丝进行修饰才能使病毒核酸通过，而茎尖分生组织尚未形成输导组织，使得微生物无法在细胞间传播，造成病毒在感染植物上分布不一致。此外，顶端分生组织细胞不断分裂，竞争增殖所需的能量，而病毒增殖速度和传递速度赶不上分生细胞分裂和生长的速度。因此茎尖生长点（0.1～1.0cm区域）几乎不含有病毒，可用于脱毒培养。此外，某些病毒受热后不稳定，活性钝化。高温可延缓病毒的扩散速度和抑制增殖，使其不增殖或少增殖。脱毒后的种苗产量会得到大幅度提高，目前该技术已成功地应用于马铃薯、香蕉、甘薯、脐橙、大蒜、樱桃等的生产。

尽管微繁对诸如马铃薯和香蕉等不由种子繁殖的植物很有效，而对依靠种子繁殖的植物如谷类和豆类则不太有效，但它仍是改进仅靠种子繁殖的植物育种方式的基本工具。

应该注意的是，微繁并不是没有风险的。由于体细胞无性系变异，愈伤组织细胞遗传上很不稳定，经常发生致死性或使其丧失优良性状的突变。因此，当微繁植物时，生物技术学家试图避免愈伤组织的形成。例如，要尽量缩短愈伤组织培养的时间；大规模培养时需要对繁殖的苗进行监控，以保证体细胞无性系变异不会改变它们的遗传特性。

四、植物组织培养与传统植物育种

1. 植物育种基础

作物的改良一直是植物育种学家的研究领域。大多数植物的改良仍是通过传统育种实现的，植物组织细胞培养通常是植物育种工作的重要组成部分。

传统植物育种对食品生物技术学家非常重要，因为它是培育新的粮食作物的常用方法。尤其是当改良由多个基因控制的性状时，传统育种比转基因更好，如产量性状。植物产量受到以下基因的影响：一是影响光合作用合成的糖类分配的基因；二是控制植物结构（如植物长多高、有多少枝等）的基因；三是与植物抗逆性相关的基因。重组DNA技术对单基因转入植物细胞很有效，但随着转入基因数目的增加，转基因的难度也大大增加。因此，目前已开发成功的转基因植物大都是转入一个或两个基因的。

尽管随着转基因技术的发展以及植物分子遗传学研究的深入，人们有可能会培育出含多个外源性状的转基因植物，但传统育种仍是一种重要的植物改良方法。因此，了解这一用于植物食品改造的基本工具是很必要的。

传统育种首先要做的是确定期望得到的性状。例如，农艺学家可能想培育一种开花很快并且可以紧密生长在一起的小麦，这样植物就把大部分的能量用在繁殖上了；而卖冷冻蔬菜的公司可能想要培育一种在储藏过程中质量不会降低的胡萝卜。

一旦性状确定下来，育种者就要选择种植者成功种植的并有市场前途的植物种。例如，育种者想要培育出一种在美国中西部生长的番茄品种，他就要选择在这些地区已经很流行的品种作为亲本，育种者通常选用对大多数种植者有吸引力的品种。下一步是确定带有期望性状的植物品种，有时候可能是野生的植物。例如，一个常见的育种目的是提高植物对真菌性病原菌的抗性。品种X是一种有很好性状但不具有特殊菌类抗性的品种，而品种Y没有品种X所具有的优良性状，但它对真菌性病原菌有抗性。育种者从一个品种获得花粉，将其传给另一个品种，从而使品种X与品种Y杂交。有些杂交后代（F_1代）可能既有品种Y所具有的对真菌性病原菌的抗性，又有品种X所具有的大部分优良性状。用传统的遗传学术语表达即为品种 X 由于基因型的改变而使表型也发生了改变。在第二轮杂交中，育种者要从 F_1 代中选择抗性增强的植株。

这一技术存在的最大问题是几代后植物可能失去许多有价值的性状。这是由产生花粉和胚珠的减数分裂的特性所引起的。每个花粉中胚珠都只含亲本的一半染色体。从某种意义上来说，育种者也培育了混合品种 X 所具有的优良性状和品种 Y 所具有的不良性状的植物。回交是用于恢复优良性状的常用方法，获得同时具有亲本所有优良性状和目的性状的植株需要进行多轮回交，进行多轮回交是传统育种花费很长时间的一个主要原因。

尽管存在这些问题，但传统育种仍在全世界获得了成功的应用。几乎所有人和动物食用的植物都已用这种方法培育过，即使诸如转基因这样的新技术的出现也不会减少对传统育种的需要。

2. 原生质体融合

传统育种的一个主要缺点是具有新性状的供体的范围很狭窄，只有亲缘关系很近的植物才能够被利用（通常都是属于同一种的）。经常是在没有亲缘关系的植物中发现有用的性状却无法应用，这使得育种学家很沮丧。原生质体融合可以解决这一问题，它可以使亲缘关系很远的染色体在新的细胞中重组，进而形成新的品种。

原生质体通常可用叶肉细胞来制备。用可以破坏细胞壁的纤维素酶和果胶酶处理细胞，最后形成有完整细胞膜而没有细胞壁的原生质体。这些细胞可以通过电击或加入聚乙二醇（PEG）的方法与其他种植物的原生质体发生融合。用这种方法处理时，两个相互接触的细胞发生膜融合，细胞的内含物混合到一起，细胞核的融合也同时发生。如果幸运的话，细胞将有混合的染色体并可进行有丝分裂。这通常是通过丢失染色体而形成的，但产生的细胞通常具有两个原始细胞的某些特性。

融合后的细胞在固体培养基中培养，可再生出细胞壁。如果一切顺利的话，融合的细胞会长成愈伤组织。通过改变激素的比例来诱导胚的形成，最后可长成小苗。得到的植株可以与具有细胞融合时丢失性状的植株进行回交。

目前，植物原生质体融合技术已经非常成熟，已成为品种改良和创造育种亲本资源的重要途径之一。迄今已在多种作物上获得了种属间杂种植株。例如，马铃薯抗卷叶病及抗晚疫病等特性已通过原生质体融合技术由野生种转移到栽培种中。

此外，原生质体融合可用于获得细胞质杂种。遗传物质不仅存在于细胞核中，而且有少量遗传基因存在于细胞质内，如不少雄性不育基因、抗除草剂基因就存在于叶绿体及线粒体上。有性杂交只能进行核遗传物质的杂交，而不能进行细胞质杂交。利用原生质体融合已成功育出了具有雄性不育特性的油菜、水稻细胞质杂种。

3. 体细胞无性系变异

由于通过组织培养所形成的愈伤组织或再生植株的细胞分裂方式都是有丝分裂，因而它们都是当初原始细胞的子代，理论上基因型应当一致，不应存在变异。但实际上不论诱变剂存在与否，在培养植物的细胞和组织中，由于染色体的组成和数目发生变化，或基因水平上的变异，或转座子被激活的作用等原因，再生的植株中存在着性状的变异，这种变异称体细胞无性系变异。由于体细胞无性系变异中绝大多数变异是可遗传的，所以对于育种学家来说，通过组织培养产生可遗传的变异，对植物品种改良和选育新品种具有重要的意义。变异范围包括形态学和生理生化特点的变异。有很多变异性状是有经济价值的，如抗病性、矮化、抗逆性和丰产性等。利用体细胞无性系变异可以创造更多可遗传的变异及扩大可利用的种质资源范围，现已育出许多优质高产品种，如含糖量高的甘蔗、高产水稻等（龚志云等，2008）。

利用体细胞无性系变异育种，因变异频率较高，其中单基因变异可改变作物的个别性状，而不使其他优良性状发生重组及分离，并且筛选变异体既可在田间进行，也可在试管中通过加入特定的筛选剂进行。如采用单倍体细胞作为培养物，隐性变异当代显现利于选择，使育种周期大为缩短。

而对于生物技术研究者特别是通过遗传转化获得新材料的研究者来讲，则需尽量避免体细胞无性系变异。因为一旦发生变异，很难确定是属于体细胞无性系变异还是外源基因的作用。另外，在对特殊细胞学材料，如单倍体、多倍体、非整倍体材料进行无性繁殖保存时，也要避免体细胞无性系变异，使保存材料不分离。

植物组织细胞培养是一种复杂的技术，并且存在许多缺陷，如许多重要的植物很难或无法进行组织培养，而且与土壤栽培相比，植物组织细胞培养需要许多相对昂贵的材料和仪器。尽管如此，植物组织细胞培养仍是植物生物技术学家手中非常重要的工具，尤其是对那些对转基因感兴趣的人来说，因为在培育转基因植物时要用到植物组织细胞培养技术。

第三节 转基因植物的培育

一、概　述

转基因方法与传统育种方法的差异在于后者对在分子水平上发生的变化是不清楚的，虽然得到了具有优良性状的品种，但育种家并不知道这到底是由于哪个或哪些基因丢失或获得而引起的；而转基因技术是将特定的基因导入植物，所以引起变化的机制是明确的。

转基因技术相对传统育种技术的主要优点是基因来源广泛，可实现超远缘杂交；基因表达调控程度高。目的基因可以从植物、细菌、真菌、病毒甚至动物中获得；理论上任何组织都可作为转基因的受体材料，不需要基因供体和受体之间存在亲缘关系；可以通过使用特殊的启动子元件实现对基因表达量、表达时间和表达部位上的精细调控。

大多数转基因植物是通过使用根癌农杆菌介导法培育的。分子生物学家通过对根癌农杆菌的改造使它能将目的基因转进植物，而它自身的基因不会被转进去。转化的基因可以引起植物的很多改变，如基因的反义表达可以降低目的基因的表达量。这种方法可以应用于延缓水果的成熟。

有些情况下转化的基因是来自其他植物的，如具有高含量月桂酸的转基因油菜。月桂酸是一种在工业和食品加工方面很有用途的脂肪酸，野生型油菜中不含这种物质，它是通过导入加利福尼亚海湾月桂树的基因而获得高含量月桂酸的。

由于有市场需求而且大多可以通过转入单基因实现,所以大部分已公开的转基因植物都具有抗虫或抗除草剂的性状。除草剂的作用机制是破坏重要的新陈代谢通路或破坏调节植物生长的激素的作用。虽然有很多方法可以引起植物对除草剂的抗性,但最常用的方法是从具有除草剂抗性的细菌中克隆出基因并导入植物中,这一过程将在本节详细阐述。

通过向植物转入单基因也可以使植物产生对昆虫的抗性。例如,某些害虫易受苏云金芽孢杆菌的影响,这种土壤菌能产生对特殊种属昆虫有毒性的蛋白质——苏云金芽孢杆菌杀虫晶体蛋白。最初,农民一直是将这种菌的孢子喷洒在作物表面,而转基因的方法是从菌中克隆出毒性蛋白基因,把它导入作物基因组中,作物对害虫就有了毒性,这就可以减少化学杀虫剂的使用,并降低农民购买农药的花费。

抗除草剂和抗虫的转基因不仅与农业有关,而且与食品科学和营养学有关。作为在食品工业中广泛应用的作物,玉米和大豆的抗除草剂和抗虫转基因品种的大面积播种非常重要。如转 Bt 基因可以减少水果和蔬菜上杀虫剂的残留,进而增强食品安全性。相反,抗除草剂转基因作物的应用可能不会减少除草剂的用量,反而有时可能会增加用量。但针对转基因作物的除草剂与其他除草剂相比,具有更小的毒性和更快的环境降解速度,因此种植抗除草剂转基因作物,可能会改善环境并减少除草剂的毒害。

在欧洲种植抗除草剂转基因作物是个具有很大争议的问题,欧洲的农民与北美洲的相比并不太依赖农用化学品。例如,许多英国人害怕使用抗除草剂转基因作物会导致所有杂草的死亡,会引起英国土地上植物多样性的降低,并会对野生动物的生存造成严重后果。由于很难评估现在英国农田中的杂草情况和这些杂草对野生动物的影响,所以很难评估种植抗除草剂转基因作物的风险。但已经有研究显示抗除草剂转基因作物的应用在理论上会减少云雀的食物来源(Watkinson et al., 2000)。与此相似的是,转 Bt 基因能减少化学杀虫剂用量的说法也存在争议。对欧洲玉米螟有毒性但对帝王蝶没作用的转 Bt 基因玉米也是备受争议的,许多科学家和反对生物技术的人害怕转 Bt 基因玉米放出的花粉会影响帝王蝶的幼虫。这一问题将在本章的第四节中讨论。

消费者关注的焦点是转基因作物的安全性。尤其在因惧怕疯牛病和对食品管理机构不信任的欧洲,反应更强烈。1998年,英国通过了强制标签法案,这一法案认定销售没有贴标签的转基因产品是违法行为。这导致了许多转基因食品从超市的货架上消失,因为食品连锁店害怕消费者不买带有转基因标签的商品。消费者组织和反对生物技术的人还想将转基因作物喂养的牛生产的肉制品及奶制品也贴上标签,但遭到许多农民的反对,因为很难确证饲料中不含转基因作物。

导致转基因作物的安全性争议的主要原因是许多人不了解转基因作物是如何培育出来的,也不了解转基因作物的好处和风险。目前已经公开的转基因作物大部分都是针对种植者的,即通过种植转基因作物种植者会获得利益,如降低生产成本、提高产量等。而消费者不但没有获得利益,而且还要承担可能存在的风险,很显然这是消费者所不愿接受的。但在随后十年情况可能会发生变化,转基因技术将会被越来越多地应用于解决营养相关的问题,如维生素的含量低、氨基酸不平衡及引起过敏等,这将使广大消费者从中受益。利用转基因技术食品工业中,加工和储藏过程也将得以改良。如小麦中的麦谷蛋白等位基因对加工成面包的性质有很大影响,而转基因技术可以很好地控制这些基因的表达。同时,随着转基因技术的不断完善,有可能从根本上消除转基因作物中的不安全因素,使这一技术能够得到充分的利用,造福于人类。

二、培育转基因植物的过程

那么,转基因植物是如何培育出来的呢?假设想要培育一种具有高含量的特殊多不饱和脂肪酸的油料作物,完整的工作计划应该是什么样的呢?尽管需要考虑的问题很多,但大致上可把培育过程分成转化前与转化后两个阶段。在有些情况下转化后阶段可能比转化前阶段花费更长的时间。

1. 转化前阶段

1)确定目的植物。大豆、油菜、橄榄、玉米、棕榈等是常用的油料作物。由于油菜的种子具有很高的含油量(40%),并且具有很多优良的农艺性状(如具有很广的种植范围),使其(低芥酸油菜籽)成为最常用于转基因的油料作物,而且油菜的组织培养和转化也相对容易。

2)确定供体植物。需要找到一种含有高水平多不饱和脂肪酸的植物。在多数情况下这种植物不适合直接用于产油,这可能是因为这种植物不是作为食物消费的,或由于它的安全性或可食性不确定,但它可以把它的特性转给油菜或其他油料作物。

3)分离负责生产多不饱和脂肪酸的酶。确定这种酶的特性和蛋白质序列,通过蛋白质的氨基酸序列设计核酸探针。

4)从供体植物中分离 mRNA,构建 cDNA 文库。然后用第 3 步中设计的探针筛选文库,初步克隆到多不饱和脂肪酸基因。

5)通过分析表达的蛋白质确认克隆得到的基因是否具备预期的功能。这一步通常在细菌或真菌宿主细胞中完成。

6)从供体植物中分离基因组 DNA,构建 DNA 文库。筛选文库,获得启动子和其他元件并确认其功能。这一步很重要,这是由于转基因油料作物通常用启动子将基因的表达限制在种子中,在其他组织和器官中表达脂肪酸基因通常对植物生长不利。启动子不能在 cDNA 文库中获得的原因是由于启动子区域并不转录成 mRNA。有时,研究者可能已经知道一种控制基因在适合的组织或器官中表达的启动子,那这一步就不那么重要了。但在大多数情况下,最好在进行下一步前尽可能多地了解基因是如何被调控的。

7)构建含有正确基因和启动子的质粒载体。

8)用农杆菌介导、电转化或微注射等方法将质粒载体插入目的基因组。这些程序通常需要目的植物的离体培养。转化成功后,你将需要从这些培养物中培育完整的转基因植物。

2. 转化后阶段

9)通过观察是否发育迟缓或有其他畸形,去除不合适的转基因植株。由于目前采用的转基因方法是将外源基因随机插入植物基因组，有时会破坏重要的基因，导致产生畸形植物。经过这一步筛选的转基因材料可以进行以下步骤。

10）确认期望的基因转入了转基因植物，通常用 Southern 杂交。在这一步确认有多少基因的拷贝插入植物基因组中是很有用的。在大多数情况下，期望获得的是单基因插入，这是由于它可以获得更好的遗传稳定性。

11）评定转基因株系的表型。换句话说就是检测想要的性状是否出现。如前面的例子就需要分析种子中油脂的浓度来检测是否产生了多不饱和脂肪酸。

12）对适合的株系进行基因遗传及表达稳定性的检测。包括对转基因与未转基因品系杂交后基因表达情况的评定。这一检测的本质是看杂交后代中是否保留了重组的基因。

13）用传统育种技术培育杂交系，使所有转基因植物的后代都具有重组的特性。这在一些作物中是不可能的，但在有些作物中可以用杂交实现。由两个品种杂交获得杂交种子并把种子（F_1 代）卖给种植者。通常有价值的特性在后代中就丧失了，所以育种者每年都要重新杂交，种植者每年也要买新的种子。

14）确定转基因品系具有必要的农艺性状（如是否能在特殊的土壤类型种植等）和加工特性（如压榨种子时出油的量）。

15）评估基因的环境和食品安全性风险。这在许多国家是必需的过程，并且应该在计划的早期就开始进行，因为不仔细考虑转基因植物对人和环境的安全性问题就付出巨大努力和巨额资金是很不明智的。

16）注册新的转基因品种。这与传统育种获得品种后的经历相似。正常的注册包括证明这个品种与其他品种的区别和这些区别对生产者和加工者的潜在用途。注册可以给育种者以知识产权，但培育转基因植物的公司通常还想获得专利权保护，以便他们能更好地控制转基因品种的使用和销售。

17）获得转基因品种的释放许可。通常要符合文件的规定，这些规定包括对转基因蛋白的特性、潜在的毒性和对人的致敏性的评估及对环境的潜在危害的评估。在一些地区（如欧洲），公司需要取得两个方面的许可，一是允许将转基因的繁殖体（如种子）提供给种植者，二是允许转基因在食品中的应用。

18）确定合适的途径将转基因的品种从种植者手中转移到加工者手中。在很多情况下，都有必要做到这一点。换言之，需要将转基因的与未转基因的品种隔离开（例如，需要隔离转有多不饱和脂肪酸的与不含多不饱和脂肪酸基因的品种，否则会导致有价值的油脂被稀释）。有时隔离也是出口贸易所需要的，例如，出口到欧洲的用作食品的原料必须分成转基因与非转基因，这样食品才能被贴上恰当的标签。同样，在美国和加拿大获得许可的大部分转基因作物在欧洲却没有被许可销售。这种情况下，它们不可能被卖给欧洲，所以必须与发往欧洲的原料隔离开。

尽管在多数情况下利用转基因技术培育作物新品种可能比传统育种快，但是由于目的基因克隆和遗传转化的效率问题致使转基因植物的培育过程并不快。其关键在于第 3~6 步——目的基因克隆和第 8 步——植物转化系统。基因克隆就是利用体外重组技术，将特定的基因序列插入到载体分子中，其主要目标是识别、分离特异基因并获得基因的全序列，进一步阐明基因的功能，确定其染色体定位。分离和克隆各种有价值的基因并深入研究其作用机制，对作物品种的改良具有重要意义。近年来其研究方法不断改进，新技术不断涌现。前文第3~6步所述的是一种经典的基因克隆方法——功能克隆，除此之外还有图位克隆、表型克隆、标签法克隆、电子克隆、人工合成等方法，由于这些内容的专业性太强，相关专业书籍和论文众多，在这里就不再赘述。下面将重点讨论植物转化系统。

三、植物转化系统

在植物基因工程中，转化是指外源DNA通过载体或物理、化学方法导入植物细胞，并得到整合及表达的过程，实现转化过程的途径称为转化系统。目前已经报道的植物转化方法很多，除传统的农杆菌介导法以外，20世纪90年代以后又发展了许多新的转化方法。按照转基因程序的不同，可以将转化系统分为载体转化系统和直接转化系统两大类。也有人将以生物本身的生殖系统细胞（如花粉细胞、卵细胞、子房和幼胚细胞及其细胞结构）为受体或媒介实现外源基因转移的方法，从直接转化系统中独立出来，称之为生殖细胞转化系统。在所有的转化系统中，以农杆菌介导法和基因枪法应用得最多。

1. 载体转化系统

载体转化系统是指以农杆菌、病毒等为媒介，将外源DNA导入植物细胞的转化系统。与直接转化相比，载体转化系统具有操作简便易行、转化条件相对比较容易控制、成本低、外源基因转移位点和拷贝数较少、外源基因的表达沉默率较低等优点，但也存在受体范围较窄、转化效率低等缺点。农杆菌介导法对于大多数单子叶植物的转化效率都很低，即使是双子叶植物，也只在少数植物上获得了高效转基因体系。病毒介导法受侵染方式和宿主范围限制，转化效率更低。

（1）根癌农杆菌介导法

根癌农杆菌是一种需氧的革兰氏阴性菌，直到20世纪70年代它都被认为是一种在植物中引起肿瘤产生的病原菌。当发现它具有将细菌DNA转移进植物细胞和植物染色体的能力时，植物生物技术学家和分子生物学家很快就意识到它的这种独特能力的潜在应用价值。

根癌农杆菌的生活周期是在植物受伤时从潜伏状态到激活状态开始的（图4-1）。根癌农杆菌最初保持潜伏状态在土壤里生长，受伤后植物细胞分泌许多化合物，根癌农杆菌被这些化合物激活，然后由伤口进入植物体。一旦进入植物内，根癌农杆菌就刺激肿瘤的产生，这通常发生在茎组织中，细菌就在肿瘤中不断地繁殖，当植物死亡后菌就被释放到土壤中，循环得以继续。

由于大的Ti质粒的作用，根癌农杆菌可以引起肿瘤的发生。Ti质粒的vir区和T-DNA区十分重要。vir区含有一些基因，这些基因编码的蛋白质能引发并控制根癌农杆菌质粒DNA转移到植物基因组。但并不是整个质粒的转化，而是质粒上T-DNA转移到植物细胞的细胞核，并插入基因组，这与细菌之间转移质粒的接合过程相似。从细菌

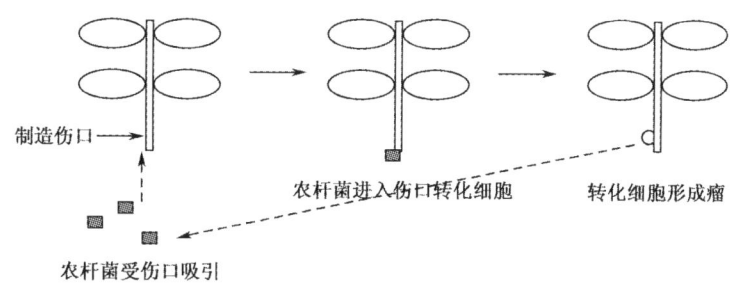

图 4-1　农杆菌致瘤过程（Taiz and Zeiger，2006）

转移到植物细胞的 DNA 是一个复合物并且需要 vir 区的许多基因激发活性。简单地说，特殊的蛋白质识别左、右边界的 DNA 序列，并从边界区切下单链 DNA。这条单链 DNA 被 DNA 结合蛋白包被，形成 T 输送复合体（含有 12 个 vir 蛋白）的一部分，这个复合体可以从细菌细胞进入植物细胞，可能是通过膜通道转移的。复合体通过菌毛在细胞间移动。菌毛是一种柔软的、由蛋白质形成的管子，菌毛的装配是由 vir 蛋白引起的。一些复合体中的蛋白质发挥功能使复合体进入到细胞核。一旦进入细胞核，T-DNA 就插入植物染色体。这一过程的机制还并不清楚，但可能与宿主的在 DNA 复制与修复过程中起作用的酶有关。细菌的 T-DNA 转化进植物细胞的过程很精密，需要 vir 区基因、一些细菌染色体基因和宿主植物的蛋白质的共同作用。最初，科学家们认为转化基因这一过程是农杆菌特有的，但随着研究的深入，科学家们发现了许多病原菌可以将 DNA 和蛋白质转移进宿主植物、动物或真菌细胞。

Ti 质粒的 T-DNA 区包含许多根癌农杆菌生活周期必需的基因。一些基因参与生长素和细胞分裂素的合成，这些激素可以引发植物细胞不受控制的生长（与组织培养中的愈伤组织相似）。另一些基因编码合成冠瘿碱的酶，冠瘿碱是一种在肿瘤中作为根癌农杆菌的碳源和能源的小分子化合物。冠瘿碱的合成是细菌的一个很巧妙的设计，即每种根癌农杆菌产生只有自己能分解代谢的冠瘿碱。由于大多数土壤细菌和真菌不能利用冠瘿碱作为碳源和氮源，所以根癌农杆菌就可以独占这些化合物。

显然，用未经改造的根癌农杆菌进行转基因植物的培育是不合适的，植物将会产生肿瘤并且不会正常生长，所以要对它进行了许多的改造，尤其是对 Ti 质粒进行改造。大多数生物技术学家采用双元载体系统，这一方法采用两种质粒，一种含有 vir 区（载体 2），而另一种含有 T-DNA 的左、右边界区（载体 1）。采用两种较小的质粒是由于它们易于操作，在细菌中可以高拷贝复制并且更容易转化细菌细胞。

载体 1 包含 T-DNA 的左、右边界，但不含在 Ti 质粒中存在的基因，所以不会形成肿瘤。但是，一旦外源 DNA 片段插入左、右边界后，vir 蛋白就会识别边界，将外源 DNA 切下并使之整合到植物基因组。

以下为用双元载体向植物转化外源基因（以多不饱和脂肪酸基因为例）的步骤（图 4-2）。

第一，用适当的载体将多不饱和脂肪酸基因克隆进大肠杆菌，随后将基因亚克隆到载体 1。由于多克隆位点在左、右边界之间，所以多不饱和脂肪酸基因就会被插入左、

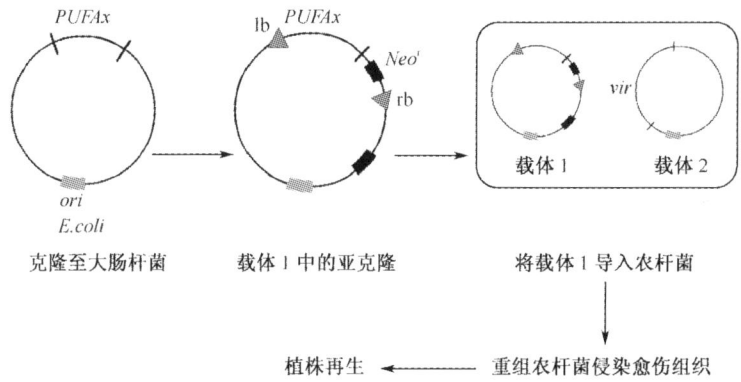

图 4-2 用双元载体系统转化植物（Dubin et al., 2008）

右边界之间。这一步使用大肠杆菌是由于它比根癌农杆菌更容易生长和操作。

第二，从大肠杆菌中提取载体 1，并转化根癌农杆菌。由于质粒 1 具有允许在根癌农杆菌中复制的复制起始位点，它可以在根癌农杆菌中复制。这步使用的菌中必须含有载体 2，因为它含有的 vir 基因是将多不饱和脂肪酸基因转化进植物所必需的。许多生物技术公司可以提供这样的菌种。

第三，现在根癌农杆菌中就有载体 1 和载体 2 了，下一步就要将其接种到目的植物的愈伤组织上。随后根癌农杆菌就会感染这些细胞，质粒 2 将会产生可以帮助质粒 1 中含有的多不饱和脂肪酸基因转化的蛋白质，多不饱和脂肪酸基因就被插入植物基因组。

第四，转化后的愈伤组织在含有新霉素（或其他筛选剂）的培养基上进行筛选。由于筛选剂的存在，未导入外源基因的植物细胞会被杀死。载体 1 在左、右边界之间含有新霉素抗性基因，只要多不饱和脂肪酸基因转化成功，新霉素抗性基因也就被转化进植物细胞并会插入植物基因组中。

第五，将愈伤组织转移到培养基中进行植株再生。

在实际的研究过程中，也可以对上面的步骤进行调整。在转基因植物中包含抗生素抗性基因存在争议，所以最好使用其他标记基因。GUS 染色就是一种方法，这种方法需要载体 1 含有 β-葡萄糖苷酶基因。正常植物细胞缺少这个基因，这种基因编码的酶可以将 β-葡萄糖苷最终转化为蓝色物质。这种颜色变化可以用来鉴定重组的植物细胞。这些细胞随后可以被诱导而长成完整的植物。由于可以立刻断定转化是否成功，所以 GUS 又被叫做报道基因。

另一个普遍的变化是尽量避免愈伤组织培养和从伤口直接感染植株。这可以避免愈伤组织培养过程中的遗传不稳定性。这对那些难以进行组织培养的植物十分有用。应用于基因工程的农杆菌除了根癌农杆菌之外还有发根农杆菌，前者含有 Ti 质粒，野生型菌株侵染植物后可诱发肿瘤；后者含有 Ri 质粒，可以诱导被侵染植物形成毛发状根。根癌农杆菌 Ti 质粒转化系统是目前应用最多、机制最清楚、技术方法最成熟的转化方法。自 1983 年获得首例转基因植物以来，迄今为止的近 200 种转基因植物有 80% 以上是利用根癌农杆菌转化成功的。

(2) 病毒介导法

植物病毒在宿主细胞内能够自我复制，将外源基因插入病毒载体的基因组中，通过病毒对植物细胞的感染，就可以将外源基因导入宿主植物细胞。转染所用的转移载体是无衣壳重组病毒的 DNA 或 RNA 分子，转导载体是有衣壳包被的病毒颗粒。目前已有研究的病毒载体可以分为 DNA 病毒载体和 RNA 病毒载体。DNA 病毒载体中研究最多的双链 DNA 病毒是花椰菜花叶病毒，它的寄主主要是芸薹属植物，可感染十字花科的多种植物。单链 DNA 病毒载体中的双生病毒最有发展潜力，如小麦矮缩病毒和玉米条纹病毒，与花椰菜花叶病毒相比，寄主范围更广。RNA 病毒载体主要是正义单链 RNA 病毒。大多数 RNA 病毒载体可以不需包装衣壳而直接感染宿主植物，已研究的包括烟草花叶病毒、烟草脆裂病毒和雀麦花叶病毒等。

植物病毒载体是将外源基因插入植物病毒基因组中，以通过病毒对植物细胞的感染将外源基因导入植物细胞。构建植物病毒载体有 4 种方法（图 4-3）：①基因置换，即用外源基因置换对植物病毒的复制和迁移非必需的基因；②基因插入，直接将外源基因插入病毒基因组；③表位展示，将外源基因插入病毒外壳蛋白基因的特定部位，使其基因产物展示在病毒颗粒表面；④互补载体，由携带外源基因的缺陷病毒和辅助病毒组成。

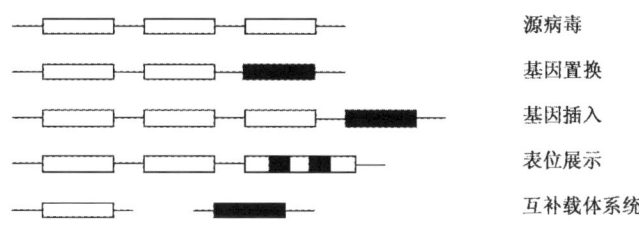

图 4-3　植物病毒载体（Perry，2002）

2. 直接转化系统

直接转化系统不需要转移载体，而是利用物理、化学方法进行外源遗传物质的转移。

(1) 基因枪法

基因枪法又称微弹轰击法，其基本原理是将外源 DNA 包裹在微小的钨粉或金粉颗粒的表面，然后借助高压动力射入受体细胞或组织，微粒上的 DNA 进入细胞后整合到植物基因组中并得以表达。按照动力来源可将基因枪分为三种，即火药动力基因枪、高压气体动力基因枪和高压放电动力基因枪。通过基因枪法已经获得烟草、豆类和多数禾本科农作物、果树花卉和林木等植物的转基因植株。影响转化的主要因素是受体材料预处理过程（如高渗浓度和处理时间）和基因枪轰击参数（微弹制备方式、轰击高度、微弹用量、轰击次数）等。

(2) PEG 介导法

借助 PEG、聚乙烯醇（PVA）和多聚-L-鸟苷酸等细胞融合剂的作用，使细胞膜表面电荷紊乱，干扰细胞间的识别，使细胞膜之间或 DNA/RNA 与膜之间形成分子桥，促使细胞膜相互间的融合（接触和粘连）和外源 DNA/RNA 进入原生质体。选用处于细胞周期 M 期的原生质体可能有利于提高转化速率，因为 M 期细胞处于无核膜阶段。高 pH-高钙离子浓度也能诱导原生质体融合和摄取外源 DNA，但 pH 高于 10 会损伤原生质体。此法的优点在于对细胞损伤小，避免了嵌合体的产生，转化体易于选择；缺点是建立原生质体系统困难，转化效率低，再生体变异大。

（3）脂质体介导法

脂质体是根据生物膜的结构功能特性合成的一种由磷脂酰胆碱或磷脂酰丝氨酸等脂质双分子构成的人工膜球形囊泡，内部包裹 DNA 或 RNA。脂质体与原生质体在适当的培养基中混合，借助原生质体的吞噬或脂质体和细胞膜的融合作用，可以把脂质体内含物（外源 DNA/RNA）转入受体细胞。脂质体转化与 PEG 法、电击法有相似之处，常以 PEG、高 pH-高钙离子浓度为辅助条件。转化率受脂质体的制备方法、脂质体组成及理化性质、PEG 的浓度和加入时间、pH、钙离子浓度、保温培养等因素影响。

（4）电击法

电击法又称高压电穿孔法，它是利用高压电脉冲在细胞质膜上形成瞬间微孔，使 DNA 直接通过微孔或者作为微孔闭合时伴随发生的膜组分重新分布进入细胞质并整合到宿主细胞中。与原生质体融合相比，此法外源 DNA 整合拷贝数较低，对受体细胞的选择性不强。获得对特定的宿主细胞的最佳转化条件（如电场强度、电击时间等）需要大量的前期工作。

（5）微注射法

此法是利用琼脂糖包埋、聚赖氨酸粘连和微吸管吸持等方法将受体细胞固定，然后将供体 DNA 或 RNA 直接注射进入受体细胞。受体一般是原生质体或生殖细胞，对于植物较大的子房或胚囊，无需进行细胞固定，在田间即可进行活体操作，称为子房注射法。微注射法以烟草、苜蓿和玉米原生质体为受体都获得成功转化，子房注射在玉米、小麦、水稻等多种植物也有成功报道。此法的优点是可以进行活体操作，不影响植物体正常的发育进程。田间子房注射操作简便、成本低，但只对子房比较大的植物有效。其转化率相对较低，转基因后代容易出现嵌合体。

（6）超声波介导法

超声波是一种能在生物体内传播的频率为 50～20 000Hz 的声波。超声波的生物学效应主要是机械效应、热效应和空化效应。超声波的机械效应可使细胞微细结构发生改变甚至击穿；超声波在介质中传播时一定会产生热效应，这种热效应可使传播介质温度升高；超声波空化效应可使反应体系产生空泡湮灭过程，导致空泡周围细胞壁和质膜破损或可逆的膜透性改变，使得细胞内外有可能发生物质交换。影响转化的因素主要是超声波强度、处理时间及保护剂。超声波强度过大、处理时间过长会导致受体组织损伤；缓冲液中加入适当浓度的二甲基亚砜和鲑鱼精 DNA，可以对质粒 DNA 有一定保护作用，从而有利于提高转化效率。超声波介导的特点是操作简单，不受宿主范围的限制，转化效率高等，但需要专用仪器，其转化体系还有待于进一步完善。

（7）脉冲电泳法

此法是将原生质体或部分脱壁的细胞与外源 DNA 混合，置于脉冲电场中。在电脉冲的作用下，在受体细胞表面形成可修复的损伤，脉冲电场中的 DNA 就可以借助电泳向受体细胞中转移。最初使用的受体是原生质体，后来研究表明部分酶解的细胞组织块同样可以提供感受态细胞。影响转化效率的因素主要有受体的预处理过程、脉冲电压和周期及外源 DNA 形态等。例如，以水稻胚性愈伤组织和部分酶解的细胞团为受体，将线性质粒 pBI121 上的 npt II 和 gus 成功地导入水稻，R_0 代转化率达到 7.5%。研究者发现利用低压和间隔脉冲的温和电泳条件，可以减少细胞过度损伤；与此同时，延长电泳时间使感受态细胞和 DNA 接触更充分，为大片段 DNA 转移和细胞器转化提供了可能。

(8) 激光微束法

激光是一种很强的相干单色电磁射线，用微米（μm）级的激光微束照射培养细胞，细胞膜系统和胞内的某些结构可吸收特定波长的激光，导致某种程度的损伤。膜上这种只有 0.3~0.5nm 的小孔能够在短时间内自我愈合，可使加入到培养物中的外源 DNA/RNA 流入细胞，实现基因的转移。1984 年，激光微束首先用于动物细胞的 DNA 转化试验，以后又用于植物原生质体、花粉、叶绿体和微生物等。影响转化的因素主要是脉冲波长（强度）和时间、高渗液处理时间和浓度，其他因素同电击法。此法的优点是较常规的显微操作定位更准确，操作简单而且对细胞损伤较小，无宿主限制，对受体细胞正常的生命活动影响小，不需加抗生素防止污染，穿透力强而且深度方向可调；缺点是需要昂贵的仪器设备，转化效率与电击法、基因枪法相比还较低，且稳定性较低。

(9) 碳硅纤维导入法

此法是最先出现的一种 DNA 导入方法。应用直径为 $0.6\mu m$，长度为 $10\sim80\mu m$ 的碳化硅纤维，将 DNA 附着到纤维上，借助涡旋作用使纤维穿刺受体细胞，产生可修复的损伤，进而将 DNA 导入受体细胞。这种转基因方法的优点是简单快速而且成本较低。但细胞损伤有可能导致细胞的生长分化受到不利影响，还有待于进一步研究。

(10) 离子束介导法

离子束转化是利用离子注入造成细胞表面刻蚀穿孔，为外源 DNA 进入细胞提供了通道。细胞损伤的修复过程，则促进了外源基因与受体基因组的整合。

3. 生殖细胞转化系统

生殖细胞转化系统主要是利用花粉粒及花粉管通道，或利用子房、幼穗及种胚注射外源 DNA 等方法导入外源基因。

(1) 花粉管通道法

此法是由周光宇等根据远源杂交中异种花粉引起的变异等现象首先提出的。该法利用花粉管伸长进入胚囊的过程，将外源 DNA 带入胚囊，从而整合到合子细胞的基因组中。

此法的优点是不需要组织培养，直接得到种子，减少了离体转化造成变异的可能性；操作简便易行，可以直接在大田进行转化；转化频率较高；适用范围已经从棉花等大子房植物扩展到小麦、玉米等植物。但大田操作受季节限制较大，而且转化范围也相对较窄，其转化机制还需要进一步研究。影响转化的主要因素是转化时雌蕊发育时期和外源 DNA 缓冲液组成及浓度。

（2）花粉介导法

花粉可以直接作为外源基因转移的媒介。花粉可以和外源DNA直接混合、匀浆，并涂抹柱头，还可以作为电击、微弹轰击、显微注射等方法的受体进行体外转化。转化后的花粉通过有性杂交可以将外源遗传物质传递给后代；也可以进行体外细胞培养，结合染色体加倍技术获得含外源基因的纯合双倍体。决定花粉转化成功的关键，是创造花粉适宜的生理状态和避免核酸酶降解。利用部分或完全去掉细胞壁的花粉作为转化媒介，可以提高外源遗传物质的转化效率。

（3）种胚浸泡法

外源DNA溶液浸泡植物种胚，利用植物细胞自身的物质转运系统（质外体和共质体传输、跨膜运输及内吞作用），将外源基因直接导入受体细胞。由于种子具有自然的形态发生能力，不存在植株再生的困难；以干种子（种胚）为受体也不受季节限制，例如，2000年，洪亚辉等利用玉米DNA浸泡水稻干胚，发现后代具有表型变异和同工酶分析差异，但缺乏分子生物学证据。外源遗传物质通过多层细胞壁、细胞膜障碍进入细胞的机制目前仍不清楚，所以此法还有待于进一步研究。

4. 植物转化系统的选择

一个成熟的、适用的转化系统应具备转化率高、适用范围广、重复性好、简单方便、易于操作、快速等特点。根据表4-1的比较可见，每一种转化方法都各有其优点和缺点。研究者应根据受体植物的特点，选择适宜的转化方法，其基本原则有以下几点。一是对农杆菌敏感的植物应优先选择农杆菌介导法，因为农杆菌介导法在理论上和技术上都比较成熟，且转化率高，转化植株的遗传稳定性好。近年来，随着水稻等单子叶植物农杆菌介导高效转化系统的建立，农杆菌介导的转化又掀起了一个新的研究高潮。二是原生质体培养容易的植物应该选择直接转化系统，其优点是既能获得较高的转化率，又能克服转基因植株嵌合体的难题。三是转化难度较大（对农杆菌不敏感，并且原生质体培养困难）的植物，应采用基因枪法。四是多胚珠植物可试用花粉管通道法；子房中有较大单胚珠的植物可试用子房微注射法。五是根据受体植物的再生情况选择合适的转化方法，例如，再生能力强的植物可采用农杆菌介导法或直接转化法，再生能力差的可采用生殖细胞转化法。

表 4-1 常用植物基因转化方法比较

评价条件	植物基因转化方法					
	农杆菌法	基因枪法	PEG法	电击法	微注射法	花粉管通道法
受体材料	完整细胞	完整细胞	原生质体	原生质体	原生质体	卵细胞
宿主范围	有限制	无限制	无限制	无限制	无限制	有性繁殖植物
组织培养条件	简单	简单	复杂	复杂	复杂	无
转化率	$10^{-2} \sim 10^{-1}$	$10^{-3} \sim 10^{-2}$	$10^{-5} \sim 10^{-4}$	$10^{-5} \sim 10^{-4}$	$10^{-3} \sim 10^{-2}$	$10^{-2} \sim 10^{-1}$
嵌合体比例	有	多	无	无	无	无
操作复杂性	简单	复杂	简单	复杂	复杂	简单
设备要求	便宜	昂贵	便宜	昂贵	昂贵	便宜
工作效率	高	高	低	低	低	低

此外，也可利用多种转化方法的协同作用来提高外源基因的转化效率。例如，农杆菌介导转化受体前，可以利用电击法、基因枪法、超声波及低压或高压渗透处理等物理化学手段提供一定的受体微损伤，以提高农杆菌侵染的成功率；基因枪也可以直接将脂质体、农杆菌细胞射入受体细胞及其间隙，使外源基因转移更直接有效；将病毒载体和农杆菌质粒载体相结合，有效地利用病毒的强感染能力和农杆菌的转基因整合能力，在单子叶植物转基因中有广阔的应用前景；农杆菌以花粉管通道为侵染途径进行转化等。尽管植物转化方法发展很快，但仍有许多物种的转化相当困难，成为植物基因工程应用的瓶颈，需要做更为深入的研究。

第四节 转基因植物在食品生产中的应用

一、转基因抗虫

大多数早期转基因农作物的目的都是通过向植物中导入编码毒蛋白的基因而降低其对化学杀虫剂的依赖。这种做法有很多的好处：首先杀虫剂的购买量减少了，农民可以节约大量的成本；其次由于杀虫剂在农作物中的使用量降低，其在土壤、河水中的残留水平也会相应地降低，公众会因此而受益。

转基因操作中选择合适的基因是很困难的。这必须要满足三个重要的标准：一是导入基因所编码的蛋白质的量在植物组织中必须富集到可以杀死害虫的程度；二是导入基因所编码的蛋白质对昆虫有害而对包括人类在内的哺乳动物无害；三是导入基因所编码的蛋白质具有高度特异性，只能杀死目标害虫而不具有广谱抗虫性，因为大多数的昆虫都是有益的。

虽然有很多的蛋白质符合这些标准，但是最早被利用于转基因技术的蛋白质（Bt）是由孢子形成时期的苏云金杆菌产生的。一个重要的原因是 Bt 安全而有效地应用于农业和林业已经有很长的历史了。如前面提到的，有机农业的农民十分依赖 Bt 杀虫剂，他们通过向农作物喷洒孢子悬浮液的形式杀虫。这些芽孢所含有的晶体蛋白（这些蛋白质和编码这些蛋白质的基因记为 cry）对昆虫具有毒性。当特定物种的昆虫食用这些细菌时，这些晶体蛋白在昆虫中肠所处的碱性环境中被分解，然后通过昆虫中肠内蛋白酶的作用转化成为毒素（有活性的毒素记为 δ-内毒素）。Cry 蛋白与敏感昆虫中肠道上皮纹缘细胞上的特异受体位点结合，破坏纹缘膜细胞渗透压的平衡，进而使细胞质破裂，导致上皮细胞死亡，最终导致昆虫的死亡。

现在至少有 135 种不同的 cry 基因。根据多肽的长度不同以及所影响的宿主范围不同可以将其分为三类（cryⅠ、cryⅡ、cryⅢ），根据毒害所影响的宿主范围不同，细菌也可以分为很多种。

不同类型的基因杀虫谱不同，其编码的晶体蛋白的大小及形状也不一样。毒素 CryⅠ对鳞翅目昆虫有特异毒杀作用；CryⅡ毒素对鳞翅目昆虫和双翅目昆虫有特异毒杀作用；CryⅢ毒素对鞘翅目昆虫有特异毒杀作用。大多数的害虫是鳞翅目、双翅目、鞘翅目昆虫，所以可以通过喷洒 Bt 孢子和将 cry 基因整合到农作物基因组的方式控制这些害虫。

δ-内毒素对哺乳动物的消化系统没有毒害作用，另外也已经有充分证据证明 Bt 毒素对人体无害。森林中大范围的喷洒实验证明，除去非正常的对孢子的过敏反应，其对人体没有影响。这种过敏反应主要是对喷洒农作物的人有害，而对食用喷洒过 Bt 孢子悬浮液的植物的人是无害的。

与化学农药相比，Bt 毒素具有高度的专一性。广谱的化学杀虫剂会将一些有益的食肉昆虫一起杀死，正常情况下昆虫是受食肉昆虫控制的，由于这些次级有害物的存在常常会导致很多问题。所以 Bt 杀虫剂被认为对环境的危害比较小。影响 Bt 杀虫剂在传统农业中使用的主要原因是相对于化学杀虫剂来讲其花费较高。

生物技术学家很快认识到可以通过将 cry 基因整合到农作物基因组，从而产生转基因植物的方法来解决这个问题。20 世纪 80 年代早期，这种转基因技术在实验室中取得成功。1996 年，美国食品和药物管理局允许携带 cry 基因的转基因抗虫棉推广。

从技术的角度上讲，发展转 Bt 基因植物并不容易。克隆 cry 基因和将它们导入植物相对比较容易。但是早期努力的结果是：毒蛋白在植物中只有少量的表达，不足以控制害虫。科学家很快认识到这种低表达现象的部分原因是对密码子的选择：目前使用的杀虫晶体蛋白大多来源于细菌，与高等植物正常结构基因的 DNA 序列相比，Bt 基因含有较多的 AT 碱基和 ATTTA 重复序列。AT 富含区在高等植物中被认为是不能表达的内含子，ATTTA 重复序列的 mRNA 的稳定性差，二者都不能在高等植物中表达。此外，Bt 基因中的偏爱密码子与植物中的不同，以及其中存在的一些不稳定元件如 poly(A) 信号序列、切割序列、终止序列等都直接影响着 Bt 基因在植物中的 mRNA 特性。为此，可以从两条途径对原基因进行改造。第一条途径是改进 Ti 质粒转化载体的启动子，加入带有 SV40 复制增强子区的 35S 启动子或重复增强子区，改建后的载体表达量比原先提高了 5~10 倍。第二条途径是根据植物偏爱的密码子对野生型 Bt 基因 cryⅠA(b) 进行部分改造或人工全合成，在不改变其编码的氨基酸序列的前提下，尽量更换野生型 Bt 基因中的所有不稳定元件，同时尽可能将其中的密码子换成植物的偏爱密码子，结果表现较强的杀虫效果。

从技术和经济价值角度讲，转 Bt 基因农作物已经取得了成功。然而，转 Bt 基因植物仍然受到很多的环境保护和反生物技术激进组织的反对。最主要的原因是昆虫会对 Bt 毒蛋白产生抗性。抗生物杀虫剂的转基因植物会加速昆虫对生物杀虫剂抗性的进化，导致传统的有机耕作所使用的生物杀虫剂失效。

根据 Bt 毒蛋白的杀虫机制，在长期的选择压力下，昆虫纹缘膜细胞上的受体位点会发生改变，使晶体蛋白不能与纹缘膜细胞上的受体位点结合，失去毒杀作用，结果昆虫就产生抗性。要解决这个问题，可以采取以下策略。一是将不同杀虫机制的杀虫蛋白基因，如具有广谱抗虫特点的 CpTⅠ基因及其他多肽毒素基因，与 Bt 基因联合转化植物来抑制昆虫产生抗性。二是采用诱导型或组织特异性表达的启动子与 Bt 毒蛋白基因构成嵌合基因，获得特异性表达的抗虫品种。使 Bt 基因只在害虫侵害时或者只在植物易受害虫侵害的部位，以及只在一定的条件下（如化学调节剂）高效表达，以减少耐受性昆虫的产生。三是把高剂量表达的转基因植物与非转基因植物混合播种，使在转 Bt 基因植株上具有纯合抗性基因的抗性昆虫与非转基因植物内易感昆虫交配，它们的后代成为杂合体，这样可以减少昆虫产生的抗性基因，防止抗性等位基因在昆虫群体中固定。

"高剂量/避难区"策略的产生源于昆虫抗性形成的遗传基础。在许多情况下，对杀虫剂的抗性都是由一种昆虫基因中的突变引起的。如果有两种可能的基因（等位基因）类型，即赋予抗性的 R 突变等位基因和赋予敏感性的 S 正常等位基因，并且每个昆虫都有两种基因拷贝，那么昆虫就有三种可能的基因型——SS、RR 和 RS。RS 型昆虫对杀虫剂的反应处于 SS 型和 RR 型昆虫之间，但更相似于 SS 型昆虫的反应，说明 R 等位基因有部分隐性。"避难区"是用来保持群体中敏感性昆虫的野生型作物植株，可以由栽培了野生型植株的种植区构成，或由转 Bt 基因植株种植区内的野生型植株构成。在"避难区"植株中生存的大量 SS 基因型昆虫可以与在转 Bt 基因植株中生存的少量 RR 基因型昆虫交配，得到的后代将是 RS 基因型，它们在高剂量转 Bt 基因植株种植区中摄食时将不能生存。

环境保护和反生物技术激进组织，反对转 Bt 基因农作物的第二个原因是转 Bt 基因玉米对非目标昆虫的影响。主要的事件是帝王蝶事件：1999 年，美国康奈尔大学 Losey 等报道，在实验室内以拌有转 Bt 基因抗虫玉米花粉的马利筋草喂养帝王蝶幼虫，可导致幼虫死亡，这一结果被解释为转基因威胁非目标昆虫。"环境主义"组织据此提出应限制转基因玉米的生产与销售。当年夏天，美国环境保护局（EPA）组织昆虫专家们对帝王蝶问题进行了专题研究。结论是，抗虫玉米花粉在田间对帝王蝶并无威胁，其原因是：一是玉米花粉大而重，扩散不远，在田间所有花粉只落在 10m 以内，在距玉米 5m 的马利筋杂草上，$1cm^2$ 叶子上只发现一粒玉米花粉；二是帝王蝶通常并不吃玉米花粉，它们在玉米散完粉后才大量产卵；三是在经调查的美国中西部转 Bt 基因玉米占玉米面积的 25%，但田间的帝王蝶数量却很大。美国环境保护局在一个报告中指出，评价转基因作物对非目标昆虫的影响，应以野外实验为准，而不能仅仅依靠实验室的数据（贾士荣，2004）。

但这一事件也表明，抗虫转基因玉米还存在有待改进的地方，例如，可以让花粉不产生 Bt 杀虫蛋白，这样就可使得花粉对非目标昆虫完全没有威胁，但迄今为止 BT 毒素对蝶类有害与否仍无定论。

环境保护和反生物技术激进组织反对转 Bt 基因农作物的第三个原因，是众所周知的发生在 1999 年 10 月的"Starlink 丑闻"。这清楚地表明，美国食品和药物管理局只允许将被转基因玉米污染的食品作为动物饲料使用而不允许作为人类食品。美国食品和药物管理局做出这个决定是基于这种玉米的潜在过敏反应，因为这种毒蛋白在相似的胃环境中可以少量降解。因为要召回被污染的产品，卷入这一事件的主要公司损失了数百万美金，其与日本和其他国家的贸易，也因在其出口的玉米中发现"Starlink"玉米而中断。

二、转基因抗病

植物会遭受很多病害，有一些是由于干旱胁迫、矿物质缺乏和其他一些环境因素造成的，而传染性的病原菌也会导致其疾病，使全球的食品减产 15%。收获后病害也会产生很严重的影响，会造成 25% 的收获后损失。真菌、病毒、细菌都是传染植物病害的病原体。大多数食品收获后的损失是由真菌引起的。除了经济上的损失外，田间和收获后的病害对于食品工业生产和消费者健康来说也是不安全的。很多真菌都会产生毒枝菌素，例如，曲霉菌可以产生一种诱变剂——黄曲霉毒素，这种毒素普遍存在于热带和亚热带国家的谷类作物和坚果中。大多数国家对食物和饲料中黄曲霉毒素的含量有着严格的限定。例如，美国规定供人类食用的坚果中黄曲霉毒素含量必须小于 20mg/kg。

大多数的真菌污染会导致毒枝菌素污染或者是增加食物在田间腐败的数量。因此，尽量控制田间真菌的侵袭可以提高食品储存后的品质，这也是转 Bt 基因玉米的支持者增加的原因之一。当欧洲的钻茎虫侵袭了玉米之后，它开辟了一条真菌可以进入的路径。有证据表明，在转 Bt 基因玉米的谷粒中毒枝菌素的含量比非转基因玉米的含量要低。其他转基因农作物也被培育，以提高其对产生毒枝菌素的真菌的抗性。

植物改良仍然是抵抗植物田间病害的主要策略之一。1845 年，由于马铃薯晚疫病大流行所造成的震惊世界的爱尔兰大饥荒，1870～1880 年间由于葡萄霜霉病大流行所导致的法国葡萄种植业的崩溃及葡萄酒酿造业的倒闭，都是由于缺乏有效的防治手段的结果。20 世纪 50 年代中期，美国北部小麦由于茎秆锈病传染而导致小麦颗粒无收。导致小麦茎秆锈病的菌类产生的小孢子可以通过风的作用广泛传播，这就导致茎秆锈病在美国北部大面积传播，使小麦田损失惨重。美国和加拿大的植物育种学家已经达成协议，共同研究可以抵抗这种疾病的小麦新品种。

传统育种学家已经成功地将抗性基因整合到大多数农作物中，这种抗性作用的机制是通过导入一个在植物组织中可以识别菌类的基因，使植物很快地做出反应，清除病菌。

通过转基因技术将一种植物中的抗性基因转移到另一种植物中是可行的。对于很多的植物学家来说这是一个很诱人的方法，因为抗性基因常出现于野生植物当中，不能通过传统育种方法将其引入农作物。随着基因克隆技术的发展和农杆菌介导法等转基因技术的出现，现在可以将抗性基因从一种植物转移到其他任何一种植物中。

植物病毒病害是一个很重要的问题。病毒对农作物的侵害就曾在世界范围造成了巨大经济损失。当今抵御植物病毒的途径是防治，其中最有效的方法是使用可以抵御病毒感染的植物品种。但对于一些农作物来说无法获得抗性品种。在这种情况下，唯一的选择就是确定农作物的繁殖体是无病的，并且控制可以导致病毒传播的昆虫，如蚜虫。当今病毒控制主要是依靠大量使用化学杀虫剂，它们的危害很大，包括在毒素高度集中的环境对农民健康的危害、食品中杀虫剂的残留、对非目标昆虫的毒害、毒素在土壤和水中的积聚和残留等。因此，发展抗病品种有十分重要的意义。一些葫芦科的转基因品种已经在美国推广。2004 年，美国科学家将蚕体内的一种基因导入葡萄，培育出了能够抵抗皮尔斯病的转基因葡萄。

转基因植物抗病毒病的机制主要是将编码病毒衣壳的基因或者是病毒复制酶基因导入植物基因组，复制酶基因通过使基因沉默而产生作用，当病毒浸染植物的时候，导致病毒基因表达的缺失。

通常情况下，抗病植株是通过将病毒衣壳蛋白基因导入植物的方法来获得的。当一个病毒复制的时候，它们需要利用寄主细胞并且直接利用寄主细胞的代谢机制合成新的病毒成分。在病毒感染真核细胞时必须首先脱去衣壳，使病毒基因释放到细胞质中。脱去衣壳是必要的，只有当病毒核酸从衣壳中释放出来后才能进行病毒基因的转录和翻译，进入细胞，复制出大量的子代病毒。因此，如果脱衣壳受到阻碍的话，病毒就不可能被复制。

大多数转基因植物中的外源衣壳蛋白会阻止病毒脱衣壳，这种抗性是高度特异的。一个表达番茄马赛克病毒衣壳蛋白基因的转基因番茄对番茄马赛克病毒具有抗性，但是对其他的病毒却不具有抗性。因此，如果一种农作物受到很多种病毒影响，要想抵御全部的病毒就需要导入大量的衣壳蛋白基因。这种保护需要外源基因的高水平表达，然而，数量众多的有差异的衣壳蛋白基因的出现，可能会导致病毒蛋白水平过高而使植物细胞难以接受。围绕抗病转基因植物所产生的争议，主要是由于病毒基因出现在农作物中。有一些科学家和社会团体认为这种基因可能会变异成为更强的形式，并且可能会被整合进入病毒当中，导致病毒具有更强的致病形式。但是这种情况还没有发生，可能也不会发生。

三、除草剂抗性

大部分引领转基因技术的研究是由生产除草剂的公司资助的。除草剂应用于作物时发生的交叉反应——除草剂经常可以像杀死杂草一样杀死作物本身，给予了这些公司足够的动力来开展这些研究。由于这种交叉反应，农民们被迫改变除草剂的应用策略。例如，在作物的幼苗没有发芽和出土前使用除草剂，或者也可以使用药效较小但对作物的危害也较小的除草剂。从农民和除草剂公司的角度来看，种植一种对除草剂有抗性的植物是有益的，这使得在作物活跃生长时期，同时也是杂草最有可能影响作物生长的时期使用除草剂成为可能。

那么植物对除草剂的抗性是怎样产生的呢？很多种策略都是可能的，但是最常用的方法是建立除草剂靶位点。除草剂经常抑制特异的酶类，例如，广谱的除草剂草甘膦抑制 EPSP 合成酶，这种酶是植物的芳香族氨基酸合成所必需的。草甘膦（商品名为 ROUNDUP^{TM}）与这种酶的底物在结构上是相似的，这种相似性允许草甘膦作为 EPSP 的一种竞争性抑制剂起作用，从而使该植物不能合成芳香族氨基酸而随后死亡。

生产抗草甘膦的转基因植物有多种途径。一种策略是在强启动子后面添加编码 EPSP 合成酶基因的额外拷贝，从而使植物细胞中的 EPSP 合成酶水平变得足够高，以至于可以克服除草剂引起的抑制作用。另一种成功的策略是引入一些编码降解特异除草剂蛋白的基因。这些基因通常可以在土壤细菌和真菌中找到。最后，一些抗草甘膦的转基因植物含有编码原核的 EPSP 合成酶基因，这种合成酶不受草甘膦的影响。这三种方法都取得了成功。

抗除草剂转基因技术的反对者们认为，这种转基因技术的应用会导致除草剂使用的增加，从而导致食品污染和残余杀虫剂对环境的污染。而来自除草剂公司的反驳则是增加除草剂的使用不是他们公司本身的目的，他们只是想提高本公司产品在市场上的占有量。同时，他们还强调，除草剂的使用不会增加，而是会变得更加有效，而且抗除草剂转基因技术促使农民使用毒性更小的、生物降解力更高的除草剂，如草甘膦。随着抗除草剂大豆引入美国，2001 年农业与环境中心（CLM）公布了一项结果，此结果在一定程度上是根据美国农业部（USDA）提供的数据作出的。虽然农民的经历有所不同，但是 CLM 仍得出结论，即转基因技术使得除草剂的野外使用率下降 0～10%。

"超级杂草"的问题也受到了公众特别是传媒的广泛关注。反对生物技术的激进分子担心抗除草剂转基因植物的培育会导致无法控制杂草，从而导致作物的减产。但也有科学家指出，第一代转基因作物在野外不能很好地存活，该结论减轻了对这种"超级杂草"可能疯狂生长的忧虑。

美国和加拿大的调控机构在评价抗除草剂转基因大豆和油菜的安全性时也认识到了这种危险。在加拿大，转基因大豆较之油菜表现出较小的危险性，因为能够被大豆成功授粉的杂草较少，而转基因油菜可以与 7 种加拿大杂草杂交。

尽管存在着基因向其他物种传播的可能，加拿大食品检查机构（CFIA）还是允许抗除草剂转基因油菜的释放，主要基于以下两点原因：一是如果杂草受草甘膦影响的话，抗性基因的获得仅仅是使杂草不再受这种影响；二是草甘膦正常情况下是不被用来控制杂草的。换句话说，不种植抗除草剂农作物的农民通常不会使用这些除草剂，所以危险只是针对转基因植物的种植者。即使抗草甘膦的杂草真的成为麻烦的话，农民也可以通过栽培非草甘膦抗性品种的方法来控制杂草。

日益严重的农作物杂草化是另一个必须评估的威胁。有时候像杂草一样生长的作物会成为问题。杂草化被很多复杂的特征控制着，包括种子生产所需的时间、生产种子的数量、植物水平方向生长的能力，以及种子越冬的能力。抗除草剂基因的转移是不可能影响这样的发育特性的。一项研究极大地鼓舞了植物生物技术学家们，此项研究表明，在英国一块利用了 10 年的试验田上，抗虫和抗除草剂栽培变种完全没有杂草化的迹象。转基因作物在这块试验田上最终几乎完全消失，这减轻了转基因植物会增加杂草趋势的担忧。

四、延迟成熟

1994 年，CALGENE 得到美国食品和药物管理局的许可，释放了第一种转基因食品——THE FLAVR SAVR™ 番茄。尽管此项转基因成果在商业上并不十分成功，但是许多生物技术公司仍然确信通过转基因技术控制成熟过程是一种可行的策略。

水果的成熟是一个基本的，但同时也是一个复杂的过程。成熟对食品的生产是基本的，因为未成熟的水果经常是不能食用的。成熟与水果质地和风味的变化都有关。从消费者的角度考虑，成熟的水果比未成熟的更软、口感更好，而且更容易消化。这些有益的变化对于植物来说也是优点，许多植物靠动物散布种子——动物吃掉果实后把种子散布到周围，或是通过动物的消化器官来传播种子。鼓励动物食用水果的最好方式，是让水果变得更美味、更有营养。因此，那些美味、柔软及容易咀嚼和吞咽的水果是进化的结果，而人类通过对植物的选择驯化又扩大了这种趋势。

柔软和美味兼备的水果对消费者来说是很好的，但是它给食品的生产商和运输商带来了麻烦。这些问题在北美洲更加突出。北美洲的大部分水果产于墨西哥、加利福尼亚或佛罗里达，通过铁路或公路运送到指定位置。在运输的过程中许多的撞击和震动是不可避免的，而在海上运输的时候这种情况更加严重，如芒果和香蕉这些热带水果的运输。由于这种运输压力,水果生产商有两种选择:或者种植那些可以产生坚硬果实以经得住运输的水果栽培品种,或者在水果未成熟的时候运输,这使水果更能忍受物理的震动和压力。水果的运输方式是一种备受关注的策略,一些水果,如柑橘,是在运输之后成熟的;另外一些水果,如番茄,在应用植物激素乙烯诱导的情况下会很快地成熟,因此可以在未成熟的时候运输。但大多数热带水果(香蕉除外)不能被诱导成熟,而且也不能在成熟的状态下运输,当然也就不可能将这些水果运输到不同的市场。此外,水果的储存也是一个难题。一些水果(如苹果)在可控的环境条件(如减少 O_2、增加 CO_2,4℃)下可以储存很长时间,而另外一些水果的储存时间很短。

在水果的成熟过程中都发生了些什么呢?存在呼吸峰的水果,成熟与呼吸活动的暴发有关,这种呼吸活动是由水果中乙烯产量的增加所激发的。相比之下,无呼吸峰的水果在成熟引发的时候没有呼吸活动的暴发,而且乙烯也不会激发或加速其成熟进程。

在这两种类型的水果中,成熟与一系列的生化和结构变化相联系,这些变化很大程度上影响水果的质量与腐烂(表 4-2)。软化是与腐烂有关的最重要的一个因素。软化原则上是在许多水解酶的协助下,由多聚半乳糖醛酸酶(PG)通过降解胶质引起的。胶质是由多种不同的多糖组成的,主要以 1,4-半乳糖醛酸为主架,鼠李糖为侧链。胶质作为纤维素微纤丝嵌入的接合剂,产生一个刚硬的、坚固的壁。当胶质被降解的时候,壁的硬度和强度降低,结果水果变软(图 4-4)。水果的个体细胞也失去了黏性,因为细胞之间富含胶质的中间薄层负责细胞之间的黏合,这就使水果变得更软了。

表4-2　水果成熟过程中可能发生的变化及其与食品质量的关系(Perry,2002)

变化	与食物的关系	变化	与食物的关系
叶绿素Ⅱ的消失	褪绿	有机酸变化	风味改变
色素积累	呈现水果颜色	挥发性物质的增加	风味改变
细胞壁结构改变	变软		

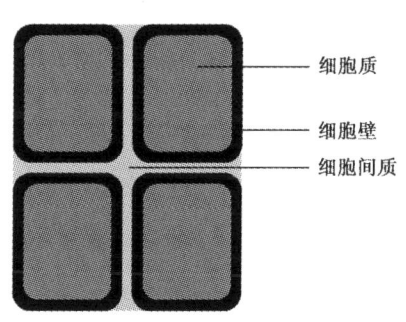

图 4-4　细胞壁中的多聚半乳糖醛酸(Perry,2002)

转基因水果的延迟成熟可应用两个策略:一是减少成熟水果中存在的 PG 含量;二是减少乙烯含量的产生。为了达到这两种目的,经常选择反义技术,一个反义基因是由相应正义基因的反向序列构成的。反义基因的转录产生一个 RNA 分子,这个 RNA 与正义基因的 mRNA 序列互补，因此可以形成一个与双链 DNA 相似的 RNA 双链分子。

双链 RNA 分子的形成可以减少正义 mRNA 的翻译，其原因还没有完全弄清楚，但是可能涉及宿主细胞对病毒的防御系统。双链 RNA 的形成拉响了细胞内的红色警报，因为这种类型的 RNA 经常只出现在被病毒侵染的细胞内。在真核细胞中存在识别和降解异常双链 RNA 的酶，从而导致正义 mRNA 的减少。反义 RNA 也可能通过基因沉默起作用。在这种假想的情况下，一个基因的 DNA-RNA 杂交会引起这个基因的甲基化。一旦这个基因被甲基化，它就不能表达了。另外，反义 DNA 也可通过抑制内源（正常）基因的翻译而起作用。例如，正义-反义双链 RNA 分子，可能阻碍正义 mRNA 与核糖体的结合。

Flavr Savr 番茄的 PG 水平较低，结果在收获之后它的软化率会降低。但是，软化的差别看起来是中度的，很可能是因为其他软化细胞壁的酶的作用。乙烯生产的抑制作用是另一个抑制软化的方法。植物从一个甲硫氨酸前体产生乙烯，所涉及的一种酶（ACC 氧化酶）是通过反义技术发现的。含有反义 ACC 氧化酶基因的转基因番茄在很大程度上减少了软化的速率，而且未发现明显的成熟。这些转基因产品在植物表面用乙烯之后会变成熟，这就允许植物在未成熟的状态下运输。运输完成之后，这些番茄接触乙烯而后成熟被引发。这些番茄对消费者来说不能增进其口感和颜色，但是它主要的应用是能减少在运输过程中通常发生的水果损失的数量，因为通常情况下，大部分未成熟的番茄果实都会在运输的过程中开始成熟，然后腐烂。转基因番茄产生低水平的乙烯，将减少运输带来的损失。

番茄的运输商也可以从转基因技术中得到实惠。含有低水平 PG 的转基因番茄增加了 Bostwick 黏度———一种与糊的产量正相关的变量。含有低水平 PG 和果胶酯酶（另一种软化细胞壁的酶）的转基因番茄增加了 Bostwick 黏度、汁液黏度和可溶性固体含量。所有的这些特性对番茄运输商来说都是很有价值的，而且可能也和消费者相关。20 世纪 90 年代中期，英国的一个著名番茄酱品牌获得了含有低水平 PG 的转基因番茄。消费者认为这种番茄酱比其他品牌味道更浓更美味，一些厨师也热心于使用这种番茄酱。但因为杂货连锁店害怕消费者对转基因食品的抵制，这个品牌在英国已经找不到了。

由于 Flavr Savr 番茄是第一个转基因食品，所以关注的焦点集中在它的安全性评价上。它是应用实质等同性原则评估的第一种转基因作物。在这一原则下，通常比较这种水果与其父代各品种所含的毒素、维生素和其他营养物质水平。Calgene 宣布转基因番茄和最初非转基因番茄唯一的不同，就是多聚半乳糖醛酸酶的水平（转基因番茄中较低）和软化的速度（转基因的较慢）。在其他方面转基因番茄没有变化，而在营养水平和毒素水平上则与未转基因的相似。

Flavr Savr 番茄存在抗生素抗性基因，这是人们批评它的主要依据。如同本章前面所讨论的，转基因植物包含抗生素抗性基因，可以通过把植物细胞放在含有抗生素的琼脂培养基上来实现对转基因植株的选择。但是，需要全面地评价这种抗生素抗性基因利用方式潜在的危险。从理论上说，植物的 DNA 可能从内脏中溶解的植物细胞中释放出来，然后胃肠道细菌就可以通过转化获得抗生素抗性基因，导致其对抗生素抗性的提高。幸好成功的转化是不可能发生的，因为只有很少的细菌是自然感受态的（如在没有电击处理或化学物质如 $CaCl_2$ 的条件下即可转化），肠道球菌是不能够自然转化的。再进一步，假设内脏中的细菌可以被一个抗生素抗性基因所转化，这个人也恰好服用了与抗性基因作用的抗生素，那么与缺少抗性基因的细菌相比，这种抗性细菌就会大量增长。即使在这种情况下也不足为虑，一方面这种细菌不能致病；另一方面，在成功的转基因植物中已经广泛使用的是卡那霉素，而在人类的微生物感染的治疗中很少使用这种抗生素。

因此，抗生素抗性基因的使用并没有被科学界认为是一项危险的尝试。但是，由于公众的关注，任何抗生素抗性基因的释放都是不明智的，许多的生物技术学家们都在使用或开发抗生素抗性基因的替代方法，如利用生物合成酶基因和正向筛选标记基因。例如，天冬氨酸激酶和二羟基吡啶二羧酸合酶催化赖氨酸的生物合成，在植物中这两种酶都受赖氨酸的反馈抑制。因此，来源自细菌对赖氨酸不敏感的这两种酶可作为植物转化的筛选标记，在含赖氨酸的培养基中转基因植株能够存活，而非转基因植株则因死亡而被淘汰。

还有一些其他的可以消除转基因植物抗生素抗性基因的方法。例如，转座子序列可以引入抗生素抗性的基因附近，这样就可以被有关切除 DNA 转座子的酶识别。抗生素抗性基因可以用正常的方式来筛选被其转化的植物细胞，而转座的机制也可以用来移走抗生素抗性基因。此外，共转化系统和位点特异性重组系统也可用于实现这一目的，这些策略已经越来越多地应用于转基因作物的开发中。

五、高品质大米

1994 年，世界卫生组织（WHO）估计有 280 万 0～4 岁的儿童临床上患有维生素 A 缺乏紊乱症（VADD）。临床上的缺乏症会通过很多可见的问题表现出来，如夜盲症、角膜的疤痕。在一些病例中，维生素 A 的缺乏会导致失明。临床症状不明显的缺乏症也遍布全世界，即在一些病例中，孩子和成人血清中的视黄醛含量降低。他们可能暂时没有表现出维生素 A 缺乏的症状，但是出现症状的概率很大。WHO 估计在 1994 年有 2.51 亿儿童患有亚临床的缺乏症。

20 世纪 60 年代，美国和其他的一些国家就已经意识到这场正在发生的全球性灾难，而且共同采取行动降低了临床 VADD 的发生率，特别是印度、孟加拉国和印度尼西亚。这项行动主要是由世界范围内发放维生素 A 药片来推动的。然而，VADD 在世界上很多地区依然流行，特别是在非洲和东南亚尤为严重。

VADD 很难在全球范围内解决，因为有很多因素会促使它发生。但是，VADD 患者较多的区域可以归为以下几类。

1) 以大米为主要食物的区域。在世界上的许多地区，特别是在东南亚，水稻被认为是儿童最充足和最满意的食品。可是野生的大米含有很低水平的 β-胡萝卜素，它是一种最重要的合成维生素 A 的前体复合物。以小麦为主要食品的地区比以水稻为主的患有 VADD 的水平要低。

2) 社会经济发展水平低的区域。在一些国家，收入和 VADD 的影响范围有密切的

3) 阶段性的食物缺乏。在干旱的季节或干旱的年度，食品的短缺可能导致 VADD 发生率大幅度上升。例如，在印度的拉贾斯坦邦的沙漠地区，仅 1987 年，干旱就使患视力疾病的人口增加了 10%～35%。

人类和其他脊椎动物主要通过饮食中类胡萝卜素的转化来产生维生素 A。最常用的一种类胡萝卜素是 β-胡萝卜素。这种橘黄色的色素被人体转化成一种脂溶性的、可通过视网膜的、视觉需要的维生素，因为它作用是在角膜发育和在从视网膜向大脑中传递电信号的过程中发挥功能。11-顺式视网膜复合物与色素视蛋白结合，在视网膜红细胞的胞质膜上形成视网膜紫质。这些细胞负责低光段的可视性。类似的复合物也出现在视网膜的锥形细胞中，它们是负责色彩和亮光的感觉的。当正确波长的光击中杆细胞或锥细胞时，视网膜紫质经历构造上的改变，从而产生运动的可能。这个潜在的行动马上会转化成神经到大脑的冲动，完成一次视觉过程。维生素 A 在人类的新陈代谢中还有很多的作用，但是临床上的 VADD 的症状多与视觉有关，考虑到维生素 A 对视觉中心的重要作用，这也不难理解。

VADD 这种连续性和广泛传播的性质迫使人们进行了大量研究寻求可能的解决办法。一种选择就是开发一种 β-胡萝卜素丰富的主要食物。水稻与 VADD 的密切关系促使瑞典和德国的研究人员开发了金色水稻。由 Ingo 等主持的研究小组得到了瑞士政府和 Rockefeller 基金会的资助，并开发出了含有高水平 β-胡萝卜素的转基因水稻株系。由于这种水稻的胚乳是黄色的，所以被授予了"金色水稻"的称号。

在正常情况下，水稻胚乳的糊粉层里含有一定量的 β-胡萝卜素，但是这个富含油分的层在磨碎时被除去了。如果这部分不被除去的话，那么水稻很可能会变质，特别是在热带地区。让维生素前体贮存在胚乳里是必须的，因为在磨碎以后胚乳成为水稻种子的主体。但是实际上水稻的内胚层是不含有 β-胡萝卜素的，利用传统的育种技术无法实现这一目的，因此必须利用转基因方法。

金色水稻的开发遇到了很多技术上的困难。水稻中的 β-胡萝卜素是由大量的 GGPP（牻牛儿牻牛儿焦磷酸）合成的，GGPP 是一种用于合成大量复合物的类异戊二烯。将 GGPP 转化成 β-胡萝卜素需要三种酶的催化作用：两分子 GGPP 在八氢番茄红素合成酶作用下形成第一个无色的类胡萝卜素——八氢番茄红素。八氢番茄红素在八氢番茄红素脱氢酶作用下经过连续的脱氢反应，共轭双键延长，直至形成链孢红素、番茄红素。番茄红素在不同环化酶的作用下分别生成 α-胡萝卜素、β-胡萝卜素，在 α-胡萝卜素、β-胡萝卜素的 C4（C4'）位置引入酮基和（或）C3（C3'）位置引入羟基，以及在 β-环上引入 C（5，6）-环氧基后，则形成结构更为复杂的叶黄素。这三种酶在水稻的胚乳里都是不活跃的，同时向植物引入这三种基因要比单独引入一个基因要困难得多。

Peter 等（2002）应用了一些基于农杆菌的方法。其中的一种方法是将两个酶的基因，即 *psy*（编码八氢番茄红素合成酶）和 *crt*（编码八氢番茄红素脱氢酶）插入一个质粒载体（pZPsC）上，然后剩下的那个基因 *lcy*（编码番茄红素 β-环化酶）插入单独一个含有选择标记基因（*aph* IV）的质粒载体（pZLcyH）上。每个质粒都存在左边界和右边界。*psy* 和 *crt* 的上游是胚乳特异性启动子；*crt* 和 *aph* IV 的上游是组成型表达的

CaMV 35S 启动子。研究人员通过电转化的方法将两个载体分别引入根癌农杆菌，通过共转化使这些基因进入水稻的未成熟胚中（这一步通过植物组织培养的方法实现）。然后用潮霉素（它会杀死未发生转化的植物细胞）筛选转化的植物细胞。而后，植物可以在有潮霉素压力的培养基上，经过细胞的愈伤组织培养获得再生植株。

这种共转化的方法非常巧妙，因为它证明了水稻胚乳中 β-胡萝卜素的产生不需要番茄红素环化酶。因为包含 *lcy* 基因和选择标记基因的载体对潮霉素有抗性，那么很有可能可以通过传统育种的方法保留 β-胡萝卜素基因而移走标记基因，因为来自两个质粒的基因可能插入植物细胞染色体的不同位点。

转化的植物发育成熟后收集种子。但是并不是所有的水稻种子中的 β-胡萝卜素的含量都丰富，在一个典型的株系中，胚乳组织中 β-胡萝卜素的平均含量是 $1.6 \mu g/g$。考虑到 β-胡萝卜素的含量测定是基于 β-胡萝卜素丰富和 β-胡萝卜素不丰富的种子的混合物进行的，所以 Peter 等得出结论，纯系中将至少含有 $2\mu g/g$ β-胡萝卜素。这就相当于每天食用 300g 金色水稻即获得 $100\mu g$ 维生素 A 等价物，这可能就提供了足够的维生素 A 前体来减轻维生素 A 缺乏症的痛苦。

金色水稻计划的公布引发了赞成和反对生物技术的势力的一系列激烈争论。食品生物技术学会为了反击一直以来广泛存在的对转基因技术研究意义的批评，不久就开始使用金色水稻做招牌来推动转基因技术的发展；而由绿色和平组织领导的反对生物技术的势力则宣布说，金色水稻仍然需要每个人每天消耗 71g 干米才能摄取足够的维生素 A 前体物质。

同时，很难估计金色水稻对于降低 VADD 发生率的应用价值，主要是因为不能确定金色水稻中 β-胡萝卜素的生物利用率。众所周知，简单地测量一种水果或蔬菜中的 β-胡萝卜素的含量并不能代表摄取后其所能提供 β-胡萝卜素的量。许多因素影响摄取 β-胡萝卜素的过程。β-胡萝卜素周围的基质特别重要，它与叶绿体中蛋白复合物有关。这些复合物在人体内脏中消化得很少，结果人体对 β-胡萝卜素的吸收也很少。

其他的一些因素也增加了其不确定性。根据年龄及许多其他因素的不同，所需的维生素 A 前体的水平也不相同。因此，最佳的吸收水平也难以估计。而且，人类对 β-胡萝卜素的吸收与脂肪吸收密切相关；脂肪吸收水平非常低的人（低于 $5g/d$）是不能吸收 β-胡萝卜素的，吸收的脂肪怎样与 VADD 相关的还不清楚，但是在一些情况下它可以检验金色水稻的功效。近年来有些 VADD 的发生已明显减少了，而亚临床的 VADD 成为一个大的问题，那么金色水稻很可能成为缓解这种轻度形式的 VADD 的一种有效途径。

尽管金色水稻技术简单并对解决 VADD 问题有潜在帮助，但它显然不是阻止 VADD 发生的"万能药"。维生素 A 缺乏症经常与文化习惯有着密切的关系。在很多地区，VADD 患者本可以容易地获得维生素 A 前体资源，但是出于文化的原因而不去利用这些资源。实际上，有很多可以战胜 VADD 的方法，只重视对金色水稻的应用而忽视这些方法是不明智的。金色水稻技术上是完全成功的，也是转基因技术用来增进人类健康的一个很好的例证。

第五节　发展中的转基因植物

一、农艺学性状

目前,大多数转基因作物的种植都是从提高农民利益的角度而进行的,这可能是引起消费者对转基因食品不满的因素之一,即转基因食品不是有利于消费者的。未来将会有更多的转基因技术针对消费者,但是农民也不会被忽视。现在许多培育中的转基因作物是用来提高作物在农田中的性状的。在只含有一到两个外源基因的第一代转基因食品中许多问题是很难解决的,而一些农艺学问题是可能通过转基因方法解决的,下面主要介绍两个方面:抗病和抗逆。

1. 抗病性

生物技术学家们已经成功创造了抗病毒感染的转基因作物,但迄今为止,还没有抗真菌或细菌性病害的转基因植物成功地推向市场。随着对植物抵抗这些病原体的防卫机制的了解增多,这种状况在将来很有希望改变。目前,面对的问题之一是,抗病性保持的时间相对较短。抗性基因虽能被转入作物中,但通常不久就会"选择"出若干"抗"抗性基因的病原体族系。不过还有其他办法,例如,将诱导物基因转入植物,有时会使植物获得对一系列病原真菌的广谱抗性。诱导物是由病原菌产生的物质,能诱导植物的自我保护反应。这一策略的关键是应用病原诱导型启动子,这样可以防止病原真菌不存在时诱导物的表达。

2. 抗逆性

植物不会移动,不能用腿或翅膀来逃离环境胁迫,它们仅有的选择就是对逆境的耐受(如在干燥土壤中生长的能力)和回避(如旱季的休眠)。过去,作物育种者主要致力于提高产量,很少尝试提高作物的抗逆性。然而,植物学家们已经越来越清楚地意识到非生物胁迫(即来自非生命力量的胁迫,如缺水)对产量有很大影响。再加上全球城市化迫使越来越多的农民只能利用较不适于农业的贫瘠土地,使得满足世界的食物供应变得很困难。不论对于作物育种专家还是生物技术学家,提高粮食作物的抗逆性都是一个重要目标。

在世界上大部分地区,最严重的非生物胁迫是缺水。干旱或盐渍的土壤会严重影响大多数作物的生长。土壤干旱与气候有关,而盐碱化则是由于农业活动而加剧的。例如,过度灌溉就会导致土壤盐渍化,因为灌溉用水总会含一定的离子,当土壤干燥后,这些离子浓度更高,会干扰作物吸水。

许多植物在水分胁迫条件下会积累小分子相容性溶质或渗压剂。作物改良的策略之一就是提高作物中这类物质的水平。导入渗透调节物质合成酶基因,使植物在水分胁迫下能合成更多的代谢产物(如脯氨酸、甜菜碱、海藻糖、甘露醇、果聚糖、甘氨酸等),有利于提高植物的渗透调节能力,从而增强植物的抗旱性。许多研究表明,盐碱、干旱和低温胁迫同时伴随活性氧的产生。这些毒性分子破坏生物膜,尤其是破坏线粒体和叶绿体的膜系统,导致氧化胁迫。通过导入解毒酶和氧化胁迫相关的酶的基因,使植物在渗透胁迫下过量表达一些酶(如 SOD、CAT 等),以有效地清除活性氧自由基,保护和稳定蛋白复合体和膜结构,从而提高细胞耐失水胁迫的能力。这是提高植物抗旱能力的又一个重要策略。近年来,随着对植物胁迫信号转导途径和基因表达调控研究的深入,一些在植物逆境胁迫反应中起关键作用的转录因子和蛋白激酶被用于提高植物的抗逆性,它们在转基因植物中的过量表达激活了许多抗逆功能基因的同时表达,获得比单独导入某个功能基因更强的抗逆性(李杰等,2005)。

二、贮存蛋白

谷物和豆类是全球最重要的蛋白质来源。豆类尤其富含蛋白质,豌豆、鹰嘴豆、菜豆和其他豆类通常含有 17%~30% 的蛋白质(占干物质的百分比)。谷类的蛋白质含量较低,一般在 7%~15%。但是谷物(如小麦)占许多国家饮食中的大部分,是蛋白质的主要来源。然而,与肉、蛋、乳制品相比,谷物和豆类都不是理想的蛋白质来源。蛋和乳制品含大量的必需氨基酸(即人类必须从饮食中摄取的氨基酸),而植物食品中必需氨基酸含量相对较低。许多谷物尤其缺乏赖氨酸和色氨酸,豆类缺乏甲硫氨酸和半胱氨酸。因此,应一起种植豆类和谷物作为主食,可有效地获得足够的必需氨基酸。

生物技术学家已经开始试验转基因技术在改变种子蛋白质的氨基酸组成,以提高其营养价值上的用处。种子以贮存蛋白的形式储存氨基酸。改变氨基酸含量从技术上说很容易——只需向种子贮存蛋白的 DNA 序列中引入编码所需氨基酸的 DNA 序列。但是,这种方法并不一定成功,可能是因为新的序列降低了贮存蛋白的稳定性。贮存蛋白的结构对其功能至关重要。在豆类中,贮存蛋白集中在与膜结合的蛋白体中,必须以完全脱水的状态存在,在种子萌发时被酶促水解。对贮存蛋白的转基因修饰一定不能干扰这些基本功能。

另一个方法是把一种植物的贮存蛋白转入另一种植物。有人将发现于巴西豆的富甲硫氨酸清蛋白基因转入大豆。但是,在研究过程中,他们意识到所转的清蛋白是人们对巴西豆过敏反应的致敏原,因此这项转基因工作终止了,但转移贮存蛋白的尝试还在继续。我们在玉米种子中发现了富甲硫氨酸基因,在大豆种子中发现了富赖氨酸基因,为植物蛋白质品质改良提供了有价值的基因资源。

对贮存蛋白的转基因修饰,也为食品加工者带来了好处。例如,大豆蛋白质在食品工业中有许多用途,其形成凝胶的硬度、速度和乳化特性等理论上都可以用此方法来改变,即改变大豆贮存蛋白的 DNA 序列,或引入来自其他植物的亚基(贮存蛋白通常由多个亚基组成,改变或增加亚基会改变蛋白质的性质)。

三、抗营养物和其他非期望的物质

初级代谢产物是植物所产生的一些直接用于生长发育、代谢活动的物质。次级代谢产物是对植物的主要生命活动(如形态发生、吸水、开花等)不重要的物质,但它们有时对植物的生存至关重要,因为它们的作用是阻止昆虫、植食性动物的取食和抑制入侵病原体的生长。有些由于阻止脊椎动物取食,对人类不利。这些物质可分为两大类:一是毒素，吸收后直接起毒害作用；二是抗营养物，并不直接起毒害作用，而是干扰食物中营养物质的消化、吸收及利用。另外，其他许多物质也是食物中的非期望成分（表 4-3），在许多情况下，是因为它们影响食物感官上的属性（如降低风味）。理论上，有可能通过转基因技术来降低任何物质的含量。有一些物质（如蛋白质）含量的降低相当容易，可以通过反义技术或敲除编码不需要的蛋白质的基因；但是另一些通过复杂的途径合成的物质（如葡萄糖异硫氰酸盐），则较难用转基因方法改变其含量。其中有一些物质对人类健康还有益（如葡萄糖异硫氰酸盐），因此可能还需要提高其含量。下面举三个通过转基因和传统育种技术改变次级物质的水平的例子，即葡萄糖异硫氰酸盐、肌醇六磷酸和脂肪氧化酶。

表 4-3 食物中非期望成分的化学性质及其转基因改良情况（Perry，2002）

成分	作物	类型	作用	转基因情况
淀粉酶抑制剂	豆类和谷类	蛋白质抗营养因子	抑制淀粉消化	无
胰蛋白酶抑制剂	豆类	蛋白质抗营养因子	抑制蛋白质消化	无
凝集素	豆类	蛋白质毒素	腹泻	有
脂肪氧化酶	大豆	蛋白质	改变风味	有
甘油生物碱	马铃薯	生物碱毒素	胃肠炎	无
单宁酸	广泛存在	多酚抗营养因子	干扰蛋白质消化	无
葡萄糖异硫氰酸盐	芸薹	糖毒素	甲状腺肿、苦味	有
生氰的配糖	木薯	糖毒素	甲状腺肿	无
植酸	广泛存在	糖抗营养因子	抑制磷的吸收	有
低聚糖	广泛存在	糖	肠胃胀气	无

葡萄糖异硫氰酸盐存在于许多植物中，特别是在十字花科植物如卷心菜、花椰菜、油菜籽和芥末中尤其重要。它与含硫侧链的糖（通常是葡萄糖）结合组成复合物（图 4-5）。葡萄糖异硫氰酸盐通常储存在液泡中，当细胞结构经咀嚼或加工而被破坏时，细胞质中的黑芥子硫苷酸酶与葡萄糖异硫氰酸盐接触，将葡萄糖从复合物中释放。

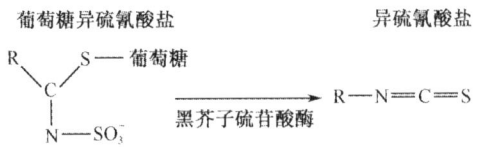

图 4-5 葡萄糖异硫氰酸盐在黑芥子硫苷酸酶作用下生成异硫氰酸盐（Shikita et al.，1999）

当普遍认为葡萄糖异硫氰酸盐的消耗与心血管病的降幅有关时，有人已提出用转基因技术降低植物中葡萄糖异硫氰酸盐的含量。这些人对降低葡萄糖异硫氰酸盐水平感兴趣是因为动物饲料中有些组分，如油菜籽和芥末粕中葡萄糖异硫氰酸盐的水平很高。"粕"是种子榨油后的残余。芥末粕中高水平的葡萄糖异硫氰酸盐会使食物有强烈的苦味，不可口，而且葡萄糖异硫氰酸盐的高含量对动物健康不利。可惜的是，葡萄糖异硫氰酸盐含量很高的芥末粕中 40% 是蛋白质，而且氨基酸组成均衡。

建立低葡萄糖异硫氰酸盐的转基因品系的前景并不乐观。葡萄糖异硫氰酸盐可由色氨酸、甲硫氨酸、酪氨酸、苯丙氨酸这4种氨基酸中任意一种来合成。有几种方法可以降低葡萄糖异硫氰酸盐的水平。最有希望的一种是转入可使氨基酸绕开葡萄糖异硫氰酸盐途径的基因。这种途径的最基本的要求是转基因产物要无毒（指产物对植物本身安全无毒，对食用该植物的动物也安全）。这一方法已成功地用于油菜（canola），其种子中葡萄糖异硫氰酸盐的水平仅为非转基因的种子的3%。在这一实例中，色氨酸转向产生色胺。另一个策略是用反义技术抑制葡萄糖异硫氰酸盐途径中关键酶的表达，例如，改变葡萄糖结合氨基酸过程中所涉及的酶，可以得到较低的葡萄糖异硫氰酸盐产量。

肌醇六磷酸是另一个影响饲料利用率的例子。许多植物以肌醇六磷酸形式储存磷酸盐，但是人类和其他哺乳动物不能消化肌醇六磷酸，以致喂食大豆或其他植物饲料的动物缺磷，除非再喂食昂贵的、富含可利用磷的饲料。未被消化的肌醇六磷酸通过粪便释放到环境中，从而成为河水等水体一个重要的磷污染源。

肌醇六磷酸酶（发现于植物及许多微生物中）使磷从肌醇六磷酸中释放。从长远来看，一个较经济的替代方法是将肌醇六磷酸酶基因整合到植物中并在种子中表达。为了提高效率，肌醇六磷酸酶在种子中应无活性，否则可能会影响磷在种子中的稳定性。但是，如果该酶在动物胃中转变为活性状态，它就会释放出可被动物吸收的磷。

生物技术学家们已经成功地制造了含肌醇六磷酸酶基因的转基因大豆和烟草。在转基因烟草实例中，该基因克隆自黑曲霉。食品加工中所用的许多酶都来自此真菌。基因由农杆菌介导转入烟草，将得到的种子作为饲料添加剂进行测试，其效果与直接向饲料中加酶来释放游离的磷一样好。从技术上讲，遇到的唯一的小问题是与原真菌相比，烟草中糖基化肌醇六磷酸酶含量不同，但还不清楚这种情况是否会显著影响酶的活性。

关于肌醇六磷酸可以肯定的一点是，食物中肌醇六磷酸的存在也与人类的营养有关。在大多数植物种子中约75%的磷以肌醇六磷酸的形式存在，当人类摄入种子时这些磷不能被吸收，而且溶液中的肌醇六磷酸是钙、铁、锌和其他小分子质量阳离子的强螯合剂。肌醇六磷酸被认为是那些以谷类和豆类的种子为主要食品来源的人群缺乏矿质元素的原因。另一方面，人类摄入肌醇六磷酸又对健康有益，因为它起抗氧化剂的作用。要进行改变粮食作物中肌醇六磷酸的含量的任何尝试，都必须承认它对人类健康的双重作用。

最后是降低大豆中脂肪氧化酶的例子。与前两个例子不同，这是用常规育种技术实现的改变。脂肪氧化酶在大豆加工过程中使不饱和脂肪酸（PDFA）氧化，使口味下降。这些口味（被称为草腥味或豆腥味）被认为是一大部分人（尤其是北美洲人）拒绝以大豆为基本食物原料的主要原因。

三个基因编码脂肪氧化酶的三个同工酶，育种者已经发现了每个基因的等位基因（产生无功能的酶）。品种Century被回交，使等位基因性状被分离，得到无功能的等位基因纯合的植株。这些植物的豆子被加工成豆粉和豆浆，按以下几个口味来比较评价它们与用Century（含有功能的脂肪氧化酶因子）豆子的同类产品，如豆腥味、腐臭味、滑干、苦涩。测得其中若干项（尤其是豆腥味）的强度，在缺乏脂肪氧化酶大豆的豆制品中较低。这些研究表明，可以通过改造植物来改变食品的感官性状，并有可能改变食品的利用方式。

四、面包生产中重要的蛋白质

小麦是人类非常重要的植物,全球消费量仅次于水稻。作为面粉的一个成分,它被广泛应用于生产面包、饼干、意大利面。令人惊奇的是,转基因小麦还未被释放。原因主要是技术方面的,即小麦难于转化。第一例成功的转基因小麦的报道出现在1993年,而大多数其他作物的成功转化都比这约早10年。转基因小麦迟来的原因有两个:一是农杆菌只能在一定条件下侵染小麦细胞,如未成熟的胚;二是转化后植株再生困难,尤其是由农杆菌转化的。但是这些问题已基本上解决,对小麦的转化工作正相对顺利地进行。

这些转基因小麦有什么特征呢?第一个转基因品种很可能是抗除草剂品种,但是人们也期待着适于制成面包或意大利面的转基因小麦。在这一方面,麸质得到了最多的关注。麸质指一系列蛋白质可进一步分解成麸朊。这些蛋白质使小麦生面团可被捣碎、揉、伸展,与吹和烘时气腔的排列和稳定性也有联系。由基因碱基序列所决定的麸朊的化学性质,极大地影响面包、饼干、意大利面生产中生面团的质量。于是,为了解麸朊的生化和遗传特性,人们做了大量的工作。已研究出一些策略来调整小麦蛋白质的氨基酸序列,特别是增加了高分子小麦麦谷蛋白(它对小麦面团的延展性有重要的作用),这正是蛋白质工程的一个实例。这得益于对氨基酸序列和蛋白质功能间关系的了解日益增加。这些了解带来了许多增加麦谷蛋白和其他重要蛋白质含量的策略。例如,某种麦谷蛋白(如ω-麸朊)不利于面包生产,因为它没有弹性。根据与其他麸朊的比较结果,向ω-麸朊中插入半胱氨酸残基可显著提高其弹性,这种插入是如何实现的呢?在分子生物学出现之前,引起这种变化的唯一技术是随机诱变,此方法向种子施以放射线或化学诱变剂,期望其中某一突变体中产生的蛋白质发生所需要的变化。

随机诱变常产生有害的突变,所以重组DNA技术更受到欢迎。这可以通过许多方法来完成。首先,制备目的基因的单链DNA作为模板,再合成一段寡核苷酸,其中含有所需的改变(碱基的置换、缺失或插入),然后将寡核苷酸与单链DNA模板退火(只要寡核苷酸与模板的大部分序列配对即可退火)。随后加上适当的酶(如DNA聚合酶),从该杂交分子合成双链DNA。这段DNA被转化至大肠杆菌或其他合适的宿主中,所需要的突变可以通过在平板上筛选菌落而被分离(见第三章第二节)。根据上面所用过的寡核苷酸设计探针筛选菌落,也可以用以PCR为基础的定点突变的方法(见第三章中第四节)来引入额外的半胱氨酸编码序列。

蛋白质工程在转基因作物方面的应用将越来越重要,这要求对蛋白质结构和功能的关系有进一步深入的了解,评价重组蛋白质的安全性,也需要对结构与功能间的相互影响有深入的了解。

五、淀 粉 质 量

除了蛋白质,淀粉是植物对食品最重要的贡献,它是人类能量的主要来源,也是在食品加工中有用的糖类来源。由于淀粉本身的物理和化学性质,生产这些有用的产品需要发生许多化学和酶促反应。例如,想要从玉米粒中的淀粉里获得葡萄糖,必须将其加热到接近沸腾的温度,还要加入大量的淀粉酶。一些淀粉酶有脱分支功能,而另一些可以使直链破碎成小片段。

植物生物技术的一个目标,是培育淀粉结构改变而更容易加工或淀粉产品品质提升的转基因植物。例如,改造植物,使植物含有更多的支链淀粉。支链淀粉含量高而直链淀粉含量低的淀粉,对于特定的应用往往具有良好的品质,例如,它不容易在加热时形成小的淀粉颗粒。这些颗粒会再产生令人讨厌的颗粒状组织,从而破坏含这种淀粉的食品的品质。支链淀粉还可以用来生产透明的冻胶,它可以提高一些饼馅的视觉吸引力。

用传统育种方法和转基因技术都已经得到了高支链淀粉的植物。转基因方法之一是转入与直链淀粉合成相关的 GBSS 酶的反义基因。利用这种策略已经得到了不含直链淀粉的马铃薯品种,还可以从糯性小麦中得到高支链淀粉,而这种小麦品种是用传统育种技术培育出的。但可能是由于小麦基因组的复杂性(六倍体),这种小麦生长很困难,也许利用转基因技术可以解决这一问题。

六、甜味剂的替代品

人类并不是唯一喜欢甜水果的灵长类动物,热带雨林中的黑猩猩和猴对甜的水果非常喜爱,对这些植物的种子的散播很有好处。这可能是由于一些热带雨林植物的甜味蛋白具有类似蔗糖的味道。这些甜味蛋白中研究最清楚的是奇异果甜蛋白(thaumatin),它是西非的一种灌木产生的。

尽管在美国甜味剂还被禁止用于食品,但在欧洲已经是合法的了。作为一种很甜的甜味物质,甜味剂的用量可以很少、低热量且不引起龋齿、对糖尿病患者很有好处,而且它是自然产生的并不是化学合成的。这些优点使它成为社会关注的焦点。但产生它的植物十分珍稀,在温室里非天然生长环境种植不能够结出果实。这就使人们将注意力放在发展包含编码 thaumatin 的基因重组微生物上。许多细菌和真菌已经成功转化了 thaumatin 基因,但到目前为止,thaumatin 产量还非常低。将 thaumatin 基因转入马铃薯等植物中的方法看起来更有发展前途,也更值得研究。

七、维生素与植物化学物质水平

由于目前含转基因作物的食品不太受消费者的欢迎,许多生物技术学家期望着培育出对消费者更有吸引力的转基因植物。而被称为是第三代的转基因植物具有许多令人期望的特性,如具有更高水平的植物化学物质。这些物质自然存在于植物中,并具有治疗作用,可以预防疾病或增强抵抗力。换句话说,植物化学物质是从植物中得到的功能性食品的主要活性物质。在流行病学研究中,植物化学物质的使用与减少患心血管疾病(CVD)和某些癌症的风险有联系。因此,提升这些物质在植物中的含量可以作为改善人们健康状况的一种策略。

提升特定植物中的维生素含量也是很令人期待的。通常许多人很难获得足够的维生素 E 和叶酸。在推荐的日摄食量之外,获得额外的维生素被期望能减少患心血管疾病的概率。在常规饮食中很难获得这些物质,但可以通过改造某些植物使其含有更多的维生素。还没有转叶酸基因成功的实例,但已经证明通过转基因技术提高拟南芥中的维生素 E 含量在技术上是可行的。

由于基因组较小，并且世代间隔较短，所以拟南芥在分子生物学和植物基因组学研究中有重要的作用。转基因技术在拟南芥中的成功应用显示了基因组学的巨大能力，加上它在功能性食品方面的实用性，因此研究用于在拟南芥中提高维生素 E 的含量的策略是很有益的。但是，首先要先了解维生素 E 的基本情况，它是 4 种脂溶性物质（α-生育酚、β-生育酚、γ-生育酚和 δ-生育酚）的混合物，在油料种子中含量较高。因此，人们主要从植物油中获得维生素 E。由于 α-生育酚是唯一一种能在人体中存在的维生素 E，所以它与人体健康的关系最密切。但大多数的油料种子中含有更多的是 γ-生育酚，要改变这种情况需要对植物中合成生育酚的复杂途径有很清楚的认识。α-生育酚是这一合成途径的终产物，而 γ-生育酚是它的直接前体。大多数油料种子中含有的 γ-生育酚甲基转移酶（γ-TMT）的数量有限，这种酶可以使 γ-生育酚转变为 α-生育酚。因此，要提高 α-生育酚的量，可以简单地认为是提高 γ-TMT 的量。

由于 γ-TMT 结合在膜上并很难被纯化，所以对 γ-TMT 及其编码基因的了解很少。为了解决这个问题，研究者从一种生育酚途径中常见的酶（HPPDase）的 DNA 序列开始研究，然后他们用软件在蓝细菌的基因组中寻找这个基因。之所以选择这个微生物是由于这种细菌参与生育酚途径的所有酶可能集中在一个操纵子上。

Shintani 和 DellaPenna（1998）这两位学者成功地在蓝细菌中定位了生育酚操纵子，然后他们推断了 γ-TMT 的位置。这是由于植物 γ-TMT 的某些特性，可以根据其他植物转甲基酶的结构预测出来。而某些特定的氨基酸序列可能存在于 γ-TMT 中。

一旦蓝细菌 γ-TMT 被定位，它的 DNA 序列就可以用来在蓝细菌基因组数据库中定位 γ-TMT。这一策略已经获得了成功，γ-TMT 基因被成功定位并且被用来构建了含全长 γ-TMT 基因和种子特异表达启动子的质粒。这个质粒又被亚克隆到农杆菌中用于转化拟南芥，得到的植物中具有高水平的 γ-TMT，在一些品系中 95% 的维生素 E 是 α-生育酚形式。这一方法也被期望能在诸如大豆和油菜这样的油料作物中应用，来提高它们的维生素 E 含量。

对油料种子的另一方面改造是提高有益脂肪酸的含量。对大多数人来说，植物油是获得多不饱和脂肪酸的主要来源。某些多不饱和脂肪酸有益健康，所以有些研究者想要通过转基因技术改造油料种子中的脂肪酸成分。例如，期望植物油中含有更多的亚麻酸和较少的亚油酸。这可以通过改变合成这些脂肪酸的酶的表达水平来达到目的。

这种方法已经用来创造了具有高含量月桂酸的油菜。尽管这没有增加油的保健性，但月桂酸有许多的工业应用，期望在不远的将来可以提高食品的功能性。

八、过敏原的减少与消除

现在，食物过敏在许多国家中似乎发生得十分频繁，但公众和媒体对食物过敏的特性和范围有许多误解。对食物过敏的正确定义是由免疫反应引起的对食物的有害反应。许多反应通常是由于缺乏某种酶而不能耐受某种食物，真正的食物过敏并不是经常发生的。最近荷兰进行的一个关于食物过敏的感知和范围的研究中，1483 个问卷调查者中有 12.4% 的人认为自己遭受过食物过敏。这些人随后被蒙上双眼进行食物测试，却发现只有0.8%的人是真正的食物过敏。产生这种差异的结果，可能是由于媒体和从事药物替代研究的人员对药物问题的谴责。

但对有些人来说，食物过敏可能会危及生命。例如，花生过敏可能导致有生命危险的过敏反应。对于花生和发霉食物引起的过敏来说，减少食物中的过敏原就很有必要。由于某些人的易感性，确定不同食物中的过敏原很困难，其中最重要的原因可能是年龄因素。通常引起过敏的是鸡蛋、鱼、芥菜、胡萝卜、猕猴桃、牛奶、豆类和向日葵籽。因为植物改良比动物改良要容易得多，所以关于减少过敏原的讨论大多集中在可食用植物上，如蔬菜。

减少过敏原最好的实例是缺失相对分子质量为16 000的过敏原蛋白的转基因水稻。由于这种蛋白质能与从水稻过敏人群的血清中分离的抗体发生反应，所以推断它有过敏原性。该基因的克隆过程：一是提取发育中种子的mRNA，用噬菌体载体构建cDNA文库；二是根据相对分子质量为16 000的蛋白的一段序列设计探针，筛选文库；三是筛选DNA文库找到该基因的启动子区域；四是构建含启动子和反义基因的质粒载体；五是将载体转入水稻中，用抗生素标记基因进行筛选；六是植株再生。

转化后的水稻只含有非转化水稻1/5的过敏原蛋白，不引起过敏反应。除了相对分子质量为16 000的蛋白以外可能还有其他蛋白质可作为过敏原。相对分子质量为16 000的蛋白的功能也不清楚，它与大麦胰岛素抑制剂和小麦α-淀粉酶抑制剂序列有同源性，因此可能有抗营养因子的功能。因此，改变相对分子质量为16 000的蛋白的序列可能既降低了致敏性，又提高了可消化性。

还有其他的转基因技术可能与食物过敏有关。例如，已知牛奶中的蛋白质可以在植物组织中表达，可以设想用植物生产牛奶中的营养物质而不表达牛奶中的致敏物质。当然食物过敏与转基因技术还有另一方面的关系，即在转基因植物释放前要仔细检验转基因蛋白产物的潜在致敏性。

参 考 文 献

龚志云，于恒秀，裔传灯. 2008. 植物体细胞无性系变异的研究进展. 中国农学通报, 24（7）: 56~68

洪亚辉，萧浪涛，董延瑜. 2000. 玉米DNA导入水稻选育高蛋白品系. 湖南农业大学学报, 26（1）: 28~30

贾士荣. 1999. 转基因作物的安全性争论及其对策. 生物技术通报, (6): 1~7

贾士荣. 2004. 转基因作物的环境风险分析研究进展. 中国农业科学, 37（2）: 175~187

李杰，陈丽华，朱延明. 2005. 植物抗渗透胁迫基因工程研究进展. 东北农业大学学报, 36（2）: 241~248

De Block M, Herrera E L, Van Montagu M et al. 1984. Expression of foreign genes in regenerated plants and in their progeny. EMBO J, 3（8）: 1681~1689

Dubin M J, Bowler C, Benvenuto G. 2008. A modified gateway cloning strategy for overexpressing tagged proteins in plants. Plant Methods, 4: 3

Horsch R B, Fraley R T, Rogers S G et al. 1984. Inheritance of functional foreign genes in plants. Science, 223（4635）: 496~498

Horsch R B, Fry J E, Hoffmann N L et al. 1985. A simple and general method for transferring genes into plants. Science, 227（4691）: 1229~1231

Perry J G. 2002. Introduction to foodbiotechnology. Boca Raton, FL: CRC Press

Peter B, Salim A B, Xudong Y et al. 2002. Golden rice: introducing the β-carotene biosynthesis pathway into rice endosperm by genetic engineering to defeat vitamin a deficiency. Journal of Nutrition, 132 (3): 506~510

Shikita M, Fahey J W, Golden T R et al. 1999. An unusual case of 'uncompetitive activation' by ascorbic acid: purification and kinetic properties of a myrosinase from Raphanus sativus seedlings. Biochem J, 341 (Pt 3): 725~732

Shintani D, DellaPenna D. 1998. Elevating the vitamin E content of plants through metabolic engineering. Science, 282 (5396): 2098~2100

Taiz L, Zeiger E. 2006. Plant Physiology. 4th ed. Sunderland, Ma: Sinauer Associates, Inc

Watkinson A R, Freckleton R P, Robinson R A et al. 2000. Predictions of biodiversity response to genetically modified herbicide-tolerant crops. Science, 289 (5484): 1554~1557

Zambryski P, Joos H, Genetello C et al. 1983. Ti plasmid vector for the introduction of DNA into plant cells without alteration of their normal regeneration capacity. EMBO J, 2 (12): 2143~2150

第五章　动物生物技术及其在食品生产中的应用

第一节　概　　述

人类比较喜欢食用肉、鱼、乳制品等食物，在工业化国家，某些畜产品（如牛肉、羊肉等）的消费量下降，取而代之的是其他肉类（如家禽类）的消费量有所增加。特别在一些发展中国家，食用肉的消费量增加被看做是个人财富增长的标志之一。大部分畜产品是极好的、平衡的蛋白质来源，可以提供维生素、金属元素（如铁）等营养物质，因此畜产品被许多营养学家认为是日常食品中基本的组成部分。畜产品可以制作成不同的食物，包括新鲜的、加工处理过的以及预先烹调的产品，这种食品加工行业是全球经济的活跃组成部分。尽管某些众所周知的疾病都与畜产品类食物有关（尤其是那些高脂肪类食品），有些环境问题也与畜牧业有关（比如，来自饲育场的肥料污染水资源）。但是为什么人类仍然还在食用肉类呢？答案或许有些难以理解：人类的基因决定人类是喜欢吃肉的，例如，当闻到叉烧肉的气味时，会分泌唾液，这种反应就是一个有力证明。

许多不同种类的动物均可作为食物，其中哺乳动物可分为以下两大类。第一类是反刍动物（牛、山羊、绵羊），这些动物特征之一是有一个瘤胃，瘤胃是反刍动物体内最大的一个胃，可以对所摄取的植物性饲料起储藏、浸润和软化等作用，并借助其内微生物（细菌和原生动物）的活动，进行发酵、分解，使反刍动物能充分利用食物中的粗纤维和非蛋白质含氮物（韦学玉和阎宏，2006）。第二类是单胃动物（猪），这类动物仅有一个胃间隔。

反刍动物依赖肠道内的细菌和瘤胃中的其他微生物来消化植物饲料中丰富的纤维素。瘤胃中含有许多相互依赖的微生物群落，这些微生物可以使许多动物都无法消化吸收的植物饲料转化为挥发性脂肪酸（如乙酸），然后被反刍动物吸收后作为可利用的能源和碳源。

除这些哺乳类食用动物外，某些禽类（如鸡、火鸡、鸭和鹅等）以及蛋类均为重要食用畜产品。在食用动物中鱼类是比较特殊的，主要在于野生鱼类资源与养殖鱼类（水产业）相比，具有更重要的食用营养价值。然而，水产业迅速发展，主要是由于全球鱼类资源受到破坏。过度捕捞、环境恶化（如向海里大量排放工业污水和生活污水），以及气候变化是造成某些鱼类资源急剧下降的主要原因。

生物工程在肉类、蛋类、乳制品和鱼类生产中发挥了重要的作用，特别是微生物生物工程在乳制品发酵生产中占有重要的地位，这种技术将在第七章论述。人工饲养的牲畜可能携带危险的如大肠杆菌 O157：H7 等的致病菌，因此微生物检测技术在畜牧场及屠宰场等环境中日益重要，微生物检测技术的应用将在第六章论述。本章将集中阐述转基因技术在改良食用动物方面所具有的巨大潜力。转基因饲料农作物与畜牧业也有密切的关系（如转基因大豆中肌醇六磷酸酶的含量显著增加，见第四章第五节）。

目前，转基因动物还未在食品工业中被广泛利用，但是这种现象将很快改变。1985年，中国科学院武汉水生生物研究所鱼类基因工程研究组研制出世界上第一批转基因鱼，建了由鲤鱼和草鱼基因组件所组成的，拥有全部自主知识产权的重组生长激素基因，即"全鱼"基因，并培育出快速生长的转"全鱼"基因黄河鲤鱼和不育三倍体"863吉鲤"。这种转全鱼生长素基因（growth hormone，GH）的三倍体黄河鲤鱼已通过中试，进入食品安全性评价阶段，预计在未来的几年中可以进入商品化养殖，可望成为第一例走上餐桌的动物源基因工程食品（胡炜等，2005）。此后的十几年中，许多国家的几十个实验室相继开展转基因鱼的研究工作，取得了令人鼓舞的成就。然而，转基因植物及转基因鱼均受到人们的强烈反对，这些反对的呼声主要来自反对生物工程的激进主义团体。另外，利用转基因技术改善动物类食品的研究正在如火如荼地进行，例如，导入钙激活酶基因，以改善牛肉的食用品质，使牛肉变得鲜嫩可口；导入乳糖酶基因，使牛奶中的乳糖含量下降，从而减少许多人对牛奶乳糖的不耐受反应，提高对牛奶营养的吸收利用等。转基因动物研究的另一热点是，利用转基因动物生产功能性食品。目前，欧美等发达国家在此领域已展开激烈竞争，许多全球最大的制药公司纷纷加入，InterNutria股份有限公司总裁认为"一种药物的开发时间需要10年以上和至少2.5亿美元的资金，而功能性食品只需几年和数百万美元的投入，并且利润丰厚"。

随着动物分子生物学的发展，转基因动物的研究已经取得巨大的成功，然而此项转基因技术在动物性食品工业中还未得到广泛应用。转基因鼠可以成为转基因技术研究中的有用工具，科学家利用它们可以增加、减少或者消除（敲除）特殊的基因，然后在动物生理学和发育生物学方面检测基因改变后所产生的影响。然而，当一个生物工程学家为了农业用途而开始研究转基因动物产品的话，研究路线就不同了。研究所获得的终产物必须是某些方面得到改良的动物。同时，这种改良不能对动物本身的健康产生不利影响，还要保证利用这种动物生产出的食品的安全性。转基因动物的一个缺点是较高的生产成本，转基因动物的生产要比转基因植物的生产更加昂贵，并且这种成本与动物体积的大小成正比。当然，生物工程公司已经不再资助转基因动物的研究，多数从事此项研究的专家学者在政府机构资助下进行研究。虽然在转基因动物的研究中投入了多年的时间和心血，许多生物工程学家仍不可避免地受到人们的批评。因此，目前几乎没有实验室专门从事食品工业转基因动物的研究和开发。尽管如此，转基因生物工程具有广泛的应用前景（表5-1）。在家禽饲养中，应加强对性别比率的控制，因为食用鸡肉加工的生产者基于食品的口感质量等因素，只选择公鸡进行后期加工，而不用母鸡；与之形成鲜明对比的是，蛋类生产者只用母鸡。如果生产者能够控制性别比率的话，可以提高利用率，避免资源浪费。然而，家禽学家们还没有破解控制性别比率的机制，因此目前还无法通过控制这种显性特征来培育转基因鸡（Perry，2002）。

表 5-1　在以动物为基础的食品生产中转基因生物工程的可能用途和问题

动物	转基因	目的	问题
反刍动物	生长激素	瘦肉，增强饲养效率	许多副作用
反刍动物	改进的乳蛋白质	改良的加工，改良的营养	工艺困难
鱼类	生长激素	快速生长	环境问题
家禽	?	控制性别比率	与未知基因有关
多种类型动物	病菌受体	疾病抵抗力	工艺困难，可能有许多副作用

资料来源：转译自 Perry，2002。

许多动物学家希望转基因技术在对反刍动物、单胃动物、家禽等动物中的传染性疾病的研究中得到应用，这可能成为控制病毒传播的一个有效的途径（例如，口蹄疫就是由病毒引起的）。许多动物病毒用常规的方法（如接种疫苗）很难控制，但是可以通过改变动物的基因使动物不再被感染。例如，病毒通过与特定的受体结合而进入宿主细胞，如果这些受体（通常是嵌入宿主细胞膜的蛋白质）能够被改变或者被消除，病毒就不能感染细胞。然而，这些细胞表面的蛋白质往往与动物的新陈代谢或生长发育有很大的关系，改变或者消除它们会使动物无法正常生长。

在本章集中阐述两种转基因技术的应用，这两种技术可对食品行业产生巨大的影响：可以大量产生生长激素的转基因鱼及乳中蛋白质得到改良的转基因哺乳动物。然后将阐述转基因动物的培育选择手段，即成熟体细胞的克隆和胚胎干细胞的使用。最后一部分是关于转基因生物和食品安全。

第二节　转基因动物的培育方法

转基因动物的培育方法主要有显微注射法、逆转录病毒载体法、精子载体法、胚胎干细胞介导法、体细胞核移植法等。

一、显微注射法

显微注射法由美国人 Gordon 发明，是目前应用比较广泛、效果比较稳定的培育转基因动物的方法之一。这一方法以受精卵为靶细胞，通过显微操作仪将构建好的目的基因注射到受精卵中（一般注射到受精卵的雄原核中），让外源基因整合到受体细胞的基因组中，由经过转基因操作的受精卵发育成新的动物个体（周卫东，2007）。

显微注射法的优点是转基因速度快，基因的长度也没有严格限制，不经嵌合体途径便有可能直接获得纯系，实验周期短，适用的动物物种广泛。首例表达人胸苷激酶基因、人生长激素基因的转基因小鼠都是利用这种方法获得成功的。按该方法，转基因兔、转基因绵羊、转基因猪、转基因山羊相继培育成功（周卫东，2007）。

显微注射法存在两方面不足：一是整合效率低，自问世以来，所获得的转基因动物不超过注射卵的 1%；二是不能定点整合，外源基因被注入原核后，其插入染色体是完全随机的，因此整合的位点、拷贝等均难以精确控制，这就大大影响了外源基因的表达及其遗传稳定性。同时随机整合也可造成较严重的插入突变，影响受体动物基因组的其他结构和功能。因此，研究人员尝试利用其他一些手段，例如，利用复制缺陷型的逆转录病毒作为载体、利用精子作为载体、利用整合外源基因的体细胞进行核移植（Cibelli et al., 1998)，利用小鼠胚胎干细胞进行基因打靶等。这些技术的运用在一定程度上能弥补显微注射法的不足，但并未根本解决这些问题。

二、逆转录病毒载体法

逆转录病毒载体法主要是利用逆转录病毒的长末端重复序列（long terminal repeat，LTR）具有转录启动子活性的特点，将外源基因连接到 LTR 下游进行基因重组后，再包装成为高滴度病毒颗粒，去直接感染受精卵或显微注入囊胚腔中，携带外源基因的逆转录病毒 DNA 可以整合到宿主染色体上，从而将其所携带的外源基因插入染色体（周卫东，2007）。

由于逆转录病毒的高效率感染和在宿主细胞 DNA 中的高度整合特性，因此可以大大提高基因转移的效率。Jaenisch（1976）以鼠莫氏白血病毒感染附植前的小鼠胚胎（4～8 细胞）得到整合外源基因小鼠，并用回交方法证明这种整合外源基因的小鼠其外源基因的遗传遵循孟德尔规律，这一发现较 Gordon 的报道早 4 年；研究表明，宿主动物每一细胞整合外源基因的拷贝数为 1，整合位点是两个可能的整合位点中的一个。之后，利用该方法，Salter 等（1987）培育出转基因鸡，Haskell 和 Bowen（1995）培育出转基因牛。

由于大部分的逆转录病毒只能感染分裂的细胞，而核膜崩解发生在有丝分裂的 M 期，细胞分裂结束后又重新形成，因此逆转录病毒的整合只能发生在 M 期。用逆转录病毒来感染早期胚胎，而整合发生在发育的晚期，故产生的是嵌合体，只有部分细胞或组织获得外源基因。另外，整合往往在多位点发生，故其后代会出现遗传差异。处于 M Ⅱ 期的卵细胞核膜崩解，而且卵细胞停滞在 M Ⅱ 期的时间比体细胞 M 期长得多，因此 Chan 等（1998）设想用复制缺陷型逆转录病毒携带外源基因感染 M Ⅱ 期卵细胞，将大大提高整合率，且因为外源基因在卵细胞受精前就已整合，就避免了嵌合体的产生。他们用经过重组的携带外源基因的复制缺陷型病毒注入牛 M Ⅱ 期卵细胞的透明带下，然后进行体外受精，有 316 枚受精卵发育至桑葚胚，其中整合阳性的为 178 枚，占 56%，而注射到受精卵透明带下则整合率为 22%，原核注射只有 17%。随机选择囊胚进行胚胎移植，成熟卵细胞组共 10 枚移植给 5 头受体牛，最终产下 4 头小牛，均为转基因个体。而受精卵组共 12 枚移植 6 头受体牛，共获得 4 头小牛，其中只有 1 头为转基因个体。该方法能大大提高整合率，且技术难度不高，实验成本也较低，但改进后的方法仍存在三方面不足：一是携带外源基因的大小受到逆转录病毒颗粒大小的限制，一般小于 10 kb；二是会产生多位点整合导致后代遗传差异；三是逆转录病毒介导的转基因会影响外源基因表达（李劲松等，2000）。

三、精子载体法

精子载体法就是将精子与外源 DNA 进行预培养之后，使精子有能力携带外源基因进入卵中，受精后进行胚胎移植，这样产生的动物也会使外源基因得到表达（周卫东，2007）。

1971年，Bracket及其合作者就开始了精子介导外源DNA转移的先驱工作：将精子暴露于纯化的SV 40 DNA（H^3标记腺嘌呤）中后，在精子的头部检测到放射性物质，这表明异源DNA可以进入哺乳动物精子，而且精子能将外源DNA携入卵母细胞。1989年，Lavitrano等将小鼠精子与环状或线性的pSV-CAT质粒在等渗的缓冲液中孵育15min，之后用于小鼠卵细胞的体外受精，在受精卵2细胞期时移入受体鼠的输卵管。在受体鼠产生的250只小鼠中有30%的个体为转基因阳性，转基因不仅可以遗传给后代，而且后代尾组织和肌肉组织中 *CAT* 基因的表达水平十分可观（刘建忠等，1998）。随后不少实验室利用相似的方法但一直没能重复出这一结果。因此作为一种存在争议的方法，它的应用也受到了限制。Perry等在1999年将这这一方法进行了改进，他们通过去垢剂、冻融或冻干来破坏小鼠精子的膜，这就促使外源基因在与精子共孵育时能结合在精子表面甚至接触到高密度的精子DNA，然后将精子通过胞质内精子注射（intracytoplasmic sperm injection，ICSI）的方法注入MⅡ期小鼠卵细胞中，从而可以避免外源基因在胞质内被降解（Robel，1999），获得的胚胎有64%~94%表达外源基因；将桑葚胚或囊胚移至假孕母鼠体子宫内，产生的个体中有17%~21%携带外源基因。Rottman等也对上述精子载体法进行了改进，他们将外源DNA在与精子共同孵育之前用脂质体包埋，脂质体与DNA相互作用形成脂质体-DNA复合体。这种复合体比较容易和精子细胞膜融合，从而进入细胞内部。这种改进以后的精子载体法在转基因鸡的培育上获得了满意的结果。对12日龄鸡胚用Southern杂交法检测发现转基因阳性率为26%，最理想的一次阳性率高达92%。实验还显示外源DNA并未整合进宿主基因组，而是以附加体的形式存在于染色体之外（刘建忠等，1998）。

精子载体法涉及的基因转化方法简便、效率高；动物育种不经过嵌合体，实验周期短，尤其对于大家畜的转基因研究具有潜在意义。但该法和"受精卵显微注射"途径一样具有目的基因整合的随机性和无法早期验证修饰事件等不足之处（周卫东，2007）。

四、胚胎干细胞介导法

胚胎干细胞（embryonic stem cell，ES细胞）是早期胚胎经体外分化抑制培养建立的多能性细胞系，体外培养时保持未分化状态，并能传代增殖。ES细胞在发育上类似于早期胚胎的内细胞团细胞，当被注入囊胚腔后可以参与包括生殖腺在内的各种组织嵌合体的形成。ES细胞具有与早期胚胎细胞相似的分化潜能和正常整倍体核型两大特点，是研究哺乳动物个体发育、胚胎分化以及性状遗传机制的理想模型。在转基因领域，ES细胞是公认的研究基因转移、基因定位整合的一类极有前途的实验材料（刘建忠等，1998）。

胚胎干细胞法制备转基因动物的方法是：通过电穿孔等基因转化技术将DNA转入体外培养的ES细胞，并在体外经过适当的筛选和鉴定；然后将所得到的符合设计要求的细胞克隆，经过囊胚腔注射等方法注入受体囊胚，并将受体囊胚移植入假孕母体子宫继续发育产生嵌合体；再利用生殖系嵌合子代设计适当的交配育种，获得纯系转基因动物。该方法遗传改良能力强且十分精确、基因转移操作简便，具有良好的应用前景（周卫东，2007）。

Robertson 等（1986）用 mos-neo 逆转录载体感染 EK.CCE 系小鼠干细胞，当确定逆转录载体整合进干细胞基因组后，将每 10～12 个整合外源 DNA 的干细胞植入一枚小鼠囊胚期胚胎囊胚腔。在得到的 21 只小鼠中，20 只小鼠体细胞及生殖细胞中含有外源载体的序列，部分嵌合体小鼠可将外源 DNA 传递给 F_1 代。用这种方法培育转基因小鼠的阳性率接近 100%，因此极有可能得到稳定遗传的动物新品系。但截至目前，世界范围内只有小鼠干细胞的建系方法比较成熟，而大家畜干细胞系的建立方法目前还远不够成熟。

五、体细胞核移植法

体细胞核移植法以克隆技术为基础，先将外源基因导入动物体细胞，再以这些体细胞作为核供体，进行动物克隆。最近几年体细胞克隆绵羊、山羊和奶牛等相继获得了成功，标志着以转基因体细胞为核供体培育克隆动物具有可行性（童佳和李宁，2007）。通过体细胞核移植法生产转基因动物时，首先要将目标基因转移到体外培育的动物体细胞中，筛选出阳性转基因细胞并进行繁殖，制备出供移植用的细胞核供体。然后将转基因细胞核供体移植到去核的卵母细胞中，重构胚胎经过激活和培养后，移植到代孕动物中（周卫东，2007）。1997 年，在克隆羊诞生后不久，英国 PPL 公司的科学家 Schnieke 与罗斯林研究所的 Wilmut 等（1997）合作，通过体细胞核移植技术率先在世界上培育了表达人凝血因子 IX 的转基因克隆绵羊"波莉"（Polly）。

体细胞核移植法的突出优点如下。首先，可以减少受体动物的数目，使大量胚胎操作变成细胞操作，表现了强大的生命力。Campbell 将显微注射法同克隆技术生产转基因羊的效果进行了分析对比，证明使用克隆方法可以节省约 60% 的动物。其次，体细胞核移植法有利于使用定点表达基因技术，克服整合的盲目性、节约成本、提高效率。另外，该方法事先在细胞中进行基因转移和对阳性细胞进行筛选，简化了转基因动物生产的许多环节，节约了人力，具有很大的优越性。体细胞克隆技术近年来发展势头十分迅猛，但是核移植技术存在难度较大、成功率较低、克隆胎儿易流产、体细胞供体的长期培养等问题（周卫东，2007）。

第三节 转基因动物及其应用

转基因动物（transgenic animal）是指用人工方法将外源基因导入动物受精卵或早期胚胎细胞，使外源基因与动物本身的基因组整合，并随细胞的分裂而增殖，从而将外源基因稳定地遗传给下一代的工程化动物（陆得如和陈永青，2002）。现代转基因动物研究始于 20 世纪 80 年代初。原核期胚胎的显微注射是目前应用比较广泛、效果比较稳定的制作转基因动物的方法之一。Gordon 等（1980）首次报道用显微注射法获得转基因小鼠。Gordon 将 SV 40 的复制原点和启动子与疱疹病毒的 TK 基因插入细菌质粒 pBR322，然后将之注入受精小鼠的原核，并将经质粒注射后的胚胎植入假孕母鼠的输卵管。之后对出生的小鼠用 Southern 杂交法检测其基因组中是否含有注射基因的同源片段。在出生的 78 只小鼠中，有 2 只为转基因阳性。由于条件限制，Gordon 当时并未得到活的转基因小鼠。Palmiter 等（1982）利用 DNA 重组技术构建了牛的生长激素重组基因，用显微注射的方法，将其注入到了小鼠受精卵的雄性原核中，获得快速生长、最著名的转基因动物——"超级小鼠"，一种生长激素增强表达的鼠。这些鼠比非转基因同胞体型大 1 倍。"超级小鼠"的诞生，揭开了转基因动物研究的序幕，一个世界范围的转基因经济动物研究迅速兴起。这项研究的成功给科学家们带来了希望，有可能会培养出更多过表达生长激素的农业动物。到目前为止，已先后相继开展了兔、鱼、鸡、猪、牛、羊等经济动物的转基因研究，并取得了许多令人振奋的成果和进展。这样的动物具有更精细的瘦肉、更好的饲养利用效率（使饲料成分转变为动物成分的能力）以及更快的发育速度。利用这种技术所获得的转基因猪就具有这些优势，但是它们也易受影响形成畸形，特别是在骨骼发育过程中。这些问题可能与生长激素的增强表达有关，并不是由于转基因技术等原因造成的，因为通过生长激素对动物（如猪）的直接影响可以产生相似的畸形。由于这些严重的问题，具有过表达生长激素的转基因农业动物还没有被使用。有趣的是，这并没有使北美洲的一些肉类处理者停止在他们的食品上标记"无基因改良"，这是一种不合逻辑的做法，因为当前还没有商业化的可利用的转基因食用动物。

一、转基因鱼

鱼类是最重要的经济动物之一，也是人类食物的主要蛋白质来源之一。目前，由于环境污染对天然水域的破坏，以及人类的过度捕捞，天然的渔业资源已被严重破坏。鱼类的生产已经越来越依赖于养殖业。可以利用转基因技术改变养殖鱼类的生产性能和商品品质。鱼类具有一些比其他高等脊椎动物更适合于现代生物工程技术操作的特点。一是生殖力旺盛，性产物数量巨大；二是精子和卵细胞都是在体内成熟后排到体外，在体外受精和体外发育。发育条件要求简单，胚胎易于培养和观察。三是具有较大的生物学可塑性，其遗传改良的潜力优于其他的脊椎动物。因此，鱼类基因工程研究是动物基因工程研究中进行得比较深入和系统的。

1985 年，我国基因工程学家朱作言将人的生长激素基因通过显微注射法导入泥鳅的受精卵中，得到生长速度和个体都比对照组普通泥鳅大许多的超级泥鳅，在世界上第一次得到了外源基因表达成功的转基因鱼（朱作言等，1986）。自此以后，世界各国几十个实验室使用数种人工构建的外源基因和启动子在十几种鱼中进行了基因转移研究。这些鱼类包括鲤鱼、鲫鱼、泥鳅、鲑鱼、鳟鱼、大麻哈鱼、斑马鱼、青鳉鱼、罗非鱼、金鱼等，其中多例获得表达，有的还能遗传给后代。据报道，加拿大、新加坡、美国等的科学家合作，将大麻哈鱼的生长激素基因转移至鲑鱼的受精卵中，得到了比普通鲑鱼大 36 倍的特大型转基因鲑鱼（孙毅，2006）。

生物工程学家在生长激素过表达的转基因鱼的培育方面取得了成功，但此项技术对于鲑科鱼有很大的限制（大麻哈鱼和鲑鱼是对食品工业很重要的鲑科鱼）。转基因技术的应用意义就在于提高生产效率，这是影响大麻哈鱼水产行业最主要的因素。生产效率在很大程度上是由饲养效率决定的,但是也由生长速度决定。研究人员很早就知道对大麻哈鱼提供鱼类生长激素能加速其生长和提高饲养利用效率,因此,利用高浓度的内生生长激素(来自于内部)生产转基因鱼是个合乎逻辑的措施。由于大麻哈鱼生活周期中有两个截然不同的阶段,因此它们很难饲养。在初期,它们需要寒冷的淡水(生长速度缓慢)或者热淡水(这是昂贵的),经过几年这样的幼年饲养后,它们需要被转到盐水里,增加生长激素的浓度可以缩短幼年饲养期,从而降低了生产成本。

(一) 培育转基因鱼的方法

转基因鱼研究的主要目标是培育出生长速度快、个体大、抗逆性强、商品品质好的新型鱼类养殖品种,因此,通常将目的基因直接导入鱼的受精卵中。外源基因的导入方法有三种。一是显微注射法,用显微注射针将外源基因直接注入去膜的受精卵动物极隆起的胚盘细胞质中。由于鱼类的卵黄含量多,外源DNA不能直接注射到雄性原核里,因此注射的目标基因拷贝数一般要比较大。二是电脉冲穿孔导入法,将去膜的受精卵与外源DNA片段的溶液一同放入特制的电泳槽中,然后用前述的方法使外源基因进入受精卵。这一方法的优点是操作简便,可同时处理大量的受精卵;缺点是外源DNA的导入无定向性。三是精子介导法,将受精用的精液与待导入的外源DNA片段在4℃共同孵育30min,外源DNA片段在孵育的过程中被吸附在精子表面,受精时就能被精子带入卵细胞内(朱作言和汪亚军,1999)。

培育一个转基因动物的全部策略与培育一个转基因植物类似(第四章第三节)。研究人员克隆重要的基因,并且尽可能了解关于这个基因的信息。例如,对于编码所需蛋白质的DNA序列的了解,对于启动子、终止子及这个基因的调节区的了解都具有重要意义。将启动子和其他的基因元件与目的基因连接,此段DNA被线性化,任何其他的基因(如抗生素选择性标记基因)都被移除。这段线性DNA于是就被注射到刚受精的受精卵的细胞核内(对鱼来说注射到受精卵的细胞质中成功性较大)。被注射的DNA片段有时候能与某个细胞的染色体整合。这种情况对于多数动物来说,非常少见并且难以控制,因为整合机制尚未了解清楚。因此,在卵细胞的显微注射方面,很多尝试都以失败告终。对大麻哈鱼卵显微注射是相对直接的,部分原因在于较易获得这个物种大量的卵,用手或者利用显微操纵器的机械协助进行整个显微注射的过程。需要注意的是,在对核进行显微注射之前,无须把必需基因整合到载体(如质粒)上。但是,首先要将启动子与相应的目的基因相连,这一步骤称为构建。一旦胚胎发育为一个成熟个体,插入的基因很可能仅在某些细胞中是活跃的,这是由插入的染色体决定的(在不同的细胞类型中基因组的不同的区域被活跃地表达)。然而,这个特征是可遗传的,并且可以在培养几代之后获得纯合的转基因系。

科学家们在培育过表达生长激素的转基因鲑科鱼的早期研究中积累了很多经验教训。首先,生物工程学家将哺乳动物的生长激素基因和启动子应用于此项技术中。在许多例子中,这并不能导致生长激素的过量表达。原因并不清楚,但这可能与缺乏内含子从而引起不正确的mRNA加工有关。分子生物学家观察到,当内含子出现在转基因中时,转基因植物和转基因动物有时产生大量的异源蛋白质。

当来自鱼类的生长激素基因被插入携带强启动子的鱼类基因中时，目的基因可以高效表达（据推测还有正确的 mRNA 加工），这说明利用来自鱼的启动子比哺乳动物的启动子具有更好的效果。在转基因大麻哈鱼中能启动生长激素表达的启动子有：海洋大头鱼类防冻蛋白启动子和红大麻哈鱼金属硫蛋白-B 启动子。这些启动子在肝中活跃，这与仅在脑下垂体产生的天然生长激素产物有很大的不同（Perry，2002）。

（二）鱼类转基因的研究过程及面对的问题

鱼类转基因的研究经历了三个重要发展阶段。

1. 早期阶段

转基因鱼研究的早期阶段（1984～1988 年）的研究重点是探索和建立转基因鱼技术。在这一研究阶段最先选用的目的基因是人或哺乳动物的生长激素基因，选用的启动子是哺乳动物的金属硫蛋白启动子或 SV40、RSV 等病毒的启动子（孙毅，2006）。这样的选择是基于如下的理由：一是人类对许多动物，包括鱼类的生长激素的分子结构、化学性质、生理功能等都已有了比较深入的研究，很多动物的生长激素基因的序列都已清楚并被克隆，并用 DNA 重组技术构建了一些含金属硫蛋白（mMT）启动子的重组生长激素基因质粒，为进行各种动物的转基因研究准备好了现成的"导弹"；二是很多实验都证明了哺乳类和鱼类的生长激素注射到鱼体内后有明显的促进蛋白质合成的作用和促生长作用，这表明向鱼类转移生长激素基因，如果能够整合和表达，就会对鱼有促生长作用，产生经济效益；三是在探索研究阶段，转移的外源基因能否在受体鱼中表达还不确定，既然外源生长激素基因在"超级小鼠"中得到了表达，则用这种生长激素重组基因进行转基因鱼研究成功的可能性更大一些。

这一阶段，人们用这种重组生长激素基因成功地得到了转基因鱼，建立了转基因鱼的技术模型和技术路线。但是，这种转基因技术要应用于生产，还必须解决三个关键的问题。一是启动子的问题。早期转基因鱼的重组目的基因多采用哺乳动物的 mMT 启动子或 SV40、RSV 等病毒的启动子。已有的实验结果显示，其突出的缺点是表达效率低，对人类不安全，在生产上不实用。以 mMT 启动子来说，必须用很高浓度的重金属离子诱导，才能使转基因鱼中的外源生长激素基因表达。在未污染的正常水体中这种转基因鱼的外源目的基因不能表达。而在高浓度重金属离子的水体中饲养长大的鱼显然是不适合人类食用的。二是使用人生长激素存在的问题。早期转基因鱼所使用的是人类或哺乳类的生长激素基因。具有增强生长速度的转基因鱼对于消费者唯一可能的好处是价格，这抵消不了来自消费者的阻力，特别是在面对反生物工程力量的强力反对以及转基因鱼实例的不确定性时。对人类来说，含有人类生长激素基因的鱼要想作为食品存在两个障碍：一是食用的生理安全性不确定，含有人生长激素的鱼被人食用后，是否会对人的生理产生不良的影响；二是人们的心理承受能力问题，对大多数人来说，食用带有人类成分的转基因鱼对人性和人的尊严无疑是一个挑战；三是生态安全问题。从生态平衡和进化的角度来说，带有人类或其他哺乳动物生长激素基因的鱼类如果进入自然界会怎样影响生态平衡，朝什么方向进化，都是没有把握的。具有过表达生长激素的转基因鱼与野生型鱼相比生长更快，并且积累生物成分的效率更高。然而，这项技术并不完美。由于依赖转基因表达的水平，一些鱼可能产生肢端肥大症，这是一种使脑部区域的软骨额外生长的情形。在极端情况下这能降低鱼的生存能力。当生长激素中等程度表达时，肢端肥大症不会被观察到，但是与此同时生长速度的提高受到更多限制。在投入到商业化生产之前，这个问题一定要被解决。因此在向开放水体中放养转基因鱼时，必须有可靠的措施使其不能繁殖后代，以免对生态系统造成不可预测的破坏。

显然，要解决前两个问题，必须寻找新的、适合于在鱼类中表达的、对人类安全的目的基因和启动子，构建新的重组目的基因。这也是使转基因鱼能在生产中养殖而具有实用价值的关键（Perry，2002）。

2. 第二阶段

在第二阶段的研究中，鱼类转基因研究者都一致强调了构建"全鱼基因"（all fish-gene）的重要性。所谓"全鱼基因"是指构成重组基因的目的基因、启动子和增强子等调控元件，以及整合用的侧翼序列等全部都是从鱼类中分离来的。因此，人们潜心于鱼类目的基因、启动子等的研究和适合整合表达系统的重组体。经过近10年的不懈努力，现在已经研究清楚了草鱼的生长激素基因及调控序列、大麻哈鱼生长激素基因及调控序列、鱼类抗冻蛋白基因及调控序列等。已经构建了多种能在鱼类中整合和可控表达的"全鱼重组基因"。

第一个"全鱼基因"是由 DuS.T 等用鱼类抗冻蛋白启动子和鲑鱼的生长激素基因组建的。抗冻蛋白的启动子对鲑鱼的生长激素基因具有很强的启动转录作用，含有这种重组目的基因的转基因鲑鱼比对照的普通鲑鱼生长速度快4～6倍。我国学者朱作言根据我国的具体情况，在研究清楚草鱼生长激素基因的功能性结构、草鱼和鲤鱼β-肌动蛋白基因功能性结构的基础上，用草鱼的生长激素基因、鲤鱼或草鱼的β-肌动蛋白启动子、鲤鱼或鲫鱼基因组的"引导序列"作为两端的侧翼靶位整合序列，构建了能在鲤鱼和鲫鱼中有效整合和可控高效表达的"全鱼重组基因"。这种"全鱼"生长激素重组基因转移到鲤鱼和鲫鱼都显示了明显的促生长效应，比对照的普通鲤鱼或鲫鱼具有明显的生长优势，并提高了饲料转化率。转基因鲤鱼鱼苗经一年饲养，最大个体达到了2500g（Zhu et al.，1985）。

3. 第三阶段

由于"全鱼基因"的目的基因，启动子和插入序列都来自于鱼类，第二阶段研究的"全鱼重组基因"基本解决了转基因鱼的食用安全性问题和消费者的心理接受问题，但是转基因鱼在生产上养殖的生态安全问题仍没有解决。因此，在第三阶段，人们研究的重点转移到解决转基因鱼应用于大规模生产的生态安全问题。

许多环境保护论者和生态学者担心转基因鱼会从它们的水产工业区域逃走，从而产生不可预知的结果。反生物技术激进者表达的一个普遍担忧是，转基因鱼将胜过它们的野生亲属，因此会降低鱼类的多样性。然而，许多鱼类生态学家持有相反观点，他们预言转基因鱼和它们的野生亲属相比适应性将相对较弱。这种"适应性"指的是一个个体成功繁殖的全面能力。即使转基因鱼的适应性降低，它们仍能发挥有害的影响。以转基因大麻哈鱼为例，如果它们与野生大麻哈鱼杂交的话，它们可能将有害的基因带给野生大麻哈鱼。如果转基因鱼在交配过程中比野生鱼更成功的话，这个"特洛伊基因"结果有可能出现，但是生存能力降低。计算机模拟显示这能引起野生鱼数量的降低（胡炜等，2007）。

过表达生长激素的转基因鱼可能比野生大麻哈鱼有更好的适应性，这能取代野生大麻哈鱼，特别是大西洋大麻哈鱼，更是有灭绝危险的。任何逃跑的转基因大麻哈鱼带来的负面压力都是不可预期的。在对转基因鱼的风险问题进行评价时，面临的主要问题是，目前对于物种的基因型、适应性和环境间的相互作用还了解得不够全面。对风险问题的评价变得越来越复杂，增加一个单一的基因组分（基因＋启动子），会导致大量显性表型出现（表 5-2）。有些表型给转基因鱼带来了物种上的竞争优势，例如，增强的摄取食物的能力就是生存竞争上的一大优势。然而，摄取食物的能力增强的同时却伴随着游泳能力的退化，会增强转基因鱼的捕食敏感性。

表 5-2 通过引入一个生长激素基因改变鲑科鱼表型

表型	天性的改变	表型	天性的改变
生长速度	增加	头盖的形态学	反常
食欲和摄取食物的动机	增强	肌肉构成	增生增加
新陈代谢	速度增加	生活周期	缩短
游泳能力	降低		

资料来源：转译自 Perry，2002。

利用传统饲养方法选择性饲养快速生长的大麻哈鱼或者其他品种的鱼类，会同时存在转基因鱼逃逸到自然界的危险，要充分认识到这一点的重要性。当这些经过基因改造后的鱼一旦逃逸到外界，科学家无法再对其进行跟踪研究，会对自然界造成一种人为的生物入侵。转基因鱼带有特殊的基因序列，可以通过聚合酶链反应（polymerase chain reaction，PCR）和其他的技术对其加以鉴别（Perry，2002）。

综合这些赞成和反对鱼类转基因技术的观点，总结出一点就是：转基因技术一定要在生理学及生态学上保证将少量转基因动物逃逸到自然界中后所造成的危险后果降到最小。通过使用笼子、网等工具达到物理性的围堵，在生物学上的围堵也是可以做到的，或者利用化学方法使鱼不育，或者通过饲养操作产生不育的三倍体鱼。

因此，人们想到了将基因工程技术与细胞工程技术相结合，通过基因操作方法使放养的转基因鱼成为三倍体而完全不育。做到了这一点，便可以放心地将转基因鱼在任何水体中放养而不会对生态环境和鱼类的种质资源造成大的影响。

要培育出能用于大规模生产的转基因三倍体鱼，必须先培育出能够正常繁殖的四倍体鱼品系。培育四倍体鱼品系可通过染色体组人工加倍的方法来实现。根据鱼类发育的特点，鱼类受精后精子和卵细胞的染色体合并即成为二倍体，在染色体进行一次复制后便开始卵细胞的第一次分裂而形成两个二倍体的细胞；如果在染色体完成复制以后抑制受精卵的第一次细胞分裂，则可能使受精卵染色体加倍而成为四倍体（刘少军等，2001）。

有了能够正常繁殖的四倍体鱼品系后，培育转基因三倍体鱼有两种技术路线可供选择。一种是将目的基因导入四倍体鱼的受精卵，制备出转基因四倍体鱼并选育出纯合型转基因四倍体鱼品系，再用这种转基因四倍体与正常二倍体杂交，即可大量生产出转基因的三倍体鱼苗，供生产养殖之用。另一种是将目的基因导入到二倍体受精卵，培育并选育出纯合型转基因二倍体鱼品系，然后用转基因二倍体与四倍体杂交，也可大规模生产出供养殖用的不育的三倍体转基因鱼（刘少军等，2004）。

目前，我国鱼类发育与育种学者刘筠及其同事已经成功地培育出了有正常生殖能力的鲫鲤杂合型异源四倍体鲫鱼新品系（刘少军等，2001）。用这种四倍体品系与二倍体的鲫鱼和鲤鱼杂交所产生的三倍体鲫鱼和鲤鱼都是不育的（刘少军等，2004）。朱作言研究组与刘筠研究组合作，已经将重组的草鱼生长激素基因分别导入了四倍体鲫鱼品系和二倍体鲤鱼品系，得到了生长优势明显的转基因四倍体鱼群体和二倍体鱼群体，并已开始进行转基因鱼品系纯化和转基因三倍体不育可靠性研究的工作。很可能在几年之内，生产性能卓越、商品品质优良、食用安全而且不会有生态危险隐患的转基因鲫鱼和鲤鱼就将进入大规模生产。

二、转基因哺乳动物

与鱼类不同，哺乳动物都是体内受精和体内发育的。虽然现代发育生物学的技术已经使人们能够在体外的试管里完成受精的过程，但胚胎的发育必须在母体的子宫里进行。此外，哺乳动物每次所产卵细胞数目很少，有的每次只产一个卵，最多也只有十几个卵。因此，制备转基因哺乳动物的难度比制备转基因鱼类的难度要大。但哺乳动物的卵细胞也有一个比鱼类卵细胞优越的特点，即卵细胞的卵黄含量少，卵细胞透明度高，在进行外源基因导入时可以将目的DNA片段直接注射到受精卵早期的雄性原核里。减少外源DNA转基因哺乳动物的技术是以转基因鼠为模型发展起来的。因为小鼠的生殖周期短，繁殖率高，便于饲养和可以进行各种破坏性的实验操作。以转基因鼠为模型建立起来的转基因哺乳动物基本技术程序为：一是用催产素人工诱导实验动物排出成熟的卵细胞和精子，或人工诱导卵母细胞在体外发育为成熟卵；二是在体外进行体外受精得到受精卵；三是在显微镜下将重组体的目的基因注射到受精卵的雄性原核中；四是胚胎在体外培养到桑葚胚期；五是用非外科移植术将发育到桑葚胚期的胚胎，接种到已经准备好了的发情期代孕母体的子宫内，使胚胎发育成为有生活力的个体；六是对胚胎进行目的基因及其产物的检测，以确定是否为转基因动物。

在现阶段，培育转基因哺乳动物主要目的是利用其乳腺作为生物反应器，高效生产人类所需要的蛋白质药物。选择哺乳动物的乳腺来生产药物蛋白有这样几个原因：一是乳汁可以由乳腺不断地分泌，而且产量很高，长期收集不会对产奶动物造成伤害；二是将新的外源目标基因限制在乳腺的细胞内表达，产生的蛋白质和乳汁一起分泌出体外，因此一般不会对转基因动物的正常生理活动造成影响；三是乳腺分泌的蛋白质是通过正常的哺乳动物的乳腺产生和分泌的，而人类长期以来都有喝牛奶和羊奶的习惯，因此生产的药物蛋白更容易被接受；四是乳汁中含有的蛋白质种类相对来说比较少，因此分离纯化乳汁中的药物蛋白相对也就比较容易。虽然目前大多数的蛋白质药物可以用基因工程的方法在微生物细胞中产生，但利用哺乳动物的乳腺来生产人用的重要蛋白质药物会更方便、更经济和品质更高，因此也越来越受到人们的重视和将日益发挥更重要的作用（彭礼繁和罗光彬，2008）。

将目的基因限制在哺乳类乳腺中表达的方法是在目的基因的上游，用 DNA 重组技术连接一个只能在乳腺中特异地和高效地启动转录的强启动子。在这种启动子的控制和调节之下，目的基因就能在乳腺中可控制地高效表达，生产目的基因所编码的药用蛋白质。而在其他的组织中，这种启动子没有活性，也就不会使目的基因表达。

（一）转 基 因 牛

早在 20 世纪 80 年代，人们就清楚地认识到，利用重组 DNA 技术可以将特殊的基因转入哺乳动物体内，使其可以具有某些优良特性。这引发了众多向农业动物中引进新基因，或者进行基因改造的尝试。利用一些动物物种（如家禽）进行转基因研究，这项技术已经在实验室较好地建立起来。如果要把哺乳动物的乳腺作为生物反应器，奶牛便是首选动物，因为奶牛的产奶量很大，每只奶牛年产奶能力可达 1000L 以上，可以说是一个经济的生产蛋白质的大型生物反应器。1990 年 12 月，荷兰 Pharming 公司用酪蛋白启动子与人乳铁蛋白（human lactoferrin，hLF）的 cDNA 构建了转基因载体，通过显微注射法获得了名为 Herman 的世界上第一头转基因公牛，该公牛与非转基因母牛生产的转基因后代中，1/4 后代母牛的乳汁中表达了乳铁蛋白（李海燕等，2008）。利用转基因牛乳腺生产出医用蛋白，其成本是利用细胞培养生产的 1/10 000，可见其巨大的经济价值。

转基因技术可以改善牛乳或者其他反刍动物乳的与食品相关的特性（表 5-3）。这项研究具有许多重要的研究价值，有些是为了改进营养特性（如提高富含半胱氨酸的 α-酪蛋白的浓度），或者是降低变态反应（如减少或者清除 β-乳球蛋白，这是一种变态反应原）。总之，这些研究目的大部分集中在改进处理乳的特性上。例如，提高 β-酪蛋白浓度，使这样的乳能够在干酪制造过程中形成坚固的凝乳，并且牛奶中乳酪的产量与牛奶中 κ-酪蛋白的含量直接相关，转入一个超量表达 κ-酪蛋白的基因能够增加 κ-酪蛋白的产量（Brophy et al.，2003）。而向奶牛中导入一个乳糖酶基因并使其在乳腺中表达，则可能产生不含乳糖的牛奶，这将深受那些由于不能分解乳糖因而不能食用牛奶和某些含乳食品的人们的欢迎。

表 5-3 能够用转基因技术改进的乳的特征

特 征	效 果
人类溶菌酶	增强抗菌特性
人类乳铁结合蛋白	增强抗菌特性
增强的 κ-酪蛋白	增强乳的热稳定性
增强的 β-酪蛋白	改良干酪制造业
增强的 α-酪蛋白	改良营养质量
纤溶酶抑制剂的加入	进一步减少超热处理乳（UHT milk）的感官缺陷
β-半乳糖苷酶的加入	降低乳中乳糖的浓度
β-乳球蛋白的去除	减少变态反应
去饱和酶的添加	改进脂肪酸分布

资料来源：转译自 Perry，2002。

转基因技术还可以提高牛的抗病能力。2004年，日美联手利用基因工程手段培育出对疯牛病（牛海绵状脑病，bovine spongiform encephalopathy，BSE）具有免疫力的牛，这种转基因牛不携带普里昂蛋白或其他传染性蛋白。Donovan等（2005）将编码溶葡球菌酶的基因转入奶牛基因组，证明这种转基因牛乳腺中表达的溶葡球菌酶可以有效预防由葡萄球菌引起的乳房炎，转基因牛葡萄球菌感染率仅为14%，而作为对照的非转基因牛的感染率达71%。同研究组的Richt等（2007）通过基因打靶技术将牛的朊病毒蛋白基因（prion protein gene，PRNP）双位点灭活，获得了存活了两年以上的转基因牛。

与10年前相比，如今培育转基因牛是件非常容易的生物操作，这主要是因为改进了获得受精卵、促进受精卵成熟及受精卵体外受精的方法（图5-1）。α-乳白蛋白是人乳中主要的乳清蛋白，将编码人类α-乳白蛋白的基因转入奶牛体内，培育出转基因牛，这个例子的目的是利用转基因牛生产出与常规牛乳相比更近似人乳成分的牛乳。

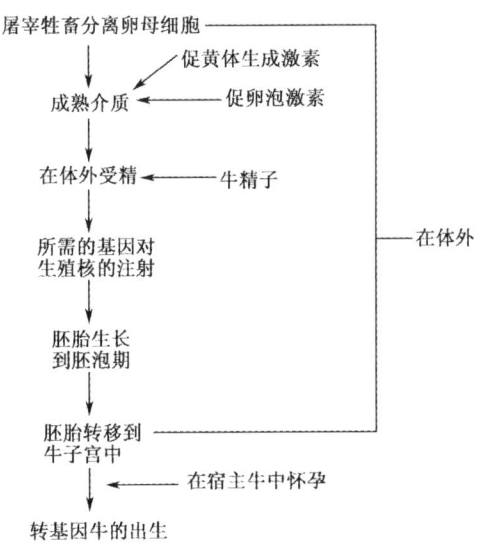

图5-1 通过对生殖核正面注射，将目的基因转入牛体内的过程（Perry，2002）

首先从新鲜屠宰的畜体中获得大量的卵母细胞（不成熟的、未受精的卵细胞），然后将这些卵母细胞置于一种成熟介质中孵育，这种成熟介质中含有牛促黄体生成激素和促卵泡激素。这些激素能诱导卵母细胞的成熟，这个过程是受精之前的必要步骤；最后利用取自于公牛的精子，对这些卵母细胞进行体外受精。

一旦卵母细胞受精后，就开始了胚胎的发育。这是转基因过程中至关重要的阶段。在受精卵开始分裂前，外源DNA必须要被注射到其中的一个生殖核中，以便在分裂前来自于精子和卵细胞的核能联合形成一个二倍体核。这是注射外源DNA的一个适宜的时机，因为如果DNA在稍后的时期——在细胞分裂开始之后被注射，胚胎中将只有一部分细胞会含有转基因。在适当的时机注入外源DNA后，胚胎的所有细胞和成熟个体中均将含有转基因。

在α-乳白蛋白的例子中，当DNA注入后，受精卵在一种介质中被孵育，这种介质类似输卵管的环境，受精卵最初的生长在输卵管中正常进行。7~8d 后，当胚胎发育到胚泡期（由细胞形成的中空的球状物）时，每个胚胎都被转移到母牛的子宫中。在妊娠（大约 39 周）结束后，小牛出生，检查外源基因是否存在。实验中经处理的个体中有 9 个（5 公、4 母）是转基因的，并且 6 个月后，其中的一个母牛经诱导开始泌乳。人类 α-乳白蛋白在它的乳中以 2.4 mg/ml 的浓度存在。

这个方案说明生产转基因牛非常昂贵。研究人员对 20 918 个卵母细胞进行了受精处理，然后他们给受精成功的 11 507 个受精卵注射了 DNA。这样形成了 1011 个质量较好并且处于恰当阶段可以在牛子宫中培育的胚胎。胚胎在 478 头牛中培育，其中 155 个成功怀孕，最终产出 90 头小牛。在这 90 头小牛中，9 个是转基因的。估计这种低成功率在近几年内不可能得到明显改善。然而，这个领域以往的经验证明，"惊喜"出现的机会是很难预测的（在 1997 年成熟绵羊细胞的克隆实验宣告成功，就是一个好例子）(Perry, 2002)。

此外，由于奶牛的产奶量与生长激素的调节有关，将牛生长激素注射到奶牛体内，可使奶牛的产奶量提高 14%，而且每升牛奶所消耗的饲料量有所减少。但通过注射进入牛体内的生长激素会不断地被分解，因此需要经常进行注射，而这种用于注射的牛生长激素的成本是很高的。如果将高水平表达的重组牛生长激素基因导入奶牛体内，就可能达到与注射外源生长激素同样的效果。

尽管转基因牛有很好的发展前景，但在目前的技术水平上要获得转基因牛，比获得其他的转基因哺乳动物更困难。关于这个现象有几个原因：一是获得转基因牛比获得其他转基因动物要更加困难，一般来说利用微注射法把外源基因注入精前核时要利用微分干涉相差显微镜 [differential interference contrast (DIC) microscopy]，DIC 显微镜能分辨羊和兔的精前核但是难以分辨猪、牛等的精前核，还需对它们进一步进行超速离心才可能分辨出，这就增加了操作的难度（许杰等，2006）；二是牛怀孕期长，从受精卵到小牛的产出差不多需要花费两年的时间；三是它们每次怀孕只产出一头小牛。这些因素使得生产转基因牛很昂贵，尤其为了产生足够的能养活的转基因个体就必须有大的畜群。而牛是最重要的食用动物，因此制备转基因奶牛的技术有待进一步改进。

由于这些技术问题，多数转基因牛的研究集中在生产用来治疗人类疾病的蛋白质。这个分子农场（药厂）对制药公司可能是有利的，因为如果要把哺乳动物的乳腺用作生物反应器，那么奶牛就可以成为转基因的首选动物。每头奶牛每年能产 1000L 以上的牛奶，平均 1kg 牛奶含 35g 蛋白质（许杰等，2006），在一些实例中，一头或者两头转基因牛产生的治疗性蛋白质，就足够供应一个 10 亿美元的市场需求。

（二）转基因绵羊和山羊

Hammer 等（1985）用显微注射法制备了世界上第一只转基因羊并取得成功。随后有关转基因羊获得成功及取得突破的相关报道逐渐增多，同时转基因羊的研制目的也从当初的转基因育种逐渐倾向于乳腺生物反应器（图 5-2）。

制备转基因绵羊和山羊的主要目的，也是利用其乳腺作为生物反应器生产药用蛋白。虽然绵羊和山羊的产奶量不如奶牛那么高，但每只奶羊每年也能生产数百升奶。而

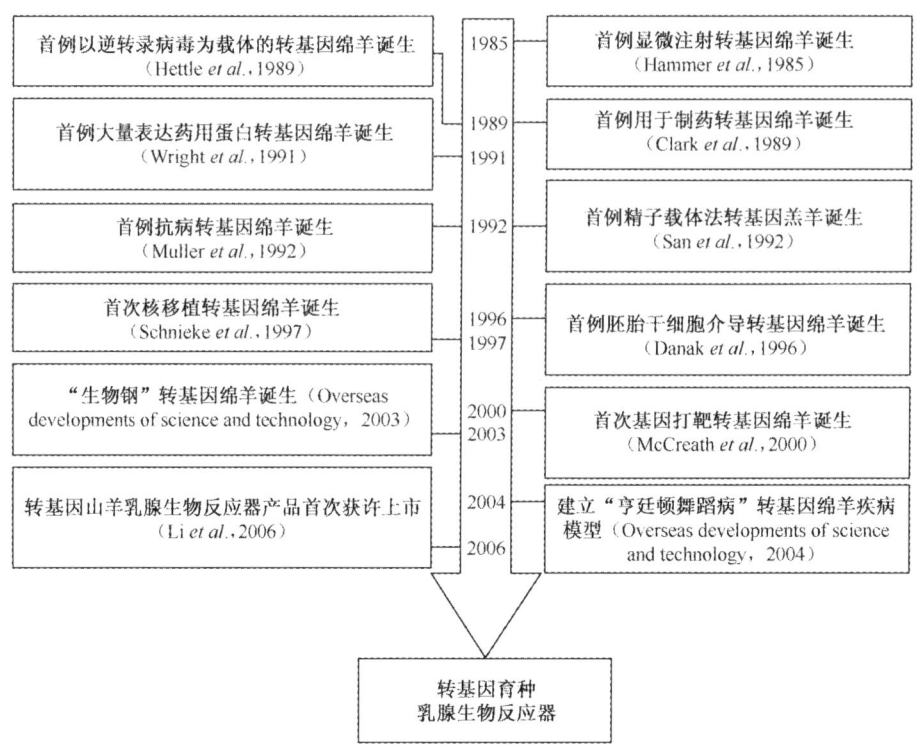

图 5-2 转基因羊研究中的里程碑事件及应用前景（崔文涛等，2007b）

且转基因羊比转基因牛容易获得。在目前的技术水平下，从转基因动物制作成本及难度等方面来综合考虑，用转基因羊来生产药用蛋白是最佳选择。

携带人类 α1-抗胰蛋白酶（α1-antitrypsin，α1-AT）基因的绵羊是这类转基因应用的实例。抗胰蛋白酶（antitrypsin，ATT）是治疗遗传性 ATT 缺乏症和肺气肿的重要药用蛋白。在美国大约有 10 万人遭受 α1-抗胰蛋白酶不足。在这种疾病中，反常的 α1-抗胰蛋白酶基因产生不能正常执行功能的蛋白质，导致炎症并且损伤肺细胞，这种对肺细胞的损害能导致肺气肿。一种可能有效的治疗方法是供给患者正常的 α1-抗胰蛋白酶。然而，足够数量的 α1-抗胰蛋白酶，不能够从天然资源获得。重组 α1-抗胰蛋白酶能够从酵母或者细菌中获得，但是在这种情况中，重组 α1-抗胰蛋白酶不具有正确的翻译后的糖基化。α1-抗胰蛋白酶在哺乳动物细胞系中能够产生，但是利用细胞培养获得充足的蛋白质产量被证明很困难。由于这些原因，生物工程学家试图制造能够产生人类 α1-抗胰蛋白酶的转基因动物。这个设想在 1990 年利用鼠实现了，并且在 1991 年，怀特等人首先将抗胰蛋白酶基因与羊的乳球蛋白启动子重组在一起，然后用显微注射的方法将其导入绵羊受精卵里，最终共获得了 4 只母绵羊和 1 只公绵羊。4 只母绵羊产奶期所产的奶中都含有抗胰蛋白酶，含量高达 1～35g/L。每只羊在产奶期可产奶 250～800L。可见利用转基因羊生产药用蛋白有着巨大的生产潜力和经济效益。可是至今，这些绵羊生产的重组蛋白质还没有应用到人类治疗中（逢越等，2003）。

2004 年，由中国军事医学科学院主持，山东农业大学、莱阳农学院等单位共同参与的国家"863"计划项目——动物乳腺生物反应器项目取得重大突破,首批 28 只转有组织型纤溶酶活因子(tissue plasminogen activator,tPA)的转基因羊,在山东省陆续降生。tPA 是目前治疗急性心肌梗死最好的溶血栓药物。从国外进口 tPA 的价格非常昂贵,由动物的乳腺生产出含有 tPA 的药物蛋白,价格就会大大降低(耿韶磊,2004)。

有些药用蛋白,如各种细胞因子,如果大量表达可能危害宿主动物,则应考虑使用诱导表达的启动子和乳腺特异性启动子。金属硫蛋白启动子是常用的诱导表达的启动子。在获得转基因羊后,当需要表达外源基因时,只要在饲料中添加适量的铁等金属成分,就可以诱导外源基因的表达。利用这种方法,人们已经构建了人的生长激素重组基因,将其转入绵羊的受精卵,得到了可在诱导下在乳腺中分泌人生长激素的转基因绵羊。

到目前为止,人们已经将人的凝血酶原激活酶、抗胰蛋白酶、凝血因子Ⅸ、生长激素、白细胞介素 2、尿激酶等重要的药用蛋白基因,与多种乳腺特异性启动子重组,培育了相应的转基因绵羊和山羊(表 5-4)。在这些乳腺特异性启动子的驱动之下,导入的目标基因都得到了表达,合成的药用蛋白都分泌到了乳汁中。由于这些外源目的基因都是在乳腺表达,而且合成的蛋白质都随乳汁分泌到了体外,因此对转基因羊都没有造成不良影响(张莉和杨静利,2007)。

表 5-4 转基因羊乳腺生产药用蛋白的研究阶段

产品	受体动物	用途	表达量/(g/L)	公司	研发阶段	潜在市场价值
抗凝血酶	山羊	动脉移植	14	GTC	获准上市	80kg/$5×10^9$
蛋白酶抑制因子	山羊	呼吸窘迫综合征	20	GTC	临床Ⅰ期	9000kg/$8×10^9$
蛋白酶原激活因子	山羊	肺栓、心肌梗死	6	GTC	临床Ⅱ/Ⅲ期	75kg/$7×10^9$
路易斯抗体	山羊	乳腺癌、肺癌	14	GTC	蛋白质纯化	800kg/$8×10^9$
抗癌抗体	山羊	结肠癌	0.5	GTC	提高表达量	300kg/$3×10^9$
胰蛋白酶	绵羊	肺纤维囊肿	12	PPL	临床Ⅱ/Ⅲ期	8000kg/$8×10^9$
血纤维蛋白原	绵羊	外科创伤	6	PPL	临床前期	750 kg/$5×10^9$

资料来源:摘自崔文涛等,2007b;引自美国商业交流公司、Genzyme 公司和 R&MD 医药投资发展报告。

通过转基因技术也能够提高羊的生产性能。1996 年,新西兰科学家 Damak 等将小鼠超高硫角蛋白启动子与绵羊的 IGF-Ⅰ cDNA 融合基因显微注入绵羊原核期胚胎,移植后生出 5 只羔羊,其中两只(一公一母)为转基因阳性。用转基因公羊与 43 只母羊交配,生出的 85 只羔羊中有 43 只(50.6%)为转基因阳性。羔羊在 14 月龄剪毛时,转基因羊的净毛平均产量比其半同胞非转基因羊提高了 6.2%,公羔羊产毛量的提高幅度(9.2%)高于母羔羊(3.4%);在毛纤维直径、髓质及周岁体重方面无显著差别(Damak et al.,1996)。1994 年,Powell 等(1994)将毛角蛋白Ⅱ型中间细丝基因导入绵羊基因组,转基因羊的羊毛光泽亮丽,其中羊毛脂的含量明显提高。

(三)转 基 因 猪

由于猪在解剖、组织、生理和营养代谢等方面与人类最为相近,因此国内外科学家纷纷将目光瞄准了转基因猪的研究。

世界上首次报道的转基因猪是 Hammer 等（1985）用原核注射技术得到的。猪的原核注射所用卵一般是经过超排收集的卵，由于转基因效率低下，需要大量的原核胚胎，但如果要靠超排收集卵则需要花费很大的人力、物力和财力（崔文涛等，2007a）。1991年，美国公司将重组的人珠蛋白基因，转移到猪的受精卵中，得到的转基因猪在血液中出现了人的血红蛋白。根据各种化学标准对这种血红蛋白进行检测，证明其与天然的人血红蛋白的性质完全一样。通过这些能高效表达的转基因猪来提供大量安全、廉价的血红蛋白，既可节约医药费，又能避免使用过期、有传染性（如肝炎、艾滋病等）的血液。Kubisch 等在 1995 年尝试用体外培养的卵细胞经过体外受精来获得原核胚胎，然后显微注射生产转基因胚胎。但由于他们并没有移植，因此体外生产的转基因卵细胞能否发育成个体还有待于进一步考证。此后，有很多人尝试了用原核注射的方法生产转基因猪，但技术上始终未获得突破性进展（崔文涛等，2007a）。

Park 等（2001，2002）用转染增强型绿色荧光蛋白（enhanced greenfluorescent protein，EGFP）基因的成纤维细胞和耳上皮细胞作核供体，获得了转基因仔猪。Lai 等（2002）把着床 35d 的猪胎儿组织剪碎培养获得纤维原细胞，用复制缺陷型逆转录病毒作载体，秋水仙碱处理供体核，通过核移植获得了转基因猪。Nagashima 等（2003）用猪的胎儿成纤维细胞作核供体，以体外成熟的猪卵母细胞作核受体，比较了核移植后电刺激和显微注射对胚胎发育的影响。结果显示，电融合效果比较理想。2004 年 6 月，日本静冈县中、小家畜实验场和北里大学合作，先在猪的体细胞中导入可合成绿色荧光蛋白的水母基因，取出细胞核后将其植入猪的未受精的卵中，制成胚胎后再植入猪的子宫内，成功地克隆出了体内含有水母基因的转基因猪。用紫外线照射刚刚诞生的转基因克隆猪，它的蹄子、鼻尖、舌头等部位都发出了荧光。DNA 分析显示，这头小母猪身上含有水母基因，研究人员确认这是一头转基因猪。有关人士认为，今后有望用编码合成干扰素的基因取代水母基因，以克隆出体内含有合成药物的转基因猪。日本的 Kurome 等（2006）首先采用单精注射技术得到的转人的血清白蛋白基因（human albumin，hALB）和水母的绿色荧光蛋白基因的转基因猪，然后又从其上取体细胞进行核移植得到了 6 只转基因的克隆仔猪。

器官移植已有一个世纪的历史，真正蓬勃发展只在近 40 年。目前同种器官移植已是有实用价值的医疗方法。同胞间、异卵双生子之间、父代与子代间、亲属及非亲属间的移植均属同种移植。移植用的器官来自活体或尸体，成双的器官如肾来自自愿献出一个健康肾的活体，多半为同胞或父母；而单一器官如心、肝等，尸体则是唯一来源。

任何器官的移植，包括脑在内，在外科手术上都已经不成问题。移植的主要障碍在于免疫排斥，使器官失去功能。一旦抗排斥治疗失败，便会导致前功尽弃。由于全世界每年仅肾、心和肝病晚期患者分别有 50 万、30 万和 20 万，器官总需求每年 100 万个，供体器官远远不能满足需要，科学家自然将目光转向了异种器官移植，尤其是器官大小与人相似、繁殖速度较快的猪。因此，有人设想用基因工程的方法改造猪的某些器官的抗原特性，以生产出用于人类医疗移植的器官，解决器官来源的问题。作为 21 世纪的研究热点，异种器官移植的传统方法，主要是用转基因猪生产适合移植用的器官（Perry, 2002)。

1992 年，英国科学家已将人的基因导入猪胚胎，导入的人基因使猪的器官与人的免疫系统相适应，免疫排斥较小。1995 年，美国学者把一头转基因猪的脑组织移入一位帕金森氏病患者的大脑获得成功，患者震颤消失。我国"863"计划和国家自然科学基金委在过去的 10 年中，也对该领域进行了较为全面的支持，中国科学院遗传与发育生物学研究所等合作单位培育出了转有人类 *DAF* 和 *CD59* 基因的转基因猪，并在灵长类动物中进行异种心脏移植试验（崔文涛等，2007）。由于猪的器官和人的器官大小相仿、形态相似、繁殖力强、成长迅速，因而其心、肝、肾、肺和其他器官均可供移植，转基因猪将成为人类未来的器官工厂。动物器官的异种移植将是 21 世纪器官移植的主攻方向。

继英国科学家培育出世界上首批转基因克隆猪之后，以留美中国学者牵头的科学小组日前宣布成功培育出基本不含"排斥基因"的克隆猪，从而迈出了异种器官移植道路上关键的一步。"基因敲除"的克隆猪之所以引人关注，不仅在于人类对异种器官移植寄予了厚望，更是因为科学家通过基因手段敲除了引起移植排斥反应的"祸首"———种特定基因，从而减少甚至消除了引起排斥反应的可能性。

2002 年 1 月，英国 PPL 医疗公司培育出了 5 只半乳糖转移酶（galactosyltranferase, GT）基因被"关闭"的新型转基因猪，标志着异种器官移植付诸实用的目的已经越来越近。*GT* 基因控制产生一种酶，这种酶使猪细胞表面产生一种糖类物质，当猪器官或细胞移植给人体时，人类免疫系统能识别这种糖，从而产生强烈的排异反应，把移植的器官或细胞视作外来异物进行攻击。这是目前猪器官不能应用于人体移植手术的主要原因。找到抑制该基因的方法，人们就有可能利用转基因猪大量"生产"适用于移植手术的器官。这 5 只仔猪是该公司设于美国弗吉尼亚州的子公司的研究人员培育出的，它们都是雌性。研究者认为，这是异种器官移植研究领域的又一重要进展，将给器官移植业带来一场革命。或许，通过异种器官移植来挽救人类生命的梦想已不会遥远。

PPL 公司的科学家预期，转基因猪在医学上的第一项应用将是生产制造胰岛素的胰岛细胞，以用于治疗糖尿病，有关临床试验最早可能在 4 年内开始。

把转基因猪作为生物反应器，生产稀有的、用其他方法不易得到的、有生物活性的人类药用蛋白，这方面的研究最具诱惑力和商业价值。Wall 等（1991）将小鼠编码乳清酸蛋白（whey acidic protein，WAP）的基因转移给猪，对获得的 3 头转基因猪的整个泌乳期的乳汁进行检测，结果发现鼠的 WAP 在奶中的浓度为 1g/L。同年，美国公司成功获得了能产生大量人血红蛋白的转基因猪，并于 1992 年向美国食品和药物管理局申报该新药。1994 年，Shama 等用同源 β_2-珠蛋白基因作启动子，连接人 β_2-珠蛋白基因组编码区，获得的转基因猪中高效表达了人的血红蛋白；高表达猪与非转基因猪繁殖的 12 头仔猪中，5 头为转基因猪并也高效表达了人血红蛋白。这表明通过转基因猪大规模生产人血红蛋白是可行的。William 等（1997）在转基因猪乳汁中获得人的蛋白 C（human protein C，hPC），与从人血浆中分离的天然 hPC 在生物学活性上一致。荷兰的 Lubon 等（1998）将人凝血因子Ⅷ基因导入猪，并在猪乳中表达，然后利用这种转基因猪生产人凝血因子Ⅷ，此项研究获得成功。2004 年，韩国的科学家将治疗脑血栓的人组织型纤溶酶活因子（tissue plasminogen activator，tPA）注入猪的受精卵中，成功培育出 4 头通过乳汁和尿生产能排除脑血栓治疗物质的生化猪（崔文涛等，2007a）。

我国在转基因动物乳腺反应器研究方面相对落后，但也开始了转基因猪生物反应器技术的研究。2000 年，我国郑新民等用显微注射法，生产出第一批能合成人血清白蛋白（human serum albumin，HAS）的转基因猪（崔文涛等，2007a）。

另外，还可以通过转基因技术提高猪的生产性能、增强抗病力，最终育成满足人们需要的高产、优质、抗病新品种。1994 年，德国成功培育出转入生长素的转基因猪，使世界上出现了壮如小牛的"超级猪"；并且通过建立人类疾病的转基因猪动物模型，揭示人类疾病的发病过程、机制及探索治疗途径。

三、转基因家禽

人们设想用转基因的方法来改造现有家禽品种的遗传特性，如提高鸡的抗病能力、提高饲料转化率、降低鸡蛋中的胆固醇含量和脂肪含量，以及改善鸡肉的品质等。还有人设想用鸡来生产药用蛋白。因为母鸡的输卵管会分泌大量的卵清蛋白，如果在这些分泌卵清蛋白的细胞中导入特异性表达的外源目的基因，所编码的药用蛋白就会分泌到卵清里，产蛋时排出体外，人们也就可以从鸡蛋中方便地分离到药用蛋白。

（一）转基因家禽的制作方法

1. 通过显微注射生产转基因鸡

通过显微注射生产转基因鸡有两种方法，一种是单细胞受精卵显微注射法。人们发现，将外源 DNA 注射到海胆、斑马鱼和爪蟾等脊椎动物受精卵细胞质中，当卵快速分裂时，外源 DNA 能暂时停留在染色体外复制，并可低频率地结合到染色体基因组中。受上述研究的启示，在体外将外源基因注射到单细胞受精卵细胞质中，经过体外培养后，成功地产生了转基因鸡。但是由于家禽的生殖系统不同于哺乳动物，这就使得把受精卵取出，并进行 DNA 显微注射再移植到母体内发育的这一哺乳动物原核注入法在家禽中行不通，且外源基因的整合是随机的，所以用此法获得非嵌合胚胎的可能性很小，Roslin 报道仅有 3.4%。这种整合的随机性还导致宿主染色体 DNA 发生大片段的突变，造成转基因家禽个体发育障碍甚至死亡。1988 年，Perry 成功地将鸡受精卵从单细胞开始在体外进行培养，直到孵化，此技术为在单细胞阶段进行显微注射生产转基因鸡打下基础（刘伟信和朱庆，1998）。此种方法取到一个受精卵需要宰杀一只母鸡，若操作失败，一个细胞的损失就相当于一只母鸡的损失，成本较高，并且受精卵体外孵化条件也很复杂，操作难度较大。另一种是受精卵原核注射法。我国李赞东等将脂质体包装后的质粒 pMiwz（含有报道基因 LacZ）注入囊胚期胚盘中，转基因获得成功，并证明囊胚期注射外源基因可以获得转染的原生殖细胞（primordial germ cell，PGC），并能够传给下一代。1993 年，Jamiee 等将带有报道基因的质粒 DNA 微注射入鸡受精卵的胚盘中，体外培育 12 天后分析成活胚胎，发现有近一半胚胎含有质粒 DNA。在所有组织分析中，有 6% 相当于每个细胞有一个拷贝。有 7 只小鸡（占注射受精卵总数的 5.5%）

存活至性成熟，其中一只未满一年的小公鸡将外源 DNA 传给其 3.4% 的后代，达性成熟并繁殖了子代转基因鸡。1994 年，Chhristine Mather 等用此法成功地获得了转基因鸡。同年，Naito 等将带 γ-肌动蛋白启动子的 β-半乳糖苷酶（Lac Z）基因用显微注射法注入单细胞阶段的受精卵胚盘中，263 个注入外源基因的蛋 4 日龄存活率为 48.7%，孵化率为 11.8%，得到 19 只公鸡、6 只母鸡，并达性成熟。取血液和精液进行分析，得到两只 DNA 阳性公鸡（刘伟信和朱庆，1998）。另外，Jamie love 等将带有目的基因的质粒 DNA 注射入鸡受精卵的胚胎中，体外培养 12h 后发现近一半存活，40% 胚胎中含有质粒 DNA，有 6% 相当于每一个细胞含有 1 个拷贝的外源基因，7 只存活至性成熟的雏鸡中的 1 只将 3.4% 外源基因传递给其后代。此种方法可以得到转基因嵌合体鸡，但转基因细胞的嵌合部位和嵌合程度不容易确定。

2. 鸡卵原始胚细胞的弹道转染

该技术最初应用于植物细胞的转基因操作，其中包括两大组成部分，即离子加速系统和离子包装系统。此种方法效率较高，并且由于用的是不同大小的钨离子，胚胎新月区下主要是卵黄蛋白，所以不必考虑投射弹的速度和穿入的深度。但是，由于此方法导入的 DNA 很难整合到鸡的基因组中，故遗传稳定性和传代性不强（王晓通等，2003）。

3. 逆转录病毒载体法

此法是利用病毒正常生命周期特征来感染家禽，从而导入外源基因并达到整合的目的。现在使用的病毒载体有两类，即复制完全型和复制缺陷型。复制完全型逆转录病毒包含全部结构基因，能自我复制，并能重复感染细胞；而复制缺陷型逆转录病毒缺乏部分或全部结构基因，不能自我复制，需在辅助细胞中繁殖。逆转录病毒载体法的整合效率比电穿孔和脂质体转染法要高。它的缺点是获得纯合体的转基因动物的机会少，病毒载体构建复杂，转入的外源基因的大小受到限制，还可能在转基因的同时带入病毒载体序列，所以目前主要停留在实验室阶段，还未广泛应用于商业生产（王晓通等，2003）。

4. 精子载体法

这种方法利用精卵结合的正常生理过程来完成外源基因的导入，具有简便易行、对卵原核无损伤等特点，但对精子的损伤是十分棘手的问题，并且整合度也不高。其具体分为脂质体介导精子载体法和精子细胞电穿孔法两种。

杜立新等曾对脂质体介导精子载体法作过探讨，其实验步骤大体包括：脂质体-DNA 复合的制备，mDm-His 法得到获能精子后进行人工授精、转基因鸡的检测。发现的问题是精子活力下降、外源基因表达率随胚胎发育而降低等。

精子细胞电穿孔法是促进 DNA 与动物精子结合的一种重要方法。它利用高压电场使精子质膜产生暂时性孔洞，从而使外源 DNA 比较容易地进入细胞内。钟家玉经研究发现，先让精子脱水后水化或者外源基因与精子混合温育后进行电脉冲，得出的阳性率都比仅仅将外源基因和精子混合温育大得多。先脱水后置于低渗液，精子会吸入低渗液，而正是这一过程使阳性率大大提高，外源基因非常可能随着低渗液进入精子（王晓通等，2003）。

5. 胚胎干细胞原生殖细胞操作法

当胚胎干细胞被注入 X 期囊胚后，可参与包括生殖腺在内的各种组织嵌合体的形成。通常利用逆转录病毒载体、电击法等将外源基因导入胚胎干细胞中，将有功能的转入基因整合到胚胎干细胞基因组内的非必需基因位点上，经筛选、培养后用于转基因鸡的生产（王晓通等，2003）。

（二）转基因鸡的应用

转基因鸡的研究在动物育种、生物制药等方面的应用价值，具体表现在以下几个方面。

1）加快数量性状基因座（quantitative trait locus，QTL）选择进程。在某些情况下，转基因家禽可以作为验证候选数量性状位点假设的一种方法。例如，已经通过某种分子标记从整个鸡的基因组中确定下了某几个位点中的一个或部分为某一性状的 QTL，这时就可以对这几个位点依次进行突变处理，然后根据表型逐个排除，最终确定主效基因。但是，进行突变或有巨大效应的单个基因插入到基因组后，可能会产生一系列不利的表型反应，如同在高选择强度下对单个性状选择时经常表现的那样，可能会给研究过程带来不便，如高死亡率、整体功能失调等，这些都会影响性状的表现。但是，随着基因组功能研究的深入，许多负表现会被克服，转基因方法可能会取代传统的选择方法。

2）提高肉、蛋的产量与质量。可以通过转基因操作将作用显著的激素和生长因子的基因导入鸡的基因组或对某些生产性能不利的基因进行剔除，从而大大提高其产量。例如，把反刍动物小肠细胞中的纤维素酶基因导入鸡的基因组，使鸡也可以分解草类饲料中的多糖，这样就产生了能够食草而产蛋长肉的鸡，并且增加了鸡的饲料来源。

3）进行抗病育种。应用基因剔除技术破坏鸡体内源的病毒受体基因，可以防止病毒侵入。也可以通过标记辅助选择技术找出与鸡的抗病特性相关的位点，然后进行 PCR 扩增，再通过适当的方法导入鸡的胚胎细胞，并使用酶切技术对其同源序列进行替换后进行胚胎培养，最后结合数量遗传学的方法进行抗病品系培育。

4）生产医用、保健蛋白。继乳腺生物反应器之后，转基因鸡生物反应器又成为新的热点。例如，通过转基因技术导入人和动物各种抗体的基因，用来防治人和动物的疾病；又可将 SOD 基因和人瘦素蛋白基因导入鸡的基因组中，用来生产化妆品和保健品。因为转基因鸡有其特殊的优越性，故利用转基因鸡生产药物的研究在国际上受到极大关注和重视，必将产生极大的经济与社会效益（王晓通等，2003）。

（三）面临的问题

用目前的技术直接培育转基因鸡的难度很大。鸡卵是体内受精，其发育过程比较复杂，在受精后很快被包裹上一层膜，然后在输卵管中包裹上大量的卵清蛋白，再被壳膜和坚硬的蛋壳封闭起来。在这一过程中，受精卵在不断地分裂，到蛋被产出时，已经发育到了原肠胚的早期。因此，难以用其受精卵进行外源基因导入的显微操作。即使外源基因导入成功，也难以将其移植到体内使其完成早期的发育过程。

虽然可以用经过改造的逆转录病毒载体把外源目的基因导入已产出鸡蛋的囊胚期细胞，培养出嵌合型的转基因鸡（即有的细胞和组织导入了外源目的基因，而另一些细胞和组织却没有），再经过多代连续杂交和选育后可能得到转基因鸡，但因为鸡是人的食用动物，用逆转录病毒载体存在食用安全性问题。此外，载体的容量有限，只能导入8kb大小的目的基因。显然，用逆转录病毒为载体的转导方法是不合适的。因此人们提出了用脂质体作为基因载体的设想。即从产出鸡蛋中取出囊胚细胞，利用脂质体包装外源DNA后转染囊胚细胞。将导入了外源基因的囊胚细胞再植入回囊胚腔中，得到嵌合型转基因鸡。这些含有外源基因的细胞可能成为生殖细胞，因此就可能产生出转基因后代。通过多代选择和连续杂交，即可能建立转基因鸡系。

第四节　克隆技术及其应用

一、概　述

克隆的意思是无性繁殖。在生物学术语里，克隆一词一般是指从同一个个体经过无性繁殖而来的、具有与母体完全相同的遗传基因的后代及由这些后代所组成的群体。克隆的本质特征是生物个体在遗传组成上的完全一致性。

对植物而言，克隆是指从体细胞直接再生出的新个体或从小枝条和芽直接再生成的新个体。在这种无性生殖中，新个体的产生不仅不需要经过受精过程，而且完全不需要生殖细胞参与作用。

由于所有高等动物的体细胞都没有发育的全能性，只有卵细胞才具有发育成个体的能力，因此对于动物而言，所谓的无性繁殖过程仍需要卵细胞的参与。故动物克隆是指不经过受精过程，由人工将体细胞核移植到去除了细胞核的卵细胞里，然后由体细胞核主导卵细胞发育而形成的新个体。

由于克隆的本质特征是生物个体在遗传组成上的完全一致性，所以也有人认为只要是从同一个个体繁殖而来的、具有完全相同的基因的后代，以及由这些后代所构成的群体就是克隆，而不管其是通过有性生殖还是无性生殖方式产生的。

德国科学家Spemann（1938）首次提出克隆设想。20世纪50年代，Briggs与King（1952）用豹纹蛙进行无性生殖的研究，采用的方法是"细胞核移植"。1955年，他们用这种无性繁殖的方法培育出了可以摄食的蝌蚪。但在以后的同类试验中遇到了挫折。Gurdon在前人研究的基础上，于1962年将非洲爪蟾幼体（蝌蚪）小肠上皮细胞核移植到核失活（紫外线照射）的非洲爪蟾卵细胞内，成功地培育出了健康的非洲蟾成体，证明了已经分化了的体细胞核的全能性。我国已故科学家童第周教授在60~70年代曾用鱼囊胚细胞进行细胞核移植，获得属间和种间移核鱼，被国际科技界称为"童鱼"，使我国鱼类核移植研究居世界领先水平。直到80年代，核移植技术即动物克隆才开始用于哺乳动物（陈大元，2007）。80年代，人们转而用胚胎细胞克隆哺乳动物，它是先将一个早期胚胎细胞的卵裂球分离，使之成为具有多个相同遗传基因的卵细胞，这样从一个品种繁殖出遗传基因一模一样的仔畜。1981年，Illmensee和Hoppe报道他们用小鼠的正常囊胚或孤雌活化囊胚的内细胞团细胞作为核供体，直接注入去掉雌、雄原核的受精卵胞质中，重构胚体外发育到桑葚胚或囊胚后移植至代母子宫，获得了克隆小鼠，这是在哺乳动物中的第一次报道。但其他的实验室一直无法重复出此项实验，所以对此怀疑。1983 年，美国科学家利用核移植技术结合细胞融合方法获得了克隆小鼠，此项结果才真正拉开了哺乳动物克隆的序幕。1986 年，英国 Wiladsen 用绵羊的 8～16 细胞阶段的胚胎细胞作供体进行核移植，首次应用电融合的方法克隆了一只小羊。此后其他科学家也相继成功克隆出了小鼠、绵羊、牛、兔、猪和猴等动物。

我国的克隆技术研究始于 20 世纪 60 年代，早在 1963 年，童第周等首次报道了鱼类细胞核移植，利用其自制的显微注射器成功地在金鱼的两个亚科上进行细胞核移植，在国际上首创核移植培育鱼类新品种的方法。在 80 年代末，我国开始了哺乳动物胚胎细胞克隆研究，90 年代是我国科学家利用胚胎细胞进行动物克隆的鼎盛时期，西北农业大学、中国科学院发育生物学研究所、中国农业科学院、江苏省农业科学院、东北农业大学、广西农业大学和湖南医科大学等科研单位的科研工作者相继以胚胎细胞克隆出了牛、羊、猪、兔及小鼠等几种动物（陈大元，2007）。以上这些克隆实验中所用的供核细胞均属发育中不同阶段的胚胎细胞。

1997 年 2 月 23 日，英国罗斯林（Roshilin）研究所的实验室里诞生了一只取名为"多莉（Dolly）"的小羊，这是第一次用成年体细胞作为供核细胞，此项实验的成功说明高度分化的成年动物的体细胞可在适当条件下发生逆转恢复全能性，这是生物技术史上具有划时代意义的重大突破，是克隆技术的一个里程碑，也改写了生物学的部分理论，并引发了一场有关生物技术应用与人类伦理的大讨论，上至各国政府，下至普通民众都因"多莉"的诞生而喜忧参半（陈大元，2007）。就在英国的克隆羊旋风般搅动世界舆论之时，美国科学家也宣布成功地利用胚胎细胞克隆出两只人类的近亲——猴。

小羊"多莉"之所以如此引人注目在于它独一无二、不同寻常的身世。它是由以 Wilmut 为首的研究小组从绵羊体内分离卵母细胞，并移去它们的核（这也就是去核）。然后将一个成年绵羊乳腺细胞的核转移到去核细胞中（这个步骤是通过与原生质体融合类似的过程完成的）。这些细胞在一种促进胚胎发育的介质中培养，并且产生的胚胎被移植到孕母绵羊中。小羊成功出生，从成熟体细胞中克隆的第一个哺乳动物出现了。这是一次革命性的事件，因为这说明了在哺乳动物中的细胞分化不是不可逆的。一个乳腺细胞核，当被放置在一个未受精的卵母细胞的细胞质环境中时，能够去分化并且形成一个具有许多不同细胞类型的胚胎；它也能够形成一个有功能的胚胎，这个胚胎的所有类型的细胞在适当的时间处于适当的位置。由于羊是与人类生殖特性和生理特性都极其相近的哺乳动物，因而多莉的诞生说明生物学家在试管里用生物学技术克隆人也是可能的。"多莉"生后生长正常，自然交配后生下了"邦妮"（Bonnie）。这说明体细胞克隆羊"多莉"具有正常的生育能力（李光华和叶绍辉，2006）。

克隆羊"多莉"的诞生在全世界掀起了克隆研究热潮，随后有关克隆动物的报道接连不断。1997 年 3 月，即"多莉"诞生后 1 个月，美国、中国台湾和澳大利亚科学家分别发表了他们成功克隆猴子、猪和牛的消息，不过他们都是采用胚胎细胞进行克隆，其意义不能与"多莉"相比。同年 7 月，罗斯林研究所和 PPL 公司宣布用基因改造过的胎儿成纤维细胞克隆出世界上第一头带有人类基因的转基因绵羊"波莉"（Polly）（Schnieke et al., 1997）。这一成果显示了克隆技术在培育转基因动物方面的巨大应用价值。美国夏威夷大学 Wakayama 等（1998）报道，由小鼠卵丘细胞克隆了 27 只成活小鼠，其中 7 只是由克隆小鼠再次克隆的后代，这是继"多莉"以后的第二批哺乳动物体细胞核移植后代。此外，Wakayama 等采用了与"多莉"不同的、新的、相对简单的且成功率较高的克隆技术，这一技术以该大学所在地而命名为"檀香山技术"。

"多莉"的核移植程序与"檀香山技术"主要有两个区别。其一，Wilmut 等是采用"饥饿"法培养供体细胞，供体核与去核的卵细胞进行电脉冲，促使融合细胞中遗传物质的重新程序化，并发育成胚胎；而"檀香山技术"将供体核显微注入去核卵母细胞后使之在其中停留 1～6h，其目的在于"给卵母细胞时间以改变供体 DNA，从而使发育所必需的基因能有效表达"。其二，克隆"多莉"时融合重组胚胎遗传物质的重新程序化和胚胎的激活都是电激法；而"檀香山技术"采用化学物质激活卵母细胞，主要是锶（Sr^{2+}）（激活液有 $5\mu g/ml$ 细胞松弛素 B，能抑制极体的形成）（李光华和叶绍辉，2006）。

1999 年 6 月，Yanagimachi 的研究小组又利用成年雄性小鼠尾尖的成纤维细胞为供核体细胞成功地克隆出了一只雄性小鼠，这也是第一只供体细胞不是来源于雌性生殖系统的雄性成年体细胞克隆动物，打破了哺乳动物克隆研究初期人们认为只有雌性动物才能被克隆的迷信。

与此同时，美国、法国、荷兰和韩国等国科学家也相继报道了体细胞克隆牛成功的消息。1998 年 5 月，美国科学家 Robel 的研究组利用胎儿成纤维细胞克隆出了 3 头牛，而且携带了转移的基因。1998 年 7 月，日本科学家 Kato 等用牛的输卵管细胞克隆出了 8 头牛（陈大元，2007）。日本科学家的研究热情尤为惊人，1998 年 7 月～1999 年 4 月，东京农业大学、近畿大学、家畜改良事业团、地方（石川县、大分县和鹿儿岛县等）家畜试验场及民间企业（如日本最大的奶商品公司——雪印乳业等）纷纷报道了他们采用牛耳部细胞、臀部肌肉细胞、卵丘细胞及初乳中提取的乳腺细胞克隆牛的成果。至 1999 年底，全世界已有 6 种类型细胞——胎儿成纤维细胞、乳腺细胞、卵丘细胞、输卵管与子宫上皮细胞、肌肉细胞和耳部皮肤细胞的体细胞克隆后代成功诞生。此外，同种体细胞克隆山羊、猪、猫、兔、骡、马、大鼠和狗也都相继诞生。在同种体细胞克隆研究中，所用供核体细胞均为高度分化的体细胞（陈大元，2007）。

我国体细胞克隆山羊、牛、猪和兔也都已获得成功。2000 年 6 月，中国西北农林科技大学利用成年山羊体细胞克隆出两只"克隆羊"，但其中一只因呼吸系统发育不良而夭折。据介绍，所采用的克隆技术为该研究组自己研究所得，与克隆多莉的技术完全不同，这表明我国科学家也掌握了体细胞克隆的尖端技术。

在不同种间进行细胞核移植实验也取得了一些可喜成果。1998 年 1 月，美国威斯康星大学麦迪逊分校的科学家们以牛的卵细胞为受体，成功克隆出猪、牛、羊、鼠和猕猴 5 种哺乳动物的胚胎，这一研究结果表明，某个物种的未受精卵可以同取自多种动物的成熟细胞核相结合。虽然这些胚胎都流产了，但它对异种克隆的可能性做了有益的尝试。1999 年，美国科学家用牛卵细胞克隆出珍稀动物盘羊的胚胎。同年，我国中国科学院动物研究所生殖生物学国家重点实验室将成年大熊猫体细胞作为供核体细胞移植到去核遗传物质的日本大耳白兔卵母细胞中，成功地构建异种重构胚，体外培养获得孵化囊胚。染色体分析和 DNA 检测均表明重构囊胚的细胞核遗传物质来自大熊猫，细胞质中含有大熊猫的线粒体。2001 年，将重构胚移植寄母子宫，着床成功。2003 年，在黑熊为受体的实验中发现了在子宫中存在异种大熊猫的早期胎儿（陈大元，2007）。

2000 年，Lanza 从自然死亡的濒危牛上取材并培养了皮肤成纤维细胞作为供核体细胞，移入普通牛卵母细胞的透明带下，经电融合构建的重构胚移植后，受体最长怀孕至 202 天流产，微卫星分析证明所有克隆牛胎儿的基因型均与供体细胞一致。2001 年 10 月，*Nature Biotechnology* 上报道了异种体细胞克隆濒危哺乳动物——欧洲盘羊的成功。Loi 等将死亡的欧洲盘羊的颗粒细胞移入盘羊的卵母细胞构建异种重构胚，移植受体后获得一头正常的体细胞克隆欧洲盘羊（陈大元，2007）。这些成果说明克隆技术有可能成为保护和拯救濒危动物的一条新途径（李光华和叶绍辉，2006）。

近年来，人们提出了治疗性克隆的概念。治疗性克隆是哺乳动物体细胞克隆技术和胚胎干细胞技术相结合的产物。在器官移植和组织细胞移植治疗疾病的过程中有两大障碍：一是免疫排斥；二是供体来源。治疗性克隆的具体思路是利用患者自身的体细胞做供体，经核移植后得到克隆胚胎，在从发育到囊胚阶段的克隆胚胎中分离出胚胎干细胞（ES），再将 ES 诱导分化成所需要的细胞、组织或器官类型，然后移植给患者。这样就解决了免疫排斥和供体来源的问题（彭礼繁和罗光彬，2008）。

治疗性克隆的概念一经提出，便有了迅速的发展。2000 年，Munsie 等首先获得了小鼠颗粒细胞的 ES。不久，Kawase 等获得了胎鼠细胞的 ES。2001 年，Wakayama 等获得了 35 株小鼠的颗粒细胞和鼠尾细胞的 ES。2002 年，Hochedlinger 等获得了来自 T、B 淋巴细胞的 ES。2002 年，Rideout 等获得了一个来源于基因敲除导致免疫缺陷的小鼠的 ES 系，他将该 ES 细胞的突变位点经过基因打靶修复后，诱导分化成造血干细胞，然后移植给该位点发生突变的小鼠，部分地改善了突变小鼠的免疫系统的功能。这是治疗性克隆能够实行的一个很好的例证（彭礼繁和罗光彬，2008）。

二、克隆的基本技术程序

高等动物的体细胞虽然具有个体的全部遗传基因，但都没有发育的全能性，不能单独发育成为一个完整的个体。因此，要想通过无性繁殖制备与母体在遗传上一致的克隆动物，必须借助卵细胞的发育能力，将母体体细胞的核与去核卵细胞的细胞质人工重组。所以制造高等动物克隆，特别是哺乳动物克隆的难度非常大，技术程序也非常复杂。其工作内容包括四大方面：一是供体细胞的准备；二是受体去核卵的准备；三是细胞核移植或核质重组（也称核质杂交）；四是克隆动物胚胎的培养（韩建永和桑润滋，1999）。下面结合克隆羊的诞生，简略地介绍以上的细胞核移植和胚胎培养方法，即以体细胞复制母体的基本过程（图 5-3）。

（一）准备供体细胞

动物的胚胎细胞是尚未分化的细胞，这种细胞的核具有遗传上的全能性。用这种胚胎细胞作为细胞核移植的供体，重组的移核卵可以发育成完整的动物个体。但是胚胎细

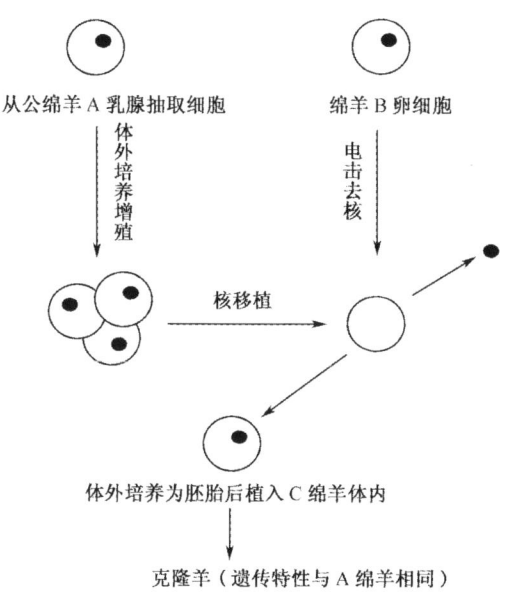

图 5-3　克隆羊示意图（吴坚，1999）

胞是通过受精以后由受精卵发育而来的，因此，除非是同一纯系动物的精卵结合，一般胚胎细胞的遗传基因是不会与母体一致的，用这种胚胎细胞作为供体一般不会得到与母体遗传相同的克隆动物。但用同一个胚胎的细胞作为供体移植到多个去核卵中，可以得到多个遗传上完全相同的、互为克隆的个体。

要得到母体的克隆个体，必须取母体的体细胞作为细胞核供体。动物的体细胞是高度分化了的细胞，这种细胞的核虽然仍然具有全部的遗传基因，但在正常情况下不具有遗传的全能性，必须要经过人工脱分化处理遗传上的全能性才有可能恢复。由于已分化了的高等动物体细胞要恢复遗传全能性非常困难，其是否保持遗传全能性一直是生物学界长期探索的问题。Wilmut 用羊的乳腺细胞核作为供体得到了克隆羊"多莉"是哺乳动物体细胞可以恢复遗传全能性的第一个证明。他所发明的体细胞脱分化方法，也正是他在生物学技术上的创新之处和重要之处。其脱分化的处理程序是取 6 岁芬兰母羊的乳腺细胞，在含 10% 血清的正常培养基中培养 3～6 代以后，转入血清浓度为 0.5% 的低营养培养基中培养。在饥饿状态下，大部分的乳腺培养细胞死亡，小部分的培养细胞转入静止期而实现了脱分化。这种转入脱分化状态的乳腺细胞，即可作为合适的细胞核提供者用于核移植（Campbell *et al*.，1996）。

（二）准备去核卵

用于作为细胞核移植受体的卵细胞必须是已经成熟且进入了雌性输卵管里的卵细胞。高等哺乳动物每一次正常的产卵量一般很少，有的甚至每次只产生一个成熟卵。为了在实验时适时地得到较多的成熟卵，一般用人工催产诱导超数排卵的方法。

在威尔穆特克隆羊的实验中，他们选择了产卵量比较大的苏格兰黑面母羊作为供卵者。将促性腺激素释放激素注射入羊体内，在注射 28～33h 以后，即可从母羊输卵管里取出数个处于适当成熟度的卵细胞。将取出的卵细胞在无菌条件下转移到人工培养液里，在显微镜下，通过精细的显微操作吸出卵细胞里的细胞核（染色体），即制得了可用于接受体细胞核的无核卵细胞。由于成熟卵在体外保持适当成熟度的时间很短，因此取卵和去核的时间应尽可能短，去核操作要尽可能准确和少损伤卵细胞的结构。去核以后使卵细胞在培养液里恢复创伤后即可进行核移植（Campbell et al., 1996）。

（三）细胞核移植到去核卵中

用体细胞复制或克隆母体动物，必须将体细胞的细胞核移植到卵细胞里，依靠卵细胞的细胞质来调节体细胞核基因的表达。

细胞核的移植可用显微注入的方法，也可用融合的方法。在克隆羊多莉的实验中，移植是用融合法实现的。在显微镜下将已脱分化的单个乳腺细胞注射到去核卵细胞及外包的透明卵黄膜之间的空隙里，在合适的电融合液里经电泳和电脉冲处理，使体细胞与去核卵细胞融合。因卵细胞相对很大、体细胞相对很小，在融合后体细胞的核便进入到卵细胞里（Campbell et al., 1996）。

（四）胚胎移植与培养

移核卵转入到培养基中培养或植入到临时受体——母羊的输卵管中培养。供体的细胞核在受体卵细胞细胞质的启动下主导移核卵的发育与遗传。大约经过7天移核卵发育到多细胞的桑葚胚期。此时便可以通过胚泡移植手术将克隆胚胎植入到代孕的受体母羊子宫里生长发育。在60天后，每两周用超声波检查一次胚胎的发育情况，直到克隆羊出生（Campbell et al., 1996）。

核移植是否成功受以下几个关键性因素的影响。

1) 取决于供体细胞核与受体卵细胞之间在分裂时相上是否比较一致。在正常的受精卵发育过程中，细胞核和细胞质均按一定的时相顺序同步发育、相互协调。而由人工配合的核质杂交细胞的细胞核和细胞质分别来自两种不同的细胞，各自所处的分裂周期时相在外表上无法准确区分（特别是供体细胞）。因此受体和供体分裂时相的配合在很大程度上只能是随机的。当受体去核卵细胞与供体细胞核处于细胞周期的同一时相时，核移植成功的概率最大；如果二者的细胞周期时相差异很远，则成功的可能性很小。而在细胞的周期选择方面，无论是供体还是受体细胞，均以尽量选择 G_2 期的效果为较好。

2) 核移植实验能否成功还与卵细胞中一类叫促成熟因子（maturation promoting factor，MPF）的蛋白质的活性有关。实验表明，促成熟因子的活性高可促使核膜崩解。而核膜的完整性对控制DNA的复制至关重要。如果能维持核膜的完整性，则细胞核内的染色体就能正常复制，从而可以保证融合细胞具有正常倍性的染色体。因此核膜的崩解显然不利于融合卵染色体的正常复制。促成熟因子活性的高低是与卵细胞的成熟程度密切相关的，成熟度低的卵细胞里促成熟因子的活性高；过成熟的卵细胞里促成熟因子的活性虽然低，但卵细胞的发育能力也大幅度下降了，因此也不利于融合卵的发育。所以受体卵的适当成熟度对融合卵细胞的发育潜力会产生明显的影响。

3）卵细胞中的各种发育信息对核移植能否成功起决定性作用。在卵细胞发育的过程中，母体的基因转录和翻译出多种 RNA 和蛋白质等信息分子，而且这些信息分子按照一定的模式呈区域性分布。这些信息分子及它们的分布模式共同组成了控制个体早期形态建成的发育信息。融合卵里的体细胞核只有在这些发育信息的调节下重新编码，其遗传基因的表达程序才能正确地主导克隆胚胎的发育。因此，在进行卵细胞的去核和核移植操作时，应尽可能减少卵细胞结构的损伤。

4）供体细胞的分化程度对融合卵能否正常发育也有重要影响。分化程度越高的体细胞在移植入卵细胞以后，被重新正确地编码基因表达程序的可能性越小。这也是多年来人们对高等动物高度分化的体细胞是否具有遗传全能性一直存在争议的主要原因（Perry，2002）。

三、克隆技术的应用价值

克隆羊"多莉"的诞生，证明了已分化的高等动物的体细胞仍然具有潜在的遗传表达全能性，也证明了用现代生物技术进行高等动物甚至人类复制或克隆的可能性。但是"多莉"在遗传及生理上并不是与母体完全一样的克隆。

任何一个高等生物的细胞或个体都有两套独立的遗传系统。一套是由细胞核里的全部基因构成的遗传系统，这是主要的遗传系统，负责生物体结构和细胞绝大部分的生命活动。另一套是由细胞质里的线粒体和叶绿体的 DNA 构成的细胞质遗传系统。植物的细胞质遗传系统有线粒体和叶绿体两种，动物的细胞质遗传系统只有线粒体一种。细胞质遗传系统与细胞核遗传系统有着密切的关系，但是线粒体和叶绿体 DNA 上的基因是细胞核的染色体上所没有的，因此细胞质遗传系统的功能不能由细胞核遗传系统来代替执行。由于动物的精子不为后代提供细胞质，所以高等动物线粒体是通过母系的细胞质来遗传的，即其后代的所有线粒体都是来自于母亲，与父亲无关。

克隆羊"多莉"的细胞核来自芬兰母羊，细胞质来自苏格兰黑面母羊，所以"多莉"是芬兰母羊的复制体；但多莉的细胞质与芬兰母羊是不一样的，以后进行的线粒体 DNA 分析也确认了多莉的线粒体是来自苏格兰母羊，所以"多莉"在遗传上并不是与细胞核供体母羊完全一样的复制体。由于线粒体在细胞生命活动中具有极其重要的功能，与许多生理活动密切相关，因此"多莉"在生理上与其母体也会有明显的差别（周沼萍等，2000）。

但是"多莉"的诞生的确显示了用生物学技术复制与母体完全一样的个体的可能性。如果接受体细胞核的移核卵与体细胞是来自于同一个个体，则所得的复制体的细胞质与细胞核里的基因都与母体是完全一样的，这样的克隆才是母体真实的复制品。

尽管如此，由于动物的体细胞的最多分裂次数是有限制的，而且每一次分裂都会在其染色体上留下年龄标记，这种母体的真实复制品的生理年龄，也可能与它的实际出生年龄会不一致，即克隆动物个体可能出现早衰现象，对"多莉"所进行的生理检测似乎也表明正是如此。所以通过成熟体细胞克隆所得到的生物体，与通过正常两性生殖产生的生物体在生存能力上可能会存在差别。

植物克隆的制备是非常简便的，实际上植物的克隆技术很早以前便已应用于优良品种的繁殖，例如，起源于澳大利亚的格兰尼·史密斯苹果就是克隆的产物。在 19 世纪，澳大利亚的一个庄园里有一株苹果树所结的苹果特别的好，如果将这株苹果树的一些芽取下来，嫁接到一些砧木上，就可以培育出许多新的苹果树。由于这些新苹果树与原来那株苹果树是完全一样的，所以也能结出同样好的苹果。这些新苹果树就是原来那株苹果树的克隆。这种克隆过程一代又一代地进行，产生了今天仍然种植在许多苹果园里的成百万株格兰尼·史密斯苹果树。事实上，在水果种植业中，许多优良品种都是以这种克隆技术进行繁殖的（Perry，2002）。

今天，人们应用的植物细胞和组织培养技术、人工诱导分化及动物克隆技术的成熟，将为珍贵、濒危动物的保护提供有效的选择手段，在保护物种的多样性和生物基因资源方面可以发挥不可替代的作用（韩建永和桑润滋，1999）。例如，我国的白鳍豚、大熊猫都是非常珍贵的濒危动物，尤其是生活在我国长江的白鳍豚，因人类的发展对其生活环境的破坏和干扰，多年来已经很难在长江水域见到，唯一一条人工饲养的雄性白鳍豚已将进入老年却仍未找到配偶，如仍不采取有效措施，白鳍豚这一珍贵物种的灭绝已为期不远。在此严峻情况下，应用动物克隆技术，培养和保存白鳍豚的体细胞，用其相近的水生哺乳动物江豚的成熟卵作为核移植的受体，进行异体细胞核移植，将有可能培育出白鳍豚的克隆，使这一人类的朋友和珍贵的基因资源免于灭绝。

动物克隆技术也可在优良动物品种的快速繁殖和推广应用中发挥重要作用（韩建永和桑润滋，1999）。当用基因工程技术培养出了能生产重要蛋白质药物的动物时，为了尽快将其应用于生产或要扩大生产规模，就要使这种表达了优良性状的转基因动物快速增殖。用自然有性繁殖的方法需要等到这种转基因动物性成熟后才能进行，花费时间长；而且人工导入的外源目的基因在进行减数分裂和传代的过程中会按照遗传规律分离，甚至在传代过程中丢失，因此所繁殖的后代很大一部分可能不是所需要的。应用成熟体细胞克隆技术，则可以复制出与母体一样的克隆群体。由于新的个体是通过有丝分裂产生的，其遗传物质与母体一样，所以也具有与母体一样的生产性能，这样既节省了时间，也节省了人力和物力。

成熟体细胞克隆技术还可应用于人体器官培育，极大地推动了人体组织和器官人工培育技术的发展，并使这种技术能进入实际应用中（韩建永和桑润滋，1999）。现在用于移植的器官还只能取自于异体，故在器官移植中存在两大问题：一是器官只能来源于个人捐献，每一个人只有一套必需的器官，正常的人不能以伤残自己的身体而捐献器官，因此可用于移植的器官非常少；二是即使有了可用于移植的器官，也还必须考虑器官移植中的异体免疫排斥反应，除眼睛角膜移植外，其他器官移植成功并长期维持正常运转的可能性很小。如果能应用成熟体细胞克隆技术，用患者自己的体细胞来培育和生产用于移植的器官，则可以在根本上解决上述两方面的问题，使人类的愿望成为可能。当然，这一愿望的实现还有赖于胚胎干细胞培养技术和人工诱导定向分化技术的发展。

成熟体细胞克隆是一种可以用来克隆人类的技术，因此这是一项备受争议的生物技术。然而，成熟体细胞克隆有许多有较少争议的应用，它们从理论上是可行的，例如，利用哺乳动物细胞的原代培养物作为发育中胚胎基因组 DNA 的来源。在这个例子中，卵母细胞将被去核并且被一个来自于原代培养的核所代替，原代培养物可以从许多成熟组织中得到，并且它们通常可以被培养出许多代（从一个瓶中移到另一个），这意味着基因定向是可能的。随后采用的对转染细胞的挑选方法和用在胚胎干细胞中的方法是同一种，同源重组的步骤也能用于原代培养物。成功转染了外源基因的细胞核可以移植到去核的卵母细胞中去，继而进行胚胎培养。

2000年6月，《自然》上发表的一篇文章记述了利用这种方法进行的成功的基因定向。人类 α-抗胰蛋白酶基因被插入绵羊基因组中一个原骨胶原基因的末端（图 5-4）。之所以选择这个特别的原骨胶原基因，是因为它在绵羊中是特有的，并且在成纤维细胞中表达。α-抗胰蛋白酶基因于是作为一种与原骨胶原蛋白结合的融合蛋白被表达。融合蛋白通过相同的启动子控制邻近基因，通过转录 mRNA，最终翻译出来。因此，它是一个由两种蛋白质组成的复合物。转染的细胞被引入去核的卵母细胞中，由此产生的胚胎被转移到作为受体的母羊体内。3 头能存活的小羊出生，1 年后，1 头羊开始泌乳，乳中含有浓度为 650μg/ml 的人类 α-抗胰蛋白酶（Perry，2002）。

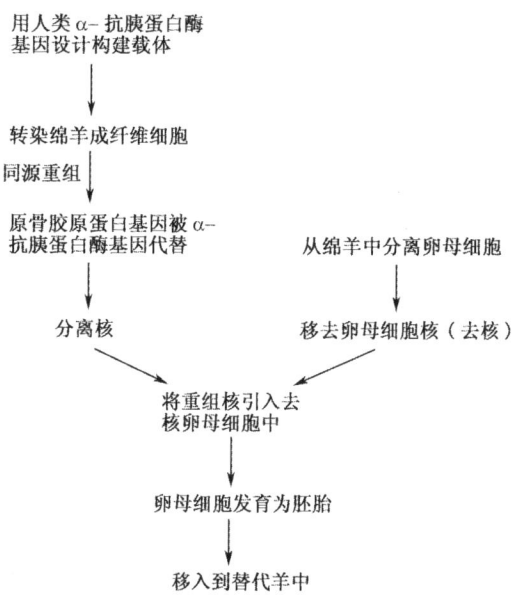

图 5-4　利用同源重组和去核卵母细胞，人类 α-抗胰蛋白酶基因引入到绵羊中（转译自 Perry，2002）

四、克隆技术存在的问题

克隆技术还并不完善。在这项技术被广泛应用到转基因动物（为了适应食品业和农业的需要，改变了这些转基因动物的某些特征）的培育之前，需要解决以下一些问题。

1. 克隆效率及存活率低，部分个体表现出生理或免疫缺陷

克隆动物早衰、存活率低是当今核移植技术的最大缺陷。核移植总体效率一般仅为 1%～6%（Kato et al.，2000）。而以成年体细胞核作核供体的问题尤为严重，突出表现为：孕期流产率高、围产期死亡率高、新生仔畜体重较重及出生后对环境适应性较差、出生后发病率高。大多数体细胞克隆动物有严重缺陷或是畸形，包括心脏、肺脏等器官携有罕见的缺陷，其中许多未出生就胎死腹中，或出生后不久突然死亡。Hill 克隆了 13 头牛，其中 4 头牛胎流产，3 头出生时或出生后死亡，大部分牛胎或牛仔的肺脏畸形、心脏肥大、心室壁极薄、特大的胎盘充满了过多羊水（张荣昌等，2006）。2003 年 2 月 14 日，英国罗斯林研究所对外宣称，世界首例克隆羊"多莉"感染严重的肺病而难以治愈，被实施了"安乐死"，已经死亡。

克隆动物效率低与核移植胚胎细胞内的染色体异常、胚胎细胞凋亡、胚胎早期死亡、流产、胎盘发育异常等（De Lille et al.，2001）有关。Kobel 等认为克隆动物产生畸胎、器官缺陷、猝死等问题可能与其基因印迹受到破坏有关（张荣昌等，2006）。基因印迹在哺乳动物的发育过程中普遍存在，是同源染色体上基因表达活性不同的遗传现象。基因印迹与胚胎的生长发育和胎盘功能等都有关系（Dean et al.，1998）。有研究表明，核移植胚胎均有几百个非印迹基因表达异常（Humpherys et al.，2002）。

2. 端粒问题

衰老涉及染色体的端粒（端粒位于染色体的末端），在正常生理条件下的体细胞随着分裂次数的增加，端粒会逐渐缩短，端粒越短越易导致染色体的磨损，随之细胞出现分裂增生减慢，致使器官功能衰退，个体变得衰老（王海等，2003）。1998 年，Shiels 等发现"多莉"的染色体端粒只相当于正常端粒长度的 80%，说明其细胞处于更衰老的状态；而胚胎克隆情况虽然好一些，但较正常情况仍要短一些。当时认为是因用成年绵羊的细胞作供体造成的，使其细胞带有成年细胞的印记（李光华和叶绍辉，2006）。Tian 等（2000）报道以牛胎儿成纤维细胞作供体的核移植后代端粒比对照组长，有的甚至比普通新生小牛的端粒还长。因此，染色体端粒变短是否与提供供体核的动物的年龄有关还有待研究。Miyashita 等（2002）报道克隆个体间端粒长度差异显著。Xu 和 Yang（2001）研究表明克隆动物的端粒长度可以恢复。Lanza 等（2000）报道体细胞克隆牛的实验过程逆转了供体母牛体细胞的老化，端粒长度反而增加，克隆牛寿命延长。Wakayama 等对连续多代克隆小鼠的端粒长度做了研究，利用卵丘细胞作为核供体，得到了两个品系的克隆一代小鼠（G_1），又将 G_1 的卵丘细胞用作核供体克隆产生第二代克隆小鼠（G_2），如此连续克隆。对其中一个品系的 G_1 代小鼠克隆到 G_4 代，对另一个克隆到 G_6 代。然后检查每个克隆后代的外周血淋巴细胞染色体的端粒，发现端粒长度似乎随着克隆代数的增加而延长（王海等，2003）。Kubota 等（2004）指出，克隆胚胎流产不是端粒长短造成的。这一系列研究结果表明，克隆后代端粒长度有差别。因此，染色体端粒变短是否与提供供体核的动物的年龄有关还有待研究。

3. 重新编程的问题

重新编程缺乏基础理论的支撑。有些学者认为卵母细胞内有重编程因子存在；也有学者认为，促成熟因子（MPF）和有丝分裂原激活蛋白激酶（mitogen-activated protein kinase，MAPK）的活性及重编程没有直接调控关系（Tani et al.，2003）。重编程可能在核移植后的早期就已经启动，随着胚胎的逐步发育会造成发育阻断或抑制。对不同阶段胚胎发育所需的最佳环境培养的深入研究有助于阐明重编程机制（Latham，2005）。核移植后细胞核激活与早期胚胎原核发育类似，但基因组重新编程的机制详细信息尚不清楚。其中，MPF、核膜破裂（nuclear envelope breakdown，NEBD）和早熟染色体凝集（premature chromo some condensation，PCC）在基因组重编过程中的作用还需明确。

4. 克隆技术条件有待完善

动物克隆研究已在理论基础、技术优化及实际应用等方面取得很大进展，但该技术目前还有许多需要解决的问题。表现在以下几个方面。

首先，解决受体细胞质与供体细胞核周期相容性的问题。当受体细胞与供体细胞处于细胞周期同一时间时，核移植的成功率就大。克隆羊"多莉"之所以成功，关键在于Willmut等找到了一种使供体细胞核和受体卵母细胞更相容的方法，供体细胞核在DNA复制时间上与受体卵母细胞基本同步。目前一般认为，受体细胞质是MⅡ期的卵母细胞，除了S期外，其他各时期细胞均可作为核供体（张荣昌等，2006）。

其次，在核移植过程中，应尽量减少或避免供体线粒体的带入。在核移植时，供体核带入一部分细胞质，于是，移核胚胎的线粒体就成为杂合型，既有供核细胞来的，也有受体细胞质来的，因此，核移植的克隆动物实际上是一种遗传嵌合体。为此，应亟待解决动物克隆中这一方面的问题，尽量减少或避免供体线粒体的带入（张荣昌等，2006）。

另外，对克隆胚胎与正常胚胎发育有何异同、胚胎细胞超显微结构及其功能、细胞核发育全能性和多能性等问题的深入研究，将有助于加深人们对动物胚胎发育过程中分子机制的认识。动物克隆技术的不断完善，还需要分子遗传学、细胞学、发育生物学等相关基础学科的进一步研究和发展，要提高动物克隆的成功率尚需不懈的努力。

五、克隆技术对人类社会的影响

"多莉"的诞生在理论上表明了用生物学技术复制人的可能性。如果真的用这种无性繁殖方式完全或部分代替人类的有性生殖方式，则必将对人类社会的基本组织单位——家庭产生极大的冲击，人类社会的基本生活方式也将极大地改变。这一切必然直接威胁和在根本上动摇人类社会现有的法律、伦理和道德基础，破坏现有社会的基本架构，造成社会的动荡与混乱，从而可能导致人类文明的倒退。因此，在克隆羊诞生不到两个月的时间里，包括英国、美国和中国在内的多个国家的政府，都已相继明确宣布政府的科研基金决不支持任何将克隆技术应用于人类复制的研究。尽管如此，美国仍有人提出了克隆人的计划，并声称要尽一切努力将此计划付诸实施。因此，在美国有许多人要求国家通过立法来控制克隆人研究。

其实，克隆人从理论上的可能性到现实之间还有一段遥远的路要走。越是高等的动物，其细胞越是特化，作为亲本的全能供体也就越困难，而获得作为受体的卵细胞材料也很困难。英国克隆绵羊用了227个卵细胞才成功了"多莉"一例。如果要克隆人，成功率是多少，目前谁也无法预测。正常成年妇女每月分泌一个成熟卵细胞，虽然用药物能增加几倍的排卵数量，但有那么多妇女愿把卵细胞捐给克隆研究吗？调查表明，80%

以上的妇女反对克隆人。

并且正如前面所分析的，即使成熟体细胞克隆技术已经完全成熟，克隆技术也不可能用男性的体细胞复制出与原来个体在遗传上完全相同的克隆。由于克隆个体的线粒体与原来个体不同，以及线粒体对机体的生理代谢有关键性的作用，因此克隆个体与原来个体在生理上可能会有着很大的区别。女性可能用自身的体细胞和自身的去核卵克隆出与自己的遗传组成、生理特征完全一样的个体，但也不可能复制出与自身心理完全一样的个体，因为心理的形成不仅与个人的遗传相关，而且与个人的社会经历和社会环境密切相关。因此，对于人类这种以心智和自省性为其本质特征的生物，用克隆技术复制不会有任何的进步意义（吴坚，1999）。

面对即将到来的克隆时代，科学和人们都需要时间。科学需要时间完善这一技术，以便向世界充分展示它的迷人前景，展示它在改善人类未来生活质量方面的广泛潜能。人们则需要时间静观和思索。第二次世界大战后，由于长崎和广岛遭受到恐怖的核打击，许多公众对核技术抱有偏见。但人类凭借智慧和理性，正把核技术一步步导入和平安宁的轨道，核能核电的光和热，正照亮和温暖着一个个和睦温馨的家庭。20世纪80年代，当试管婴儿技术对自然生殖法则作了些微修饰和变通时，也曾引发一场法律和伦理大讨论，讨论的结果是人们宽容地接受了它。现在，全世界已有6000多例儿童以"试管"的方式出生。有关克隆技术的争论，还将会在各个层面延续下去，但科学不会就此驻足不前。

第五节　胚胎干细胞的研究

通过器官移植的方法，用健康的、有活力的新器官替换人体损伤或衰老的器官，以保持身体的健康和生命的活力是人类强烈的愿望。估计世界上每年都有超过百万人因为器官损伤和衰竭而有器官移植的愿望。根据统计，美国一年即有数以十万计的人因无器官可移植而死亡，而有修补缺损组织愿望的人数更会远远超出这一数字。仅美国一国即有100万帕金森病患者需要进行神经组织修补治疗。因此，世界上不少企业都看好人体组织与器官培养的市场前景。有人估计，人体器官培养产业预期的产值将达到万亿美元。

成熟体细胞克隆已经为人体器官培养提供了技术上的可能性。但即使是利用自身的卵细胞和体细胞进行治疗性克隆和器官培养，在利用这种方法每次获取人体组织或器官时，都要毁灭克隆出的胚胎，因此对人类和人性的尊严仍存在着严重的挑战，在人们的心理和伦理观念上也仍然存在着严重的障碍。因为人类的卵细胞对人类有着神圣的意义，由成熟体细胞克隆产生的胚胎完全有可能发育成一个活生生的人。因此，科学家在思索是否有别的技术途径或可能性，既能培养出人们所需要的器官或组织，又不需要使用卵细胞和胚胎。

近年来，科学家对于控制细胞分化途径的主导基因的发现和研究，以及对胚胎干细胞和成年干细胞培养和分化潜力的研究等，为实现人体组织和器官培养的无卵细胞化、无胚胎化提供了新的希望（Perry，2002）。

一、无胚胎化成熟体细胞克隆技术

所谓干细胞（stem cell），意为（树）干或起源，类似于一棵树干可以长出树杈、树叶，开花，结果。严格地说，干细胞是尚未分化、能生成各种组织器官的起源细胞。干细胞大致可以分为三种类型，即胚胎干细胞、组织干细胞和专能干细胞。

胚胎干细胞（embryonic stem cell，ES 细胞）又称全能干细胞，是从哺乳动物包括人的早期胚胎中分离培养出来的。各种动物的胚胎干细胞具有与早期胚胎细胞相似的形态结构：细胞体积小，核大、有一个或几个核仁，细胞中多为常染色质，胞质结构简单，散布着大量核糖体和线粒体，核型正常，保留了二倍体性质（蔡琳和李菲菲，2007）。胚胎干细胞主要有以下几个特点。

1）全能性。在体外培养的条件下，胚胎干细胞可以诱导分化为机体的任何组织细胞，包括生殖细胞。全能性的标志是细胞表面有胚胎抗原和 Oct4 蛋白。

2）无限增殖性。胚胎干细胞在体外适宜条件下，能在未分化状态下无限增殖，可进行冷冻保存，也可以进行某些遗传改造。

3）胚胎干细胞具有种系传递的功能。

4）胚胎干细胞易于进行基因改造操作。

5）胚胎干细胞保留了正常二倍体的性质且核型正常（李芳兰和张国贞，2007）。

胚胎干细胞有以下几个来源：

1）从发育良好的囊胚中分离内细胞群细胞；

2）从 5~9 周的胚胎生殖腺中分离胚胎干细胞；

3）利用克隆技术（治疗性克隆）获得，即将体细胞核移植到去核卵母细胞中，使之发育成囊胚，再分离其内细胞群细胞（李芳兰和张国贞，2007）。

胚胎干细胞在体外培养时需要特殊的培养液、饲养细胞（人或胚鼠的成纤维细胞），以及抑制分化的白血病抑制因子（李芳兰和张国贞，2007）。培养的胚胎干细胞的鉴定标准有以下几点。

1）细胞体积小，核大，胞质少，有 1~2 个核仁。细胞紧密地聚集在一起，细胞间隙小，界限不清，形似鸟巢状。

2）细胞核型经 G 带染色法分析，应为正常的二倍体核型。

3）细胞表面含有丰富的碱性磷酸酶（alkaline phosphatase，AKP）及胚胎阶段特异性抗原（stage specific embryonic antigen，SSEA），组织化学染色及免疫荧光标记呈阳性。

4）去除分化抑制后，胚胎干细胞能分化为各种组织细胞（Thomson et al.，1998）。

胚胎干细胞的研究是从史蒂文斯（Stevens）（1958）发现小鼠畸胎瘤细胞（embryonic carcinoma cell，EC）开始的。胚胎干细胞因具有可以分化为生殖细胞和其他细胞的特性而引起人们的注意。研究人员开始寻求从正常小鼠胚胎中分离培养类似胚胎干细胞的可能性。Evans 和 Kaufman（1987）历时 8 年，从延迟着床的小鼠胚胎中分离得到了胚胎干细胞，当时用两人名字的第一个字母命名为 EK 细胞。从此以后，小鼠胚胎干细胞的分离技术逐渐成熟，成为研究小鼠胚胎发育不可缺少的技术环节。Doetschman 等（1988）建立了仓鼠的胚胎干细胞系。Wheeler（1994）和 BonDurant（Shim et al.，

1997）的研究小组分别用胚胎和原始生殖细胞（primordial germ cell，PGC）培养获得了猪的胚胎干细胞。美国威斯康星大学汤姆森（Thomson）等（1998）利用不同的方法分别从人的体外受精囊胚和PGC中分离得到了人的全能胚胎干细胞。人的胚胎干细胞的分离成功引起了生物和医学界的密切关注，为在体外培养人类所需的组织细胞，取代患者体内坏死的组织细胞，治疗各种疑难病症提供了新的途径。

目前，小鼠胚胎干细胞分离、建系及基因打靶技术已趋于完善，并成功培育了多种转基因或基因敲除小鼠。除小鼠外，其他哺乳动物胚胎干细胞的研究也取得了一定的成绩，猪、牛、马、鸡、兔、羊、水貂、猕猴等动物的类胚胎干细胞系已成功建立（刘映娴等，2007）。

胚胎干细胞在进一步的分化中，可形成各种组织干细胞，又称多能干细胞。它具有分化出多种细胞组织的潜能，但不能发育成完整的个体，如血液组织干细胞、神经组织干细胞和皮肤组织干细胞等。

多能干细胞进一步分化，可形成专能干细胞。专能干细胞只能分化成某一类型的细胞。例如，神经组织干细胞可以分化成各类神经细胞，血液组织干细胞可以分化成红细胞、白细胞等各类血细胞（张斌等，2003）。

科学家已经在实验室里成功地用人类胚胎培育出了各种类型的干细胞，这些不同类型的干细胞可发育成不同的组织。例如，神经干细胞发育成神经组织，肌肉干细胞发育成肌肉组织等。因此，利用胚胎干细胞可以在体外分化形成特定的人体组织或器官。

神经干细胞之所以会发育成神经组织，是因为这种细胞选择了与神经发育有关的基因进行表达。细胞中选择什么样的基因表达是由细胞质里一些特殊的蛋白质决定的。在神经干细胞里有能与神经发育基因特异结合，并使其转录和表达的特殊蛋白质。因此，如果将已经分化的体细胞核移植到这种去核的神经干细胞中，就有可能使体细胞核里与神经发育有关的基因被干细胞质里的特殊蛋白质所启动而表达，从而进入到神经分化的基因表达程序，发育成为神经组织（周竹娟和郑健，2006）。

根据上述原理，英国罗斯林研究所的科学家正在研究一种不用卵细胞，而用胚胎干细胞进行克隆以培养出与需要者的组织相容的器官的新技术。这种新技术进行治疗性克隆时，体细胞的细胞核不是注入去核的卵细胞中，而是与去核的胚胎干细胞进行融合。由此形成的新细胞不会经过胚胎发育的阶段，而可能直接发育成所需要的组织或器官。用这种新的克隆技术，只需要一个胚胎作为原始的干细胞源，就可以大量地进行治疗性克隆操作，因而可大大减少克隆过程中使用卵细胞的数量和产生的胚胎数量，从而有望减少人们在伦理上的负担。

二、成年干细胞与人体组织和器官培养

最近对成年干细胞的研究引起了科学家的高度重视，为人体组织和器官培养又提供了一种新的可能性和新的技术路线。

人体的所有组织和器官都是由胚胎干细胞经过分化后发育而成的。在成年人体里，以前人们只知道有造血干细胞存在；而最近的研究发现，在骨骼肌、中枢神经和外周神经组织中都有干细胞存在，而且成年人体内的其他组织也同样可能含有干细胞。传统的

观点认为，成年人体里的干细胞是决定了分化方向的细胞，只能发育成预定的一种或很少几种类型的组织。但最近两年的发现开始动摇了这种观念。用实验动物所做的研究发现，成年干细胞具有惊人的可塑性。成年干细胞可以被诱导回到如胚胎时期的未分化的状态，并可重新分化为各种完全不同的细胞或组织类型。例如，神经干细胞可以被诱导产生出血液细胞等。

在过去的10年里，研究人员已经知道移植胎儿神经细胞可以缓解帕金森综合征，但是这种治疗方法显然是不能广泛应用的。道理非常简单，没有那么多的胎儿神经组织来满足如此众多的患者的需要。上述成年干细胞的研究发现为患者带来了福音，患者自己体内的干细胞经过人工培养和诱导分化后即有可能用于治疗。例如，帕金森综合征患者主要是神经细胞在功能上出现紊乱，如能给患者注入健康的神经细胞，就会有治疗效应；如果能从胚胎中鉴别和提取到能生成黑色素细胞的干细胞，就可以用这样的干细胞很容易地分化培养出大量黑色素细胞，以治疗白癜风。因此，干细胞在治疗白血病、癌症、白癜风、心脏病、帕金森综合征、糖尿病、皮肤烧伤和老年性痴呆症等人类许多顽症方面，都有不可替代的重大作用（张斌等，2003）。

用患者的体细胞核与实验室里培养的去核的成年干细胞融合，也可培养出患者所需要的组织或器官。在现有技术下，研究人员已经能在体外鉴定、分离、纯化、扩增和培养人体胚胎干细胞及各种组织干细胞。可以说，如果采用培养人体自身干细胞的方法，就可以治疗人的各种疾病，例如，在器官的移植上，提取患者自己的细胞，尤其是能从胚胎中找到干细胞在体外进行培养，就可以生成各种器官，以供患者移植使用，而且这样的器官不会受到排斥，就像蝾螈的断肢再生一样。

最新的研究还发现，干细胞不但能再生某些组织，而且可以衍生成与其来源不同的细胞类型，例如，把血液干细胞放到脑组织中，在大脑环境中，血液干细胞有可能分化成神经细胞。反过来，如果将分离出的神经干细胞移植到骨髓里，它还能分化成血液细胞。正是由于人的胚胎干细胞培养成功和组织干细胞对人类健康的潜在价值，因而引发了世界范围内的干细胞研究热。

要把成年干细胞用于组织修补治疗和器官培养仍然有很多的问题需要解决。例如，如何使干细胞在体外培养条件下分裂传代而大量增殖，如何启动其分化而发育成为所需要的组织等。前一个问题比较易于解决，后一个问题则比较复杂。干细胞的发育命运是由内部的和外部的很多信号分子来调节的，这些信号分子中的一些已经被证实。由于使用成年干细胞就不再需要使用胚胎或胚胎细胞，能在根本上消除人们在伦理上的心理负担，所以人们对成年干细胞的研究寄予了极大的热情和希望（Perry，2002）。

三、发育主导基因与组织和器官培养

多细胞个体中所有的细胞都是从一个受精卵分裂而来，而且很多实验都已证明高等生物个体里所有的细胞都有同样的遗传物质。为什么这些同一来源、具有同样基因的细胞在形态上和功能上会出现巨大的差异而形成不同的组织和器官呢？根本原因在于不同组织或器官里的细胞选择了不同类型的基因进行表达。例如，组成骨骼肌的细胞选择了与骨骼肌相关的基因表达，而组成眼睛的细胞选择了与眼睛相关的基因表达。因此，从理论上说，只要知道了在发育过程中与特定的组织或器官形成相关的基因是如何选择和控制表达的，就有可能诱导分化程度不高的干细胞或脱分化了的任何体细胞发育成所需要的组织或器官。

在一个成熟的卵细胞里，有许多由母体基因所指导合成的特异性 mRNA 和蛋白质等信息分子，这些信息分子与未来受精卵胚胎发育过程中的细胞分化及各种组织、器官的形成有密切的关系。

不同类型的信息分子分布在卵细胞的不同部位，因此在受精卵的分裂过程中这些信息分子便被分配到不同的细胞里。其结果是使同一来源、具有同样基因的细胞核处在不完全相同的细胞质里。如此，不同的细胞里便有不同的特异性蛋白质结合到不同的基因位点上，启动不同的基因表达程序，合成不同的功能蛋白，导致胚胎不同部位的细胞在结构和功能上出现分化而产生不同的组织和器官（Perry，2002）。

不管是利用胚胎干细胞还是利用成年干细胞，其基本的生物学原理，就是利用这些干细胞的细胞质中特异的蛋白质来选择和启动细胞核中特异性基因表达程序，使细胞分化发育成所需要的组织或器官。

组织或器官的形成是一系列相关基因按一定的时间、空间顺序依次表达的结果。科学家发现，在这一系列基因中有的是控制基因，这种控制基因编码一种有特异性选择作用的蛋白质，这种蛋白质分子上有专一性的结构可以识别和结合到它所控制的基因的启动子上，从而激活一系列组织特异性基因的表达。由于这种控制基因具有选择细胞中基因表达程序的作用，故称为选择者基因或主导基因。发育生物学家们已经发现了多个与特定组织分化有关的主导基因。只要细胞里有某种主导基因的转录产物（mRNA 或蛋白质），则它所控制的一系列基因就会按一定的程序被激活和表达，这类细胞就会获得特定的形状和功能（厉彩虹，2001）。

（一）为一种组织设定发育程序的主导基因

成肌细胞合成肌肉类型的分子，如肌动蛋白、肌球蛋白、原肌球蛋白和肌钙蛋白等，利用这些分子构建肌肉纤维收缩的"机器"。编码这些蛋白质的基因组成一个肌肉蛋白基因家族，所有这些基因都在成肌细胞决定基因的控制之下。成肌细胞决定基因就是一种主导基因，它所编码的蛋白质上有一个碱性螺旋-折叠-螺旋的结构。这种结构使成肌细胞决定蛋白质能特异地结合到受控基因的启动子上，然后这种蛋白质就作为转录因子使受控基因转录和表达，如此，细胞便分化发育为肌肉细胞。

更为精巧的是，这种选择性蛋白质还可以结合到自身基因的上游启动转录区，使自身基因保持转录活性，从而维持自身蛋白质的合成。这样，在细胞分裂的过程中，虽然当染色体复制时这种主导基因编码的选择蛋白会离开所控制的基因，但在细胞分裂完成以后，它就立即回到细胞核中重新结合到自身基因的启动转录区上，再次增加自身的合成。所以选择蛋白不会因不断的细胞分裂而稀释，每次分裂产生的两个子细胞仍然是成肌细胞，维持着稳定的肌肉细胞功能。

将成肌细胞决定基因转录的 mRNA 显微注射到成纤维细胞（结缔组织和软骨组织的前体细胞）及成脂肪细胞（脂肪组织的前体细胞）中，就能使这些细胞的基因表达程序被重新编排，应发育为结缔组织、软骨组织的成纤维细胞和应发育为脂肪组织的成脂肪细胞，都被转化成了稳定的成肌细胞，最终都分化发育成了肌肉组织。可见在细胞中只要出现了主导基因转录的 mRNA，便能稳定地按主导基因所选择的方向分化发育（Perry，2002）。

（二）为果蝇眼睛设定发育程序的主导基因

在果蝇中有一种为整个眼睛发育设定程序的主导基因。这种基因如果发生突变，即丧失了功能时，就会导致发育成的果蝇完全没有眼睛，因此被命名为无眼基因（eyeless gene）。果蝇的无眼基因与小鼠的小眼基因及人的无虹膜基因是同源的，即在进化上的起源是一致的。

1995 年，Waiter Gehring 及其同事成功地分离到了果蝇的无眼基因。以后他们进一步将这种基因的转录产物导入了果蝇胚胎不同部位的细胞，产生了发育生物学研究中非常令人惊奇的结果，即在实验果蝇的脚、翅膀以及触角上都长出了眼睛（Perry，2002）。

（三）主导基因研究的科学意义和应用价值

上述两项实验是人类第一次用单一的主导基因转录产物重编了细胞的基因表达程序，得到了人们预想的组织和器官，其科学意义和影响是非常深远的。

首先，有关发育主导基因的研究工作为器官和组织的人工培育显示了更加激动人心的前景。随着对各种发育途径主导基因的深入研究，人们就可能按需要用针对性的主导基因选择培养干细胞，产生出患者所需要的各种组织和器官。人们甚至可以预先诱导和培养出备用的重要器官，一旦需要就可立即进行自体移植和替换。毋庸置疑，在不久的将来人类就会做到这一点。

不仅如此，这两项实验也有力地说明了这样一种可能性：人类不必改变生物固有的基因组成，仅仅通过操纵细胞中基因表达的程序，选择有用性状的系列基因表达，就能使生物的功能按人类的需要发生改变。因此，这种控制细胞分化发育的基因表达选择技术也可能应用于其他重要生物产品的生产（Perry，2002）。

（四）利用胚胎干细胞来制造转基因动物

胚胎干细胞最初是从鼠早期胚胎中分离出来的，用来产生种系嵌合体的胚胎干细胞系目前只能从鼠中分离得到，然而，令人遗憾的是鼠不适合乳生产或者肉类生产，并且尝试从主要的农业动物中分离它们的众多研究都失败了。胚胎干细胞意味着什么？它为什么如此重要呢？胚胎干细胞是从早期鼠胚胎中分离出来的。运用正确的处理方法，能够控制胚胎干细胞有限的发育，这就意味着它们不会进一步分化并且不能完成它们正常的胚胎形成程序。然而，它们保持细胞分裂（增殖）的能力，允许研究人员获得大量的胚胎干细胞。胚胎干细胞的另一个关键特征，是在培养中经过一段时间的生长后，它们能被移植给其他早期胚胎（囊胚），因此成为胚胎的一部分，并且保持分化为许多不同细胞类型和组织（换句话说，它们是多能性的）的能力。

这些特征是有用的，因为它们使得对胚胎干细胞基因组在体外进行复杂的处理变得可行。特殊的基因能被删除、增加或者修饰，并且基因能被插入到基因组中特殊的位置（定向插入）。相反，生殖核注射（在前面部分描述的）仅允许基因的添加，并且对新基因成分的插入位置也不能控制。

当携带改变了的或者添加基因的胚胎干细胞被移植到一个胚泡中时，这就出现了一个嵌合的胚胎。这种胚胎中的一些细胞未被改变，并且胚胎中的一些细胞是来自于胚胎干细胞的细胞分裂和分化。这种胚胎将最终发育为一个成熟的嵌合体，这个成熟的嵌合体具有与未被改变的细胞或者胚胎干细胞类似的细胞和组织的混合物。这被看做是一种体细胞嵌合体。生殖系嵌合体是一种产生精子或者卵母细胞的体细胞嵌合体，这些精子或者卵母细胞是源自于胚胎干细胞的（李劲松等，2000）。

如同前面提及的，种系嵌合体到目前为止仅从鼠中获得。然而，体细胞的嵌合已经从鼠、兔和猪中获得了。许多生物工程学家确信种系嵌合体最终将从类似猪和牛这样的农业动物中获得。如果这个设想实现了，生产转基因食用动物将更容易，并且可供改良的基因范围将会更加广阔。

例如，利用胚胎干细胞来制造转基因动物，需要检查用来制造一个敲除系的程序，在这个敲除系中一个特殊的基因从动物的基因组中移走。生物工程学家提出了一个基因构建载体，在这个基因构建载体中具有一个基因的改进的没有功能的翻译物。在它的两边，有序列同源的区域（在天然基因的两端的序列都是相同的）。一个新霉素抗性基因也置于两个同源的序列之间。另一个基因，编码胸腺嘧啶核苷激酶，置于两个同源序列之外的区域（图 5-5）（Perry，2002）。

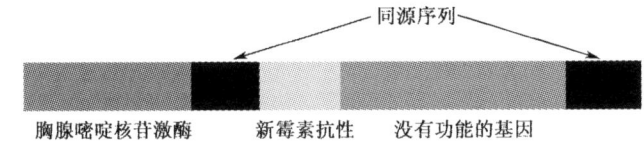

图 5-5 用于培育缺少一个特殊基因的基因敲除鼠的 DNA 构建载体（转译自 Perry，2002）

通过对一些胚胎干细胞电穿孔来完成这种构建。DNA 被哺乳动物细胞摄取的过程被称做转染比转化更恰当，因为在哺乳动物细胞培养中，转化在传统意义上指的是向癌阶段进行的细胞转变。

少量细胞吸收了外源 DNA，并且可以将其插入基因组的任意位置（随机插入）（图 5-6）。极少数量的细胞通过同源重组，利用在构建载体中出现的改良过的基因代替了靶基因。只有在构建载体中同源区域之间的序列可以被插入，认识到这一点是很重要的。因此，在构建载体中无功能的基因正好替代了本来的基因。这也说明了胸腺嘧啶核苷激酶基因将不能插入染色体中。

同源序列两侧的部分对于同源重组是必要的。这个过程得以实现是因为动物和多数其他真核细胞具有能识别 DNA 同源片段并且将它们连接在一起的 DNA 修复酶。

然后，这些细胞在含有新霉素的介质中生长。所有不具备完整构建载体的细胞将会死亡，因为它们缺乏新霉素抗性基因；而存活下来的细胞被转移到一种含有抗病毒剂9-（1，3-二羟-2-丙氧甲基）鸟嘌呤的介质中。具有随机插入构建载体的细胞将含有胸

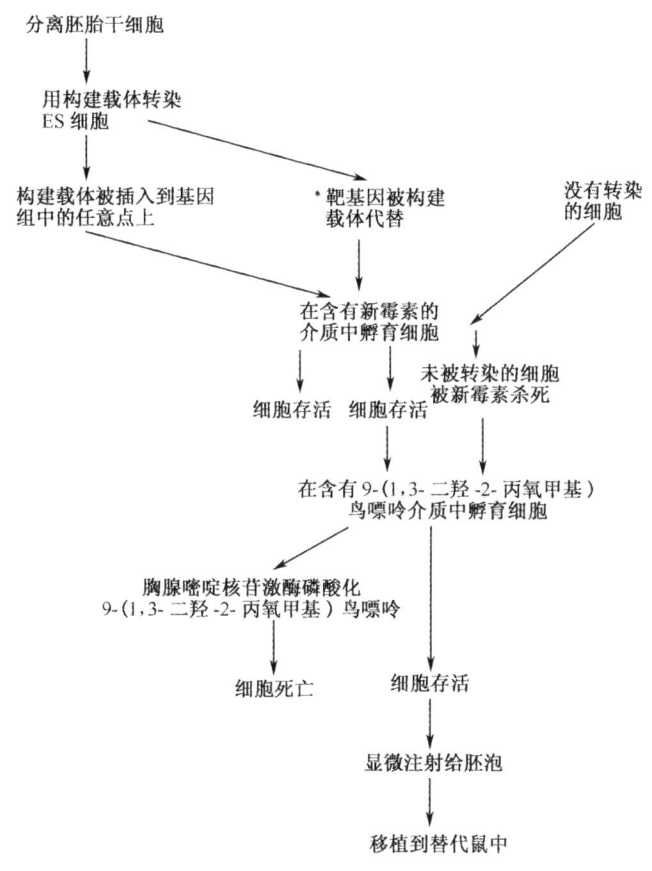

图 5-6 通过同源重组用来制造敲除鼠的过程（转译自 Perry，2002）
同源重组用（＊）标出

腺嘧啶核苷激酶基因。这种酶使 9-（1，3-二羟-2-丙氧甲基）鸟嘌呤磷酸化，作为结果形成的复合物是一种核苷类似物，其通过 DNA 聚合酶参与 DNA 复制。然而，这种核苷类似物在转录中不起作用，导致细胞死亡。这将除去所有含有随机插入构建载体的细胞。因为同源重组体导致 DNA 仅整合到同源序列之间，在构建载体中的胸腺嘧啶核苷激酶基因位于同源序列之外，因此它将不会被整合，进而含有定向插入的细胞（如由同源重组体产生的细胞）将缺少胸腺嘧啶核苷激酶基因（Perry，2002）。

四、胚胎干细胞研究面临的问题与展望

胚胎干细胞研究面临的问题主要有以下几方面。

1）胚胎来源困难。从小鼠胚胎干细胞建系效率来看，获得一个干细胞系需要 12 个囊胚和更多的卵细胞（平均 666 个）。

2）体外保持其全能性条件复杂。

3）免疫排斥反应。从胚胎干细胞分化所得的各种细胞和组织如果不是由受体提供的体细胞核移植所得则与受体之间存在免疫排斥。

4）安全性难以保证。一是由于干细胞在体外培养过程中需要加动物的细胞做饲养

细胞，可能被动物携带的病毒感染；二是干细胞具有致瘤性，植入受体体内后有发展为肿瘤的可能。

5）干细胞在体外发育成完整的器官难以做到。目前，来自机体的器官要在体外培养并发挥正常的生理功能还无法做到。用干细胞形成具有三维结构、有多种组织的精细复杂的器官更是难以完成。

6）伦理问题（李芳兰和张国贞，2007）。虽然在胚胎干细胞的研究中有这么多问题有待解决，但随着胚胎工程技术、基因工程技术、组织工程技术等与胚胎干细胞研究的结合，相信胚胎干细胞的全部潜能将会逐一得到实现。

第六节 转基因生物与食品安全

各个国家在联合国公约《生物安全议定书》上，一致接受的转基因生物定义为"改性活生物体"（living modified organism，简称 LMO），或者叫"遗传改良生物"（genetically modified organism，GMO）。LMO 或 GMO 就是指凭借现代生物技术获得的遗传材料重新组合的活生物体。实际上，将外源 DNA 导入生物体基因组，引起了遗传改变，改变了遗传组成的生物，就是转基因生物。这里强调活生物体，活体就是能够遗传或者复制遗传材料的生物实体，如种子就是一个生物活体。

转基因食品是转基因生物的产品或者加工品，它可以是活生物体的，也可以是非活生物体的，如转基因动植物的直接产品、转基因的油菜籽、转基因的番茄、转基因的大豆及大豆油、豆腐。这些转基因食品主要来源于植物性的转基因生物，目前市场上的转基因动物还不多，几乎没有商业化的生产。

自世界上第一例转基因作物（烟草）于 1983 年在美国问世以来，转基因植物的研究得到了迅速发展，1986 年，全世界有 5 例转基因植物首次获准进入田间试验。1994 年美国孟山都（Monsa ndo）公司研制的延熟保鲜转基因番茄（Flavr Savr^{TM}）在美国批准上市，随后转基因食品的开发研究迅猛发展。1996 年，美国农民开始种植通过生物技术改良的转基因玉米、大豆、马铃薯、番茄和棉花。由于这些作物表现出了比传统作物更强的抗病虫害能力、抗除草剂能力，也表现出了更好的成熟特性，因此，从那时起，农业转基因技术在全球范围内的应用得到了快速发展（葛立群和吕杰，2008）。1996～2000 年，全球转基因作物的种植面积增长了 25 倍多，由 1996 年的 170 万 hm^2 迅速发展到 2000 年的 4420 万 hm^2，预计到 2010 年，转基因作物的世界市场总收入将达到 3 万亿美元，全世界转基因作物的种植面积将达到 6000 万 hm^2（李方远，2008）。据国际农业生物技术应用机构（ISAAA）统计，到 2006 年年底，批准商业化种植转基因作物的国家达到 22 个，其中发展中国家 11 个，全球有近 1030 万农民在种植转基因作物，并从中受益（葛立群和吕杰，2008）。目前全世界转基因植物的种植，主要集中在 4 个国家，其中美国与阿根廷两个国家占了 90%，还有加拿大与中国，这 4 个国家加在一起占了 99%。在作物方面主要集中在 4 种作物，其中大豆与玉米占了 80%，加上棉花、油菜达到 99%。

20 世纪 90 年代初，市场上第一个转基因食品出现在美国，此后转基因食品越来越多，据统计，截至 2000 年，美国食品和药物管理局确立的转基因品种就有 43 个。1992年，我国首先在大田生产上种植抗黄瓜花叶病毒的转基因烟草，成为世界上第一个商品化种植转基因作物的国家。截至 2000 年 7 月，中国政府已经批准包括烟草、棉花、马铃薯、甜椒和矮牵牛花 5 种作物在内的 31 例转基因作物进行商业化生产，批准进行田间试验和环境释放的包括 17 例微生物、2 例转基因鱼和 18 例转基因作物。1996 年全国转基因抗虫棉种植面积仅 1.7 万公顷左右，1997 年 3.4 万公顷，1998 年 24 万公顷，1999 年 65 万公顷，2000 年达到 126 万公顷，2001 年达到 173 万公顷，2002 年更猛增到 250 多万公顷。据科技部统计，目前我国转基因植物研究涉及的植物种类有 50 多种，各种功能基因有 120 多种。我国共有 48 种转基因作物进行中间试验，其中水稻、玉米、大豆、马铃薯、番茄、甜椒和线辣椒为转基因食品。在转基因动物源食品研究方面，1999 年，我国首例转基因试管牛"陶陶"诞生，2000 年克隆出山羊"阳阳"，2002 年克隆出奶牛"科科"（葛立群和吕杰，2008）。

转基因技术不仅为食品、医药、化工及环保等部门提供了广泛应用的前景，而且也将为人类解决"蛋白质、能源、癌症"三大问题带来了希望。但是，这一高新技术的发展也给人类带来了潜在的危险。因为采用基因重组技术既可克隆有益于人类的细胞或物质，又可克隆灭绝人性的细菌、病毒或克隆出影响人类生态平衡的因素。因此，基因工程的发展对人类社会的进步不能不说是又一个严峻的挑战。特别是当今，基因工程已发展到可以克隆出羊，甚至克隆人本身时，已引起各国政府及舆论界的高度关注，并提出了严重警告。

转基因生物风险的来源如下。一是毒素基因破坏了或者其不稳定性可能会带来新的毒素，引起急性的或慢性的中毒。例如，把肉毒杆菌产生的毒害性很强的蛋白基因（包括癌细胞基因）转移至 $E.\ coli$ 中去，便会使人接受 25g 的肉毒毒素而致死。二是外源基因产生的新蛋白质可能会引起人类的过敏反应。三是转基因产品的营养成分发生变化，可能使人类的营养结构失衡。四是转基因生物目前还不能够确定它的安全。产生风险的主要原因如下。一是资料不全，或者未知因素比较多。有些生物技术公司认为要保护知识产权、商业秘密，提供的资料不全，因此评价本身就不全。二是方法问题，目前探寻转基因食品的过敏性的方法有很大的局限性。还有检测手段限制及短期性，现在仅仅才有几年的时间，转基因生物的安全性问题、风险问题，需要一个长时间的测定，不是几年就能决定的。这些都是要考虑的因素。并且，自然界的生态系统是几十亿年进化形成的，适应了人类的生存和发展。随着社会的发展、科学的进步，保护环境、维持生态平衡已经成为人类奋斗的重要目标。早在 20 世纪 60 年代，由于分子生物学的发展，出现了所谓"新优生学观点"，提出可以"复制天才"，片面地认为"天才"可以在细胞核里蕴藏着"难能可贵的基因组合"，而忽略了一个人之所以有才华，是靠不断学习和社会实践的积累。现在，令人担心的是采用基因工程克隆人本身是有可能的，这最终会破坏人类生态平衡，因此需要立法、严格管理，同时也应该看到人民的力量，去预防或制止这一危险。

有的研究者认为，化学战和细菌战是世界末日的武器，它们是毁灭人类的武器。基因工程技术如果被用来研制最新型"基因武器"，这对人类不能不说是最直接的潜在危险。

对于转基因食品安全性的争论来自1998年8月,英国Rowett研究所用转基因马铃薯喂养大鼠,这种抗虫马铃薯所产生的雪花莲外源凝集素对大鼠的内脏器官和免疫系统产生了损伤;1995年5月,Losey等报道,在一种植物马利筋的叶片上涂上转基因Bt玉米花粉后喂养君主斑蝶(Danaus plexippu),发现4天后,斑蝶幼虫的死亡率为44%,从而引发了人们对转基因食品安全性的担忧(李方远,2008)。为了保障人民身体健康,消除消费者担心,有利于国际贸易和商品流通,同时也要考虑到少数民族生活习惯,每个国家卫生监控部门对此类特殊食品都会制定出安全管理条例,以便严格管理。

经济发展合作组织(Organization for Economic Cooperation and Development,OECD)于1993年提出的"实质等同性"(substantial equivalence)是评价食品安全性最有效的途径。所谓实质等同性是指如果一种新食品或食品成分与已存在的食品或食品成分实质等同,就安全性而言,它们可以同等对待。也就是说,新食品或食品成分能够被认为与传统食品或食品成分一样安全(李志亮等,2005)。评价的内容包括天然有毒物质、营养成分和抗营养因子、过敏原、工艺性状等。1995年,WHO将此分为三类:一是与市售的传统商品有"实质等同性";二是除某些特定的差异外,与市售的传统商品有"实质等同性";三是与传统食品没有"实质等同性"。考虑到转基因生物的多样性,应采取个案分析原则,即不能说转基因食品是安全还是不安全的。转基因食品的安全性评估主要包括有无毒性、有无过敏性,以及抗生素抗性等标记基因的安全性(张丽娜和陈一资,2008)。但是很多专家对这个原则发生质疑,认为不仅仅要对主要的营养成分来评估,而且需要对所有的常量的和微量的营养元素、抗营养元素、植物内毒素、次级代谢物及致敏原等基本浓度进行分析之后,才能够说转基因生物是安全还是不安全。对实质等同性原则还是存在争议的,实质等同性并不是安全评估的全部工作,在某种意义上,其实它更是安全评估的框架或者说是原则。从整体上来看,目前还没有比实质等同性更好的评估体系。其他的方法(如生物学、毒理学、免疫学实验等)可作为实质等同性原则的重要补充,以提供更有说服力的数据和结论(李志亮等,2005)。

在美国,转基因食品直接或间接提供给消费者的有以下三种。第一种是动物用药,如牛生长激素的使用。天然的牛生长激素(bovine somatotropin,BST)是由牛的前脑下垂体控制分泌,可促进小牛的生长和发育。现在已经可以应用基因重组技术把小牛的生长激素基因转移至微生物进行发酵生产,形成重组牛生长激素(recombinant bovine somatotropin,rBST),然后把它注射入乳牛中,可使其泌乳量增加20%,其风味质量无异,牛乳残存的rBST经过巴氏灭菌已被分解,即使少量存在,也不会危害人体。1990年,全世界已有22个国家在核准这种食品,其中俄罗斯、保加利亚、巴西、南非等国家这种食品已商业化。美国食品和药物管理局于1994年已批准其使用,用这种牛奶加工的食品,如干酪、酸乳酪、奶粉、乳酪粉等也都无需特别标示。第二种是完整的食物,例如,美国Calgene公司首先发展的PG反义基因转基因番茄,商品名"Flavr Savr",该公司提供给食品和药物管理局的参考数据以及与原番茄营养成分比较无异,所转移基因形成的重组基因能够转录、翻译出的蛋白质也是微量的,而且在人体内可把它分解。所以,美国食品和药物管理局认定该转基因食品是安全的并已批准上市,也不需要特别标示。第三种是食品添加剂,如食品加工用的酶制剂、增稠剂、乳化剂等。美国食品和药物管理局仅管制食品加工的最终产品,而不管制食品加工的中间过程。例如,经过基因工程改造的凝乳酶已被美国食品和药物管理局批准使用。这种基因工程酶并不是取自牛胃。现在一些素食者、犹太人、伊斯兰教徒也已接受这种基因干酪。此种食品在美国也无需标示。美国食品和药物管理局认为需加标示的转基因食品为经基因工程处理后带有过敏原基因或营养价值有所改变的食品。

英国FAC(Food Advisory Committee)所制订的转基因食品标准有4类:一类是采用基因工程菌生产的食品与传统食品的质量与成分相同;二类是食品内含有与自身同种基因的基因工程菌生产的食品。此两类食品无需标示;三类是食品内含有别的基因工程菌的成分;四类是食品中含有别的基因工程菌,而这种菌含有别的物种基因。后两类食品需要标示(Perry,2002)。

我国已于2001年12月11日经卫生部部务会讨论通过《转基因食品卫生管理办法》,自2002年7月1日起施行。该办法明确规定:食品产品中(包括原料及其加工的食品)含有基因修饰有机体或(和)表达产物的,要标注"转基因××食品"或"以转基因××食品为原料"。转基因食品来自潜在致敏食物的,还要标注"本品转××食物基因,对××食物过敏者注意"。这样,一方面可以缓解国外转基因农产品对我国农产品市场的冲击,为我国转基因农产品的开发争取宝贵时间,另一方面也有利于减轻重要贸易对象国技术贸易壁垒措施对我国农产品出口的影响(李志亮等,2005)。

虽然在转基因食品方面存在着争论,但是转基因技术的发展和应用是不可阻挡的大趋势。美国一家研究机构最近公布的《2003年硅谷指数》报告指出,生物技术和生物制药产业已为硅谷未来发展提供了新机会。科学技术发展史表明,有些重大科学发现、技术发明和应用也具有两重性,关键在于要趋利避害,任何科技发明和应用,都要充分考虑,不仅能满足当代人的需要,更要造福子孙后代。两百多年来的工业文明进程告诉人类,科技是一把双刃剑,人类对自然的改造迟早会反作用于人类自身。但是,也完全没有必要因为担忧和警觉而裹足不前,它只不过提醒人类应该小心行事罢了。到目前为止,还没有充分的科学证据证明转基因食品比传统食品更不安全。而由于反面意见,人们对控制转基因食品的安全性问题却有了更深入的了解。

参 考 文 献

蔡琳,李菲菲. 2007. 胚胎干细胞研究进展. 大连医科大学学报,29(3):10~13

陈大元. 2007. 动物克隆的研究与建议. 高科技与产业化,(10):70~74

崔文涛,单同领,李奎. 2007a. 转基因猪的研究现状及应用前景. 中国畜牧兽医,34(4):58~62

崔文涛,靳二辉,李奎等. 2007b. 转基因羊研究进展. 农业生物技术学报,15(3):519~525

葛立群,吕杰. 2008. 我国转基因食品的发展现状及安全管理. 农业经济,2:80,81

耿韶磊. 2004. 首批t-PA转基因羊在东营诞生. 中国牧业通讯:养殖场顾问,7:55

韩建永,桑润滋. 1999. 哺乳动物细胞核移植(克隆)研究进展(上). 河北畜牧兽医,6:16,17

胡炜,汪亚平,朱作言. 2005. 鱼类性腺发育调控的生物技术应用前景分析. 科学通报,50(24):89~94

胡炜,汪亚平,朱作言. 2007. 转基因鱼生态风险评价及其对策研究进展. 中国科学(C辑),37(4):377~381

李方远. 2008. 探析转基因食品的开发潜力. 农业与技术, 1: 12~14

李芳兰, 张国贞. 2007. 人胚胎干细胞研究现状及其应用前景. 中国组织工程研究与临床康复, 11 (3): 567~569

李光华, 叶绍辉. 2006. 动物体细胞克隆技术的研究进展. 家畜生态学报, 27 (4): 1~5

李海燕, 韩萍, 穆楠. 2008. 动物转基因技术在牛育种中的应用. 第三届中国牛业发展大会论文集. 346~349

李劲松, 庄大中, 孙青原等. 2000. 动物转基因技术的新进展. 生物化学与生物物理进展, 27 (2): 124~126

李志亮, 吴忠义, 王刚等. 2005. 转基因食品安全性研究进展. 生物技术通报, 3 (3): 1~4

厉彩虹. 2001. 人体干细胞应用现状研究. 松辽学刊 (自然科学版), 2: 68~70

刘建忠, 李宁, 丁翔等. 1998. 转基因动物研究进展, 农业生物技术学报, 6 (3): 269~276

刘少军, 曹运长, 何晓晓等. 2001. 异源四倍体鲫鲤群体的形成及四倍体化在脊椎动物进化中的作用. 中国工程科学, 12: 33~41

刘少军, 孙远东, 张纯等. 2004. 三倍体鲫鱼——异源四倍体鲫鲤 (♂) ×金鱼 (♀). 遗传学报, 1: 31~38

刘伟信, 朱庆. 1998. 转基因技术及其在家禽遗传育种中的应用. 当代畜牧, 3: 1~4

刘映娴, 安立龙, 冯业. 2007. 鱼类胚胎干细胞的研究进展. 家畜生态学报, 28 (6): 149~152

陆得如, 陈永青. 2002. 基因工程. 北京: 化学工业出版社. 121, 122

逄越, 袁晓东, 汤敏谦等. 2003. 鸡卵清蛋白基因序列调控人 α1 抗胰蛋白酶基因在 CHO 细胞中的表达. 中国细胞生物学学会第八届会员代表大会暨学术大会论文摘要集. 7~9

彭礼繁, 罗光彬. 2008. 哺乳动物克隆技术的研究进展. 当代畜禽养殖业, 7: 3~8

孙毅. 2006. 转基因动物的研究现状及展望. 科技情报开发与经济, 16 (2): 143~144

童佳, 李宁. 2007. 转基因技术改良家畜的现状与趋势. 中国农业科技导报, 9 (4): 26~31

王海, 连正兴, 李宁等. 2003. 哺乳动物体细胞克隆存在的问题及其思考. 农业生物技术学报, 11 (2): 207~211

王晓通, 娄义洲, 王晓娜. 2003. 转基因家禽研究概况. 山东家禽, 12: 36~39

韦学玉, 阎宏. 2006. 反刍动物瘤胃功能调控技术的研究进展. 养殖与饲料, 7: 34~36

吴坚. 1999. 由克隆羊"多莉"引发的思考. 西昌师范高等专科学校学报, 1: 90~93

许杰, 赵旭, 施明镇. 2006. 转基因牛的研究进展. 现代畜牧兽医, 11: 51~54

张斌, 华修国, 朱淑文. 2003. 胚胎干细胞定向分化研究进展. 畜牧与兽医, 9: 42~44

张莉, 杨静利. 2007. 动物乳腺生物反应器的研发及应用. 生物学通报, 42 (4): 8, 9

张丽娜, 陈一资. 2008. 基因工程技术及转基因食品安全性评价. 中国食物与营养, 1: 18~20

张荣昌, 岳福杰, 李森远等. 2006. 哺乳动物的克隆技术——哺乳动物克隆的原理、方法、影响因素及存在的问题. 中国畜牧兽医, 33 (10): 55~58

周卫东. 2007. 转基因动物及其应用. 生物学教学, 4: 41

周沼萍, 张承梅, 张海艇等. 2000. 克隆绵羊——多莉 (DOLLY) 的研究进展. 生物工程进展, 3: 53, 54

周竹娟, 郑健. 2006. 胚胎干细胞向神经细胞分化的研究进展. 中风与神经疾病杂志, 2: 249~251

朱作言, 汪亚平. 1999. 转基因鱼. 生物学通报, 34 (5): 1~3

朱作言, 许克圣, 李国华等. 1986. 人生长激素基因在泥鳅受精卵显微注射后的生物学效应. 科学通报, 31 (5): 387~389

Briggs R, King T J. 1952. Transplantation of living nuclei from blastula cells into enucleated frogs' eggs. Proc Natl Acad Sci USA, 38: 455~463

Brophy B, Smolenski G, Wheeler T et al. 2003. Cloned transgenic cattle produce milk with higher levels of beta-casein and kappa-casein. Nat Biotechnol, 21 (2): 157~162

Campbell K H, McWhir J, Ritchie W A et al. 1996. Sheep cloned by nuclear transfer from a cultured cell line. Nature, 380 (6569): 64~66

Chan A W, Homan E J, Ballou L U et al. 1998. Transgenic cattle produced by reverse-transcribed gene transfer in oocytes. Proc Natl Acad Sci U S A, 95 (24): 14028~14033

Cibelli J B, Stice S L, Golueke P J et al. 1998. Cloned transgenic calves produced from nonquiescent fetal fibroblasts. Science, 280 (5367): 1256~1258

Damak S, Su H, Jay N P et al. 1996. Improved wool production in transgenic sheep expressing insulin-like growth factor 1. Biotechnology (N Y), 14 (2): 185~188

Dean W, Bowden L, Aitchison A et al. 1998. Altered imprinted gene methylation and expression in completely ES cell-derived mouse fetuses: association with aberrant phenotypes. Development, 125 (12): 2273~2282

De Lille A J A E, Anthony R V, Seidel G E. 2001. Characteristics of placental and fetal tissues from day-75 nuclear cloned bovine pregnancies. Theriogenology, 55: 263 (Abstract)

Doetschman T, Williams P, Maeda N. 1988. Establishment of hamster blastocyst-derived embryonic stem (ES) cells. Dev Bio, 127 (1): 224~227

Donovan D M, Kerr D E, Wall R J. 2005. Engineering disease resistant cattle. Transgenic Res, 14 (5): 563~567

Evans M J, Kaufman M H. 1981. Establishment in culture of pluripotential cells from mouse embryos. Nature, 292 (5819): 154~156

Gordon J W, Scangos G A, Plotkin D J et al. 1980. Genetic transformation of mouse embryos by microinjection of purified DNA. Proc Natl Acad Sci USA, 77 (12): 7380~7384

Hammer R E, Pursel V G, Rexroad C E Jr et al. 1985. Production of transgenic rabbits, sheep and pigs by microinjection. Nature, 315 (6021): 680~683

Haskell R E, Bowen R A. 1995. Efficient production of transgenic cattle by retroviral infection of early embryos. Mol Reprod Dev, 40 (3): 386~390

Humpherys D, Eggan K, Akutsu H et al. 2002. Abnormal gene expression in cloned mice derived from embryonic stem cell and cumulus cell nuclei. Proc Natl Acad Sci U S A, 99 (20): 12889~12894

Jaenisch R. 1976. Germ line integration and Mendelian transmission of the exogenous *Moloney leukemia* virus. Proc Natl Acad Sci U S A, 73: 1260~1264

Kato Y, Tani T, Tsunoda Y. 2000. Cloning of calves from various somatic cell types of male and female adult, newborn and fetal cows. J Reprod Fertil, 120: 231~237

Kubota C, Tian X C, Yang X. 2004. Serial bull cloning by somatic cell nuclear transfer. Nat Biotechnol, 22 (6): 693~694

Kurome M, Ueda H, Tomii R et al. 2006. Production of transgenic-clone pigs by the combination of ICSI-mediated gene transfer with somatic cell nuclear transfer. Transgenic Res, 15 (2): 229~240

Lai L, Kolber-Simonds D, Park K W et al. 2002. Production of alpha-1, 3-galactosyl- transferase knockout pigs by nuclear transfer cloning. Science, 295 (5557): 1089~1092

Lanza R P, Cibelli J B, Blackwell C et al. 2000. Extension of cell life-span and telomere length in animals cloned from senescent somatic cells. Science, 288 (5466): 665~669

Latham K E. 2005. Early and delayed aspects of nuclear reprogramming during cloning. Biol Cell, 97 (2): 119~132

Lubon H. 1998. Transgenic animal bioreactors in biotechnology and production of bloodproteins. Biotechnol Annu Re, 4: 1~54

Miyashita N, Shiga K, Yonai M et al. 2002. Remarkable differences in telomere lengths among cloned cattle derived from different cell types. Biol Reprod, 66 (6): 1649~1655

Nagashima H, Fujimura T, Takahagi Y et al. 2003. Development of efficient strategies for the production of genetically modified pigs. Theriogenology, 59 (1): 95~106

Palmiter R D, Brinster R L, Hammer R E et al. 1982. Dramatic growth of mice that develop from eggs microinjected with metallothionein-growth hormone fusion genes. Nature, 300 (5893): 611~615

Park K W, Cheong H T, Lai L et al. 2001. Production of nuclear transfer-derived swine that express the enhanced green fluorescent protein. Anim Biotechnol, 12 (2): 173~181

Park K W, Lai L, Cheong H T et al. 2002. Mosaic gene expression in nuclear transfer-derived embryos and the production of cloned transgenic pigs from ear-derived fibroblasts. Biol Reprod, 66 (4): 1001~1005

Perry A C, Wakayama T, Kishikawa H et al. 1999. Mammalian transgenesis by intracytoplasmic sperm injection. Science, 284 (5417): 1180~1183

Perry J. 2002. Introduction to Food Biotechnology. Boca Raton, FL: CRC Press

Powell B C, Walker S K, Bawden C S et al. 1994. Transgenic sheep and wool growth: possibilities and current status. Reprod Fertil Dev, 6 (5): 615~623

Richt J A, Kasinathan P, Hamir A N et al. 2007. Production of cattle lacking prion protein. Nat Biotechnol, 25 (1):132~138

Robel J M. 1999. New life for sperm-mediated transgenesis? Nat Biotechnol, 17 (7): 636~637

Robertson E, Bradley A, Kuehn M et al. 1986. Germ-line transmission of genes introduced into cultured pluripotential cells by retroviral vector. Nature, 323 (6087): 445~448

Salter D W, Smith E J, Hughes S H et al. 1987. Transgenic chickens: insertion of retroviral genes into the chicken germ line. Virology, 157 (1): 236~240

Schnieke A E, Kind A J, Ritchie W A et al. 1997. Human factor IX transgenic sheep produced by transfer of nuclei from transfected fetal fibroblasts. Science, 278 (5346): 2130~2133

Shim H, Gutěrrez-Ádám A, Chen L R et al. 1997. Isolation of plunpotent stem cells from cultured porcine primordial germ cells. Biology of Reproduction, 57 (5): 1089~1095

Spemann H. 1938. Embryonic Development and Induction. New Haven: Yale University Press. 401

Stevens L C. 1958. Studies on transplantable testicular teratomas of strain 129 mice. J Natl Cancer Inst, 20 (6): 1257~1275

Tani T, Kato Y, Tsunoda Y. 2003. Reprogramming of bovine somatic cell nuclei is not directly regulated by maturation promoting factor or mitogen-activated protein kinase activity. Biol Reprod, 69 (6): 1890~1894

Thomson J A, Itskovitz-Eldor J, Shapiro S S et al. 1998. Embryonic stem cell lines derived from human blastocysts. Science, 282 (5391): 1145~1147

Tian X C, Xu J, Yang X. 2000. Normal telomere lengths found in cloned cattle. Nat Genet, 26 (3): 272~273

Wakayama T, Perry A C F, Zuccotti M et al. 1998. Full-term development of mice from enucleated oocyte injection with cumulus cell nuclei. Nature, 394: 369~374

Wheeler M B. 1994. Development and Validation of swine embryonic stem cells: a review. Reprod Fertil Dev, 6 (5):563~568

William H V, Henry K L, William N D. 1997. Transgenic livestock as drug factories. Scientific American, 276 (1) 70~74

Wilmut I, Schnieke A E, McWhir J et al. 1997. Viable offspring derives from fetal and adult mammalian cell. Nature, 385 (6619): 810~813

Xu J, Yang X. 2001. Telomerase activity in early bovine embryos derived from parthenogenetic activation and nuclear transfer. Biol Reprod, 64 (3): 770~774

Zhu Z, Li G, He L et al. 1985. Novel gene transfer into the fertilized eggs of goldfish (*Carassius acratus* L. 1758). J Appl Ichthyol, 1 (1): 31~34

第六章 发酵技术及其在食品生产中的应用

第一节 概 述

细胞培养技术推动了动物、植物以及微生物细胞新陈代谢的基础研究，对于食品生产更有实际应用价值，例如，对人肠上皮细胞的研究，阐明了营养消化和摄入的机制。

对于单细胞生物，细胞培养同样重要，对不同种或种群的细菌和真菌的研究，已经提供了微生物的基本结构和功能的信息，这对食品生产也有实际价值。例如，埃希氏菌属O157：H7产生的毒素性质，表明了这个菌种比其他的埃希氏菌种危险，而这也是通过细胞培养证明的。

细胞培养应用的广泛程度与食品的生产和技术流程直接相关。其中大多数，如使用酵母使食物发酵为乙醇，通常被称为传统的生物技术，但有一些传统的生物技术，例如，使用细菌生产如谷氨酸类的风味增强剂，直到20世纪才出现。在酿造工业和乳制品工业中，传统的生物技术包括了许多通常被认为是现代生物技术的东西。例如，工业上将先进的控制和诊断系统用于生物反应器的设计，但这两者已经被应用于改良细胞的DNA重组技术。而酵母和细菌的重组体技术已经广泛应用在乳制品和酿造工业，目前正在等待人们的认可。因此，将这些传统工业纳入到现代的生物科技的讨论中是很必要的，它们仍然是最成功的生物科技之一。从经济的角度说，酿造工业、联合蒸馏和制酒工业，组成了一个比其他生物科技都强大的力量。例如，1993年，加拿大生物科技公司（包括酿造和乳制品公司）的总税收为16.7亿元；1996年，加拿大人仅在啤酒上就花费了88亿元；250万人在美国从事酿造业；1996年，德国人消费了108亿L的啤酒。这些数字显示了传统的酵母发酵是全球经济的重要力量。其他的生物科技，特别是应用于人类治疗的，其经济价值有可能提高，使之与传统生物科技的差距缩小。例如，1997年全球在蛋白质重组治疗产业的税收是170亿元。尽管如此，传统的生物科技在将来仍将保持现有的经济力量。

微生物的新陈代谢与食品工业密切相关。酵母细胞使糖发酵为乙醇，构成了酿造业的基础；乳酸菌使糖发酵为乳酸，是生产奶酪、酸奶酪和其他各种乳制品的必需成分。乙醇和乳酸都是产生能源的发酵途径的终产物。

微生物新陈代谢涉及的许多微生物酶也被应用于食品的加工过程中，例如，在淀粉加工中，淀粉酶使淀粉转化为葡萄糖和其他有用的化合物；在奶酪加工中，脂肪酶被用于改善奶酪的风味。微生物多糖（如黄原胶）广泛应用于食品工业中，如增稠和结构修饰。由微生物细胞衍生的氨基酸，如谷氨酸，是生产味精的主要原料。

微生物有时被直接用于食品。酵母既用于面包的膨胀，也可直接作为食品（如vegemite，一种涂在面包上的酱）。肉类也可由微生物产品代替，如Quorn，它由禾谷镰刀霉代谢产物组成（彭志英，2008；邹敏辰，2005；萧家捷等，2004b）。

本章主要阐明如何将通过细胞培养获得的这些有价值的产品应用于生产。另外发展一种可行的策略，可以用来改进细胞制品的生产效率。动物的细胞制品（如抗体）已经在食品工业中应用，植物的细胞制品（如香草醛等风味成分）也将得到广泛的应用。目前为止，微生物细胞制品在食品工业上是最有价值的（表6-1）。

表6-1 用于工业生产的微生物（萧家捷等，2004b）

产品	用途	微生物	微生物类型
啤酒	饮料	Saccharomyces cereviseae	真菌（酵母）
葡萄酒	饮料	S. cereviseae	真菌（酵母）
伏特加酒	饮料	S. cereviseae	真菌（酵母）
酵母粉	面包制作	S. cereviseae	真菌（酵母）
酸乳	食品	Lactobacillus bulgaricus	细菌
酪乳	饮料	Lactobacillus acidophilus	细菌
乳酪	食品	Streptococcus thermophilus	细菌
谷氨酸	风味强化剂	Corynebacterium glutamicum	细菌
赖氨酸	营养强化剂	Brevibacterium spp.	细菌
葡萄糖甘酶	淀粉加工	Aspergillus niger	真菌
葡萄糖异构酶	果糖加工	Streptomyces spp.	细菌（放线菌）
β-淀粉酶	淀粉加工	Bacillus subtilis	细菌
转化酵素	淀粉加工	S. cereviseae	真菌（酵母）
黄原胶	增稠剂	Xanthomonas campestris	细菌
普鲁兰	增稠剂	Aureobasidium pullulans	真菌

第二节 啤酒酿造

一、概 述

啤酒尽管在全世界都非常受欢迎，但仍然备受争议，在某些宗教中，饮用含乙醇的饮料是被禁止的，而且不可否认滥用含乙醇的饮料会导致上瘾。但是，无数的人们享受着含乙醇的饮料并没有产生消极影响，而且有事实表明，有规律的饮用少量含乙醇的饮料（如红酒）对人类健康是有益的。酵母菌经糖发酵过程生成乙醇，是乙醇生产的推动力。

啤酒是最为广泛的含乙醇的饮料，全世界每年大约需要1200亿L啤酒。传统的啤酒酿造主要应用了三类生物体的特性：酿酒酵母（S. cereviseae）、大麦（Hordeum sativum）和蛇麻草（Humulus lupulus）。

啤酒酿造过程中的全部方法和工序在上个世纪没有改变，但是具体的过程和啤酒制造者在过程中控制的范围发生了巨大的改变，例如，用生物科技的方法改进了酿造过程。

酿造可以划分为4个不连续的主要阶段（图6-1）：麦粒发芽、捣碎、发酵和包装。在这个过程中，大麦种子中的淀粉转化为发酵的糖（发芽和捣碎），然后被酵母发酵为乙醇。发酵分为两个阶段：初发酵阶段，导致乙醇快速发酵；二次发酵阶段，在这个阶段啤酒变得成熟，改进了风味。包装通常包括啤酒的过滤和碳酸化作用，然后将啤酒装入瓶或罐中。

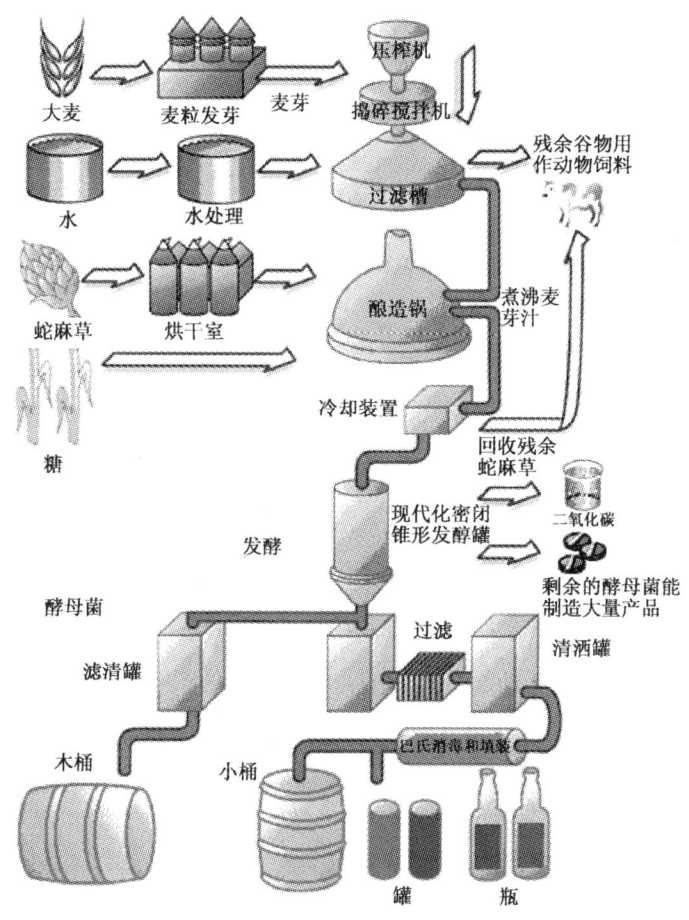

图 6-1 酿造流程图 (Schumm, 2002)

其他的发酵饮料，如白酒、白兰地、威士忌、伏特加等。发酵的过程相似。然而，发酵前的步骤趋向多样化。饮料通常由富含淀粉的物质组成，需要酶的预处理，因为酵母不能破坏淀粉；相反，葡萄不需要预处理，因为它们富含能直接被酵母发酵的蔗糖和其他糖。

在进一步改变前，最好考虑消费者喜欢的啤酒类型。可以将啤酒定义为一种由酵母和发芽的谷物制成的发酵饮料。可主要确定为以下三组。

1. 淡啤酒（Lager）

淡啤酒由酿酒酵母深层发酵制成。大规模的发酵一般是在低温条件下（4~12℃）进行。其发酵过程在北美和欧洲非常不同。北美趋向于加入少量由大麦、玉米和稻米芽的混合物制成的啤酒花；相反，欧洲则趋向于加入大量的啤酒花；淡啤酒在装瓶之前通常要经过很长的时间（超过3周）成熟（二次发酵阶段）。

2. 淡色啤酒（Ale）

淡色啤酒由酵母的顶端发酵制成。这种发酵在适当温度（12~18℃）下在很短的成熟期（1~3天）内发生。因为在温暖的发酵温度下，Ale通常比Lager有更复杂的风味。Ale的类型包括浓Ale（乙醇含量>5%）、烈性啤酒、波特啤酒、淡色Ale等。这些Ale在颜色上从黄色到黑色多种多样，在风味深度和复杂程度上也有很大的变化。

3. 干啤（dry beer）和清淡啤酒（light beer）

干啤和清淡啤酒由Lager或Ale制成，普遍使用的是Lager。它们的最终产品含有较少的未发酵的糖，因此与其他啤酒相比风味简单。这两种类型越来越受欢迎，特别是在北美洲。干啤和清淡啤酒最基本的不同之处在于清淡啤酒最初包含少量酶作用物，因此清淡啤酒含有较少的乙醇和热量；相反，干啤和常规啤酒具有较高且相近的乙醇和热量含量，但是具有不同的感官品质。干啤和清淡啤酒不如常规啤酒具有饱满的口感。

产品的这种分组是由于：①传统酿造过程具有的可变性（如窑烧时的烘烧程度直接影响着啤酒的颜色和风味）；②酵母本质成熟期的变化；③对酿造过程的生物科技重组（如在捣碎时使用附加酶）。

二、麦粒发芽

酿造是从大麦种子中加水的麦粒发芽开始，即浸渍。这些种子浸泡在水中，然后在控制湿度的房间内层层展开至少48h。这些种子吸收了能够引发发酵的水分，最后释放降解酶，包括α-淀粉酶、β-淀粉酶、蛋白酶、葡聚糖酶和磷酸酯酶（图6-2）。

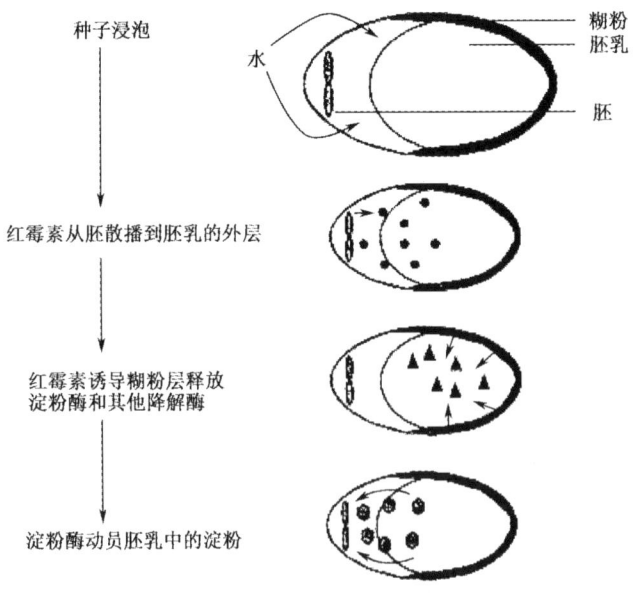

图6-2　大麦芽的萌发（Perry，2002）

释放降解酶的目的是从种子的储藏器官——胚乳中活化糖、氨基酸和磷酸。这些营养物质随后被成熟的胚胎用来燃烧芽和根部组织的最初产物。这些过程是必需的，因为这些胚乳中的糖基本上是酵母细胞在发酵时能源和碳源的主要来源之一。但是，糖在胚乳中以淀粉的形式贮藏，酿造时使用的酵母不可能将淀粉破坏为像葡萄糖或麦芽糖之类的发酵性的糖（图6-3）。

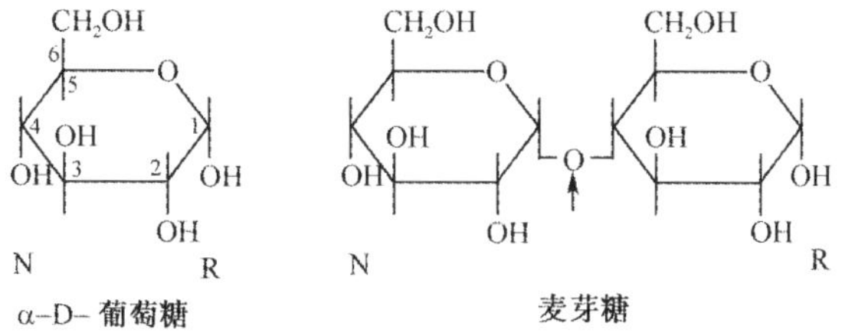

图6-3　α-D-葡萄糖和麦芽糖的结构（王镜岩，2003）

淀粉必须在酵母作用前被酶降解。大麦还含有β-糖苷键，如纤维素和葡聚糖等，它们受发芽和捣碎的影响较小，酵母不能利用这些糖，所以它们出现在最终产物中。一些情况下，这些糖的存在是有好处的，因为它们能增加啤酒酒体。但是，当需要生产在风味和酒体上较为清淡的啤酒时，葡聚糖又是很棘手的麻烦。这就是北美的酿造者经常用含较少β-葡聚糖的稻米或玉米的胚芽来改变大麦麦芽比例的原因之一。

从胚芽中释放淀粉酶对酿造是很重要的。同样重要的是控制酶破坏淀粉的时间，发酵过程通常不超过48h，连续的发酵会损失促进胚芽生长的糖。窑烘种子可以阻止这种损失，干燥加热可以去除种子中的湿气。只要种子不处于高温中（＞60℃），就可以保证杀死胚芽而不会破坏淀粉酶及其他酶。一旦种子中的大部分水分被去除，发芽的大麦就会很稳定，能够贮藏很长时间，如果贮藏环境的湿度足够低，可以防止种子中水分的浓缩。发芽的大麦很容易受到微生物的影响，必须保持干燥的环境。

另一个重要的因素是大麦颗粒的品质。农民们发掘出特别适合发芽的大麦栽培变种，这些栽培变种均一地生长，在窑烘时，淀粉酶可以在所有的种子中释放，胚乳中的淀粉被部分地转化为简单的糖。此外，发芽时淀粉的部分转化加快了捣碎时的大量转化。酿造者需要所有的种子充分地进行萌芽过程，而捣碎会引起大麦颗粒风味的改良，这些风味的改良对于许多啤酒的品质至关重要。

再者，种子的品质也很重要，其受土壤和昆虫的影响。高品质的发芽大麦有很高的发酵率（发酵的种子的比例），在发芽时酶大量堆积。如果种子太陈，发酵率很低，在捣碎时不会有足够的酶出现。陈年的种子也有可能被真菌污染，在发芽时产生严重的问题。在发芽的最初阶段，环境对于微生物的成长是有利的，过多的大麦颗粒的污染通常会极大地损坏发酵种子。

三、捣　　碎

发芽通常需要专门的操作。先把发芽的大麦捣碎，从种子中释放淀粉颗粒，然后在捣碎的麦芽中加水，混合物缓慢加热到65℃。有些捣碎过程在40℃有一个延长的成熟期，让捣碎中的蛋白质水解及变性。如果大量蛋白质存在于大麦种子中，这个步骤是必需的，因为完好的蛋白质会导致终产物的混浊。发芽大麦中的蛋白酶在通常的捣碎温度（65℃）下会失活，所以在低温条件下少量地延长成熟时间（如30min）是有道理的。

当温度增加到了65℃，为β-淀粉酶的最佳温度。β-淀粉酶是一种分解麦芽糖（一种由两个葡萄糖分子通过α-糖苷键连接构成的二糖）使淀粉聚合体解离的胞外酶。α-淀粉酶是一种在聚合体内作用于淀粉的内酶，产生大量的能够被β-淀粉酶作用的淀粉直链。

在捣碎时淀粉转化为较简单的糖比在发酵的种子中发生得更快。在1h内，只剩下很少的淀粉，产生的麦芽汁是酵母发酵很好的介质。但是，这个阶段的麦芽汁对于酵母的接种没有完全准备好。麦芽汁需先通过人造的过滤器或过滤桶过滤，它们是大麦皮和种皮的过滤装置，然后需要加热沸腾过滤后的大麦汁。原因有4个：一是失活淀粉酶和其他酶类；二是沉淀已经析出的蛋白质（改善终产物的蛋白质的混浊程度）；三是从大量的啤酒花中有效萃取树脂和必需的油脂；四是减少麦芽汁中的微生物污染。

另外，β-葡聚糖是一种存在于大麦种子细胞壁中的多糖，在捣碎过程中被释放到麦芽汁中。尽管β-葡聚糖酶也存在于捣碎过程中，但由于它们缺乏耐热性，受捣碎温度的影响而失去活性。β-葡聚糖增加了麦芽汁的黏滞性，从而增加了在捣碎过程中，特别是澄清桶中过滤的时间。解决这个问题的一种方法是使大麦产生耐热性的β-葡聚糖酶，这必须通过转基因方法实现。但至今也没有文献记载含有耐热性β-葡聚糖酶的转基因植物，一个主要的障碍就是只有某些大麦品种可以转基因，而这些品种不是最好的酿造品种。因此，需要大量的逆代杂交，来获得符合要求的含有耐热性β-葡聚糖酶的品种。

四、初次发酵

发酵是酿造过程最主要的部分。酿造的目的是制造能产生愉快感觉的乙醇饮料，发酵实现了这个目标。初次发酵在科学的历史上也有着特别的地位。糖酵解和发酵的过程最早在酵母中发现，这也是最早被解释的生物化学途径，为20世纪的生物化学发展和演变奠定了基础。

糖酵解和发酵的相同点：①都要进行以下三个阶段，即葡萄糖→1,6-二磷酸果糖；1,6-二磷酸果糖→3-磷酸甘油醛；3-磷酸甘油醛→丙酮酸；②都在细胞质中进行。不同点：通常所说的糖酵解就是葡萄糖→丙酮酸阶段。根据氢受体的不同可以把发酵分为两类：①丙酮酸接受来自3-磷酸甘油醛脱下的一对氢生成乳酸的过程称为乳酸发酵（有时也将动物体内的这一过程称为酵解）；②丙酮酸脱羧后的产物——乙醛接受来自3-磷酸甘油醛脱下的一对氢生成乙醇的过程称为酒精发酵。

蛇麻花是蛇麻属植物，大麻的一种，因其花序可用于酿造啤酒，因此又称为啤酒花。大麻的花含有影响人类神经系统的次生代谢物。次生代谢物被定义为不参与植物主要新陈代谢的化合物，并且不涉及能源和碳源的基本过程。许多次生代谢物对于动物是有毒的，被认为是食草动物的重要抵御物。

幸好许多次生代谢物对于人类是无毒的，而且是非常好的呈味物质，绝大多数物种包含呈味的次要化合物。蛇麻花中有许多以树脂的形式存在的次生代谢物，包括对酿造极其重要的律草酮（图6-4）和必需油脂。这些化合物提供了啤酒中的苦味。必需油脂是重要的芳香化合物,有相似的结构,但是更小、更易挥发。

这些亲脂性的物质在水中不能溶解,只能在沸腾时溶解。它们是啤酒的苦味、滋味和香味的来源。一个酿酒师的最主要的工作,就是添加合适数量和种类的蛇麻草赋予啤酒合适的风味。许多北美产的啤酒品牌含有很少的蛇麻草,因为消费者喜欢不苦的啤酒。但是,北美的一些小啤酒厂生产的啤酒和许多欧洲啤酒含有大量的蛇麻花。

一些从蛇麻花中萃取的树脂具有抗菌的性质,特别是对革兰氏阳性菌,这可能是最初向麦芽汁中添加蛇麻花的最重要原因。20世纪以前,酿造业是一个高风险的行业,不可避免地发生酵母接种体的污染,蛇麻花的抗菌作用是必要的。而对于现代酿造业,蛇麻花的抗菌性质就不那么重要了。

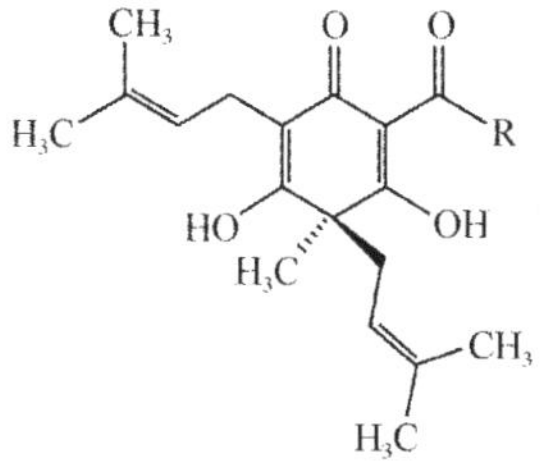

辅律草酮 R= $CH(CH_3)_2$
律草酮 R = $CH_2CH(CH_3)_2$
伴律草酮 R = $CH(CH_3)CH_2CH_3$

图 6-4 律草酮(Humulone)的化学结构(Schumm,2002)
"R"指不同长度的烃链

发酵在加入酵母接种体之前,步骤很简单。在煮沸的麦芽汁中加入蛇麻花,麦芽汁冷却后转移到生物反应器中,然后向麦芽汁中添加适当的储藏啤酒或酵母。许多生长和发酵特征具有微小不同的酵母种群被分离,这些种群的精选品有时对啤酒的最终风味有重要的影响。

酿造师通常向麦芽汁中添加大量的酵母(如每100L麦芽汁中添加0.5L酵母悬浮液),所以酵母不需要长时间的桶装期去增加数量。当酵母开始增长时,发酵也开始了。发酵是一个厌氧性的过程,如图 6-5 所示。

这种减少通常与糖(如葡萄糖)的异化作用联合起来。1810年,Gay-Lussac 提出了葡萄糖被酵母发酵的方程式:

$$C_6H_{12}O_6 \longrightarrow 2C_2H_5OH + 2CO_2$$

葡萄糖　　　乙醇　　二氧化碳
180g　　　　92g　　　88g

在发酵的最初阶段,麦芽汁中应该充入二氧化碳或进行氧化处理。尽管发酵是一个厌氧过程,但是酵母需要氧气制造麦角固醇,这种存在于真菌的乳浆膜中的化合物使之具有浓度和硬度。如果发酵的最初阶段是有氧的,酵母将能够合成足够的麦角固醇,满足在发酵时期细胞维护的需要。

许多种类的酵母在高浓度的葡萄糖或其他糖中无法呼吸。这样的情况在麦芽汁中也存在。由于线粒体结构被破坏,酵母细胞作为主要的产生能量的途径开始无氧发酵。这被称为克拉布特里(Crabtree)效应,尽管有氧气存在,依然导致了酿造酵母的强烈发酵。

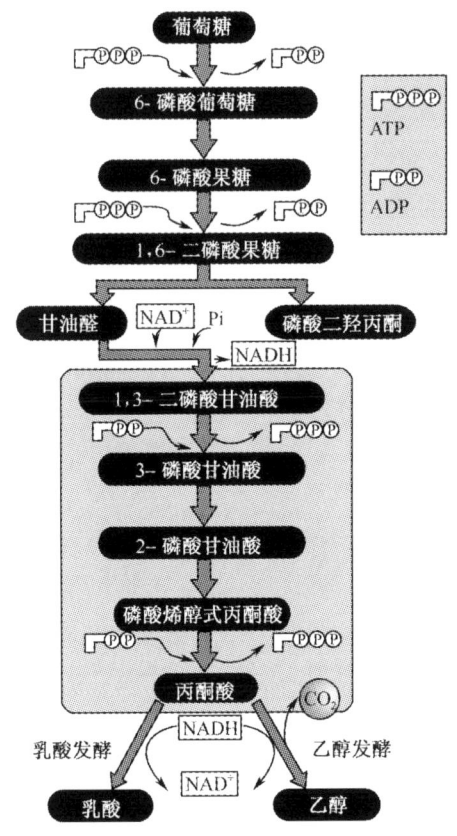

图 6-5 糖酵解和发酵（Doyle and Beuchat，1997）

糖酵解即葡萄糖→丙酮酸阶段发生后，丙酮酸转化为乙醇和二氧化碳。这个乙醇发酵过程使 NAD^+ 再生，有效地去除了糖酵解的废弃产物——丙酮酸（乙醇可以自由地通过细胞膜）。发酵时会产生少量三磷酸腺苷（ATP）（NAD，烟酰胺腺嘌呤二核苷酸；ADP，二磷酸腺苷；P_i，磷酸）

五、二次发酵

一旦发酵完成（成熟期），所有发酵的糖通过酵母转化为乙醇，啤酒被转移到其他容器中冷却，贮藏。

这时，酵母仍然存在。成熟的时间从几天到几个月。啤酒中发生了一些化学变化：一是残留的酵母由于营养缺乏，限制了新陈代谢的进行而不能生长；二是在成熟的啤酒中发生了化学反应。成熟期是非常重要的，在此阶段发生的各种变化，产生的各种产物决定了啤酒是否有很好的口感。

在二次发酵阶段中最重要的改变是联乙醛的减少。这种化合物有很强的黄油样的味道，这种味道在啤酒中让人无法接受。在酵母生长后，联乙醛由 α-乙酰乳酸通过无酶的过程形成（α-乙酰乳酸是一些氨基酸生物合成途径中的介质）。酵母能够将联乙醛转化为乙酰甲基原醇（增香剂），一种没有风味的化合物。但这种改变由于联乙醛转化为乙酰甲基原醇的速率减慢而被延误。因此，二次发酵有时需要几周时间。在许多淡色啤酒中，联乙醯转化为乙酰甲基原醇是必需的，因为可以消除联乙醯的强烈味道。

啤酒在成熟期的最后用小桶或瓶子灌装。在一些传统操作中，利用小桶或瓶子进行二次发酵。现代的酿酒厂灌装前在啤酒中充入二氧化碳，发酵的糖（通常是葡萄糖）也添加到小桶或瓶子中，残留的酵母发酵将会产生二氧化碳和碳酸化的终产物。

六、代谢抑制的改善

新陈代谢的副产物能够延长发酵时间。麦芽汁中通常含有大量的葡萄糖、麦芽糖和麦芽三糖。葡萄糖是很好的碳源，能直接进入发酵途径。因此，许多酵母先发酵葡萄糖。只有当葡萄糖完全耗尽时，其他的糖才会被利用（某些新陈代谢作用的副产物能够抑制酵母对其他副产物的利用），即在发酵过程中存在着葡萄糖效应，导致乙醇生产速度的下降，进而造成经济损失。

例如，在大肠杆菌和肠道细菌中，当生长介质中有葡萄糖存在时，就会出现代谢抑制。高水平的葡萄糖抑制腺苷酸环化酶，造成环—磷酸腺苷（cAMP）的低水平，抑制了其他糖（如麦芽糖）代谢所需的基因的表达。但是，当介质中葡萄糖被耗尽，cAMP水平提高，影响降解物基因活化蛋白（CAP），CAP结合到编码糖代谢酶的基因中位于操纵子上游的启动子上。随着CAP结合到启动子上，RNA聚合酶有效地结合启动子，转录就开始了。

代谢抑制似乎不是基因调节必需的，但是考虑到大肠杆菌的自然环境——哺乳动物的胃和肠道（GI），它显然是很重要的，因为这个环境的营养供给是不可预知的。当营养物质在胃和肠道出现时，剧烈的竞争在细菌中随之发生。葡萄糖能够直接进行糖酵解，是微生物的一个极好的能量来源；其他糖通常在它们进入糖酵解或其他能量产生途径之前就已经被酶修饰。因此，大肠杆菌在使用葡萄糖时能比使用其他糖时生长得更快。在胃肠道的激烈竞争环境中，生长速度的微小改变也能决定一种细菌的命运。大肠杆菌尽量在葡萄糖存在时"夺取"葡萄糖，而忽视其他糖的意义。

代谢抑制对于酵母同样重要，这些酵母也必须在其自然环境（植物表面和富含蔗糖的水果）中与其他微生物竞争。由于酵母对酿造业和烘烤业的重要性，许多研究人员关注于酵母的代谢抑制（即葡萄糖效应）。酵母和肠道细菌中的情况相近，当细胞将介质中的葡萄糖耗尽时，摄取和利用葡萄糖的相关基因被关闭，而摄取和利用其他糖的相关基因被激活，如麦芽糖。然而，酵母菌与大肠杆菌的葡萄糖效应的机制差异很大。cAMP参与调节的方式不同，在大肠杆菌中，当葡萄糖用尽时，cAMP水平上升，诱导利用其他糖的相关基因转录。然而，在酵母菌中，当培养基中存在葡萄糖时，cAMP水平上升了，抑制了麦芽糖和其他糖摄取和利用过程中相关蛋白编码基因的转录。这种调节的机制还不清楚，但已经提出了几种复杂的调节模式，在此不做赘述。

由于酵母中新陈代谢副产物抑制作用的分子机制还不清楚，不可能直接精确地改变酵母的基因来削弱代谢副产物的抑制作用。反而是通过诱变消除了一些酵母菌种的代谢副产物抑制作用，这种方法在应用于酿造业和焙烤业的酵母菌中都获得了成功。

2-脱氧葡萄糖不能被酵母细胞利用产生能量和碳。具有正常代谢抑制副产物的野生型酵母细胞，由于 2-脱氧葡萄糖的抑制作用而不能利用其他碳源。但是如果将酵母细胞先后暴露于诱变剂（一种导致 DNA 序列随机变化的复合物）和一种类似葡萄糖的合成体——2-脱氧葡萄糖，调节基因表达的关键基因的突变将会削弱新陈代谢作用副产物的产生。尽管有 2-脱氧葡萄糖的存在，突变异种仍能够利用其他的糖（图 6-6）。这个方法在对酵母菌属进行突变育种时获得了成功，使其能够同时利用葡萄糖、麦芽糖和麦芽三糖，避免了葡萄糖的优先利用。

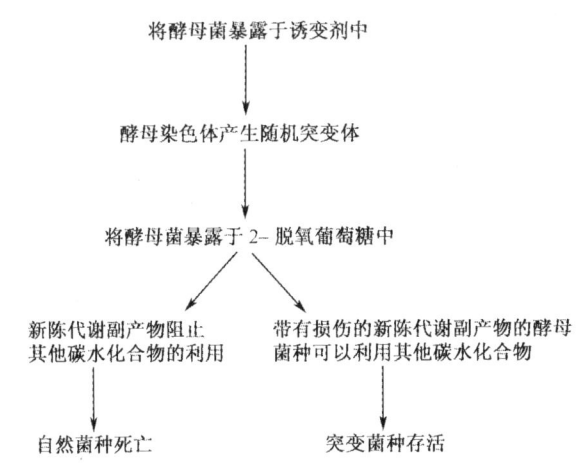

图 6-6　诱变的方法用抑制分解代谢分离酵母菌种（Perry，2002）

七、高密度的发酵

以前是使用比重较高的麦芽汁提高发酵效率，麦芽汁的初始比重取决于麦芽汁中溶质的浓度，是一个重要的常量，直接关系到啤酒最终的乙醇浓度。如果麦芽汁的比重高于最初的正常值，会增加啤酒的乙醇含量，这种啤酒被稀释，就会在每次发酵中都获得大量的啤酒。

但是，这种高比重的方法不一定总会成功。如果麦芽汁的渗透压太高，由于对酵母菌新陈代谢的抑制，抑制性发酵开始；如果乙醇浓度超过酵母菌的耐受范围，发酵将会停止。因此，酿造业研究的目标之一，就是增加酵母菌种对于溶质初始的高浓度和初次发酵后期乙醇高含量的耐受性。

对于一些菌种，简单调整酿造环境能使高比重酿造成功。例如，增加初始氧浓度，增加发酵温度（14～25℃）以及增加酵母接种的密度，这三方面的结合导致了某些酵母菌种高比重酿造的成功。其他研究表明，寻找高浓度的氧和游离氨基氮（酵母细胞的一种很好的氮源）对于高比重和极高比重酿造体系的成功具有决定性意义。另一个决定性的进展是分离能够承受高浓度乙醇（如 14%）的酵母菌种。这些改进节省了大量的成本，因此高比重酿造在酿造业中越来越受欢迎。

八、联乙醯的消除

二次发酵的主要目的是使联乙醯的含量降低到 0.5mg/L 以下（在这个阈值以下，

联乙醯的风味不会被感觉到）。可是，这会延长大的不锈钢容器的使用时间，这对于酿造厂来说是昂贵的。一种加快联乙醯变异的方法是加入 α-ALDC（乙酰乳酸脱羧酶）（图 6-7）。联乙醯由 α-乙酰乳酸产生，α-ALDC 基因被引入 S. cereviseae 的酿造菌种。α-ALDC 催化 α-乙酰乳酸转化为羟基丁酮，从而阻碍了联乙醯的产生，降低了联乙醯的产量。

但是，在酵母中没有发现 α-ALDC。它出现在土生克雷伯氏和肠杆菌属产气微生物等许多细菌中，一些研究机构成功地将这种酶的基因引入了酵母菌种中。其他重组的酵母菌种也有开发，例如，引入了淀粉酶的基因，一些重组的酵母菌种提高了对糖的利用率，另一些增强了絮凝能力（强絮凝酵母）。这些菌种在发

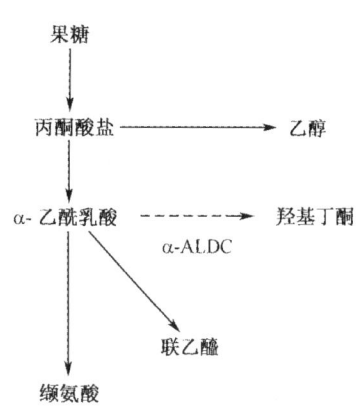

图 6-7 重组法改变酿造酵母生产联乙醯（Perry，2002）

酵后厚厚地沉淀在发酵容器的底部，很容易从啤酒中分离。强絮凝的酵母通常也是黏的，因此很容易固定于纤维、木条或其他物质中。科学家对于在初次发酵或二次发酵中使用固态酵母非常感兴趣，因为在理论上这可以大量缩短发酵时间，使它成为高效的能源。酿造者可以在连续的发酵系统中，而不是在普通的批量系统中使用固态酵母（见第七章第三节）。

第三节 发 酵 乳

很少有人在喝酸奶时认识到他们是在喝有生命的微生物，而这些微生物就悬浮在酸奶中。所以说，酸奶是乳业中应用大规模细胞培养的极好例子。如果没有这种革兰氏阳性菌——乳酸菌（lacticacid bacteria，LAB），酸奶、奶酪和脱脂乳就不可能生产出来。这些细菌特别耐酸，能在酸性，甚至是 pH<3 的环境中存活和生长。LAB 其他的重要特征有以下 4 种。

1）缺少病原菌。它们在安全食品的使用上有较长的历史，除了在少数环境外，没有引发疾病，一些 LAB 能导致腐败（如小球菌属），这能使食品腐烂，但对人类的健康没有危害。

2）能将乳糖和其他糖发酵成乳酸。当 LAB 投入到牛奶中时会产生降低牛奶 pH 的乳酸。如果集中了足够多的乳酸，牛奶中的干酪素凝固，形成半固体产品。与凝乳酶结合后，产生的凝乳很稳定，在挤压和熟化后，凝乳成为奶酪（见第三章第八节）。不同浓度的产品被制成不同的品种，如酸奶、脱脂乳、羊乳酪干酪和切达干酪，它们有着极其不同的质感和黏度。这些产品的制造都有各自 LAB 的特定组合（图 6-8）。

3）某些 LAB 能改进乳制品的风味。例如，赋予脱脂乳典型风味的联乙醯由乳球菌产生。

4）牛奶中 LAB 的生长延长了牛奶的保质存放期，也增强了对致病菌的抑制。

与酿造业相同，用于制造发酵乳制品的方法和传统的方法相比没有本质的改变。人

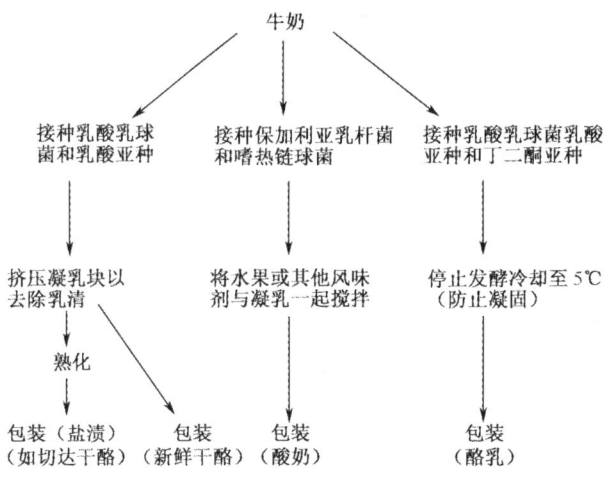

图 6-8 利用乳酸菌生产各种发酵食品（Perry，2002）

类对于一些奶酪有较长的利用历史。在奶酪发明前，人类可能没有大规模地使用动物奶，因为未经冷却的牛奶的货架期非常短。而在奶酪发明后，其在许多国家很受欢迎，奶酪的制造逐步发展成一种复杂的艺术，人们可以做出具有多种风味和质感的奶酪。奶酪和酒以及少量其他食品广泛流行，推动着美食向最高水平发展。

一、发 酵 剂

大规模的细胞培养在乳业生物科技的主要应用是先向牛奶中接种 LAB 发酵剂，然后将牛奶转化为各类产品。乳制品业的主要趋势之一是使用已知的发酵剂，而不是使用未知的细菌合剂。这种发酵剂的使用提高了生产过程的稳定性。一种已知的 LAB 合剂产生乳酸和风味物质的浓度水平应该恒定，它们降低了生产时间和终产物性质的不确定性。已知的发酵剂的使用需要对乳酸菌的生物学特性有足够多的了解。

1. 乳酸乳球菌和嗜热链球菌

乳酸乳球菌（*Lactococcus lactis* subsp. *lactis*）和嗜热链球菌（*Streptococcus thermophilus*）是同型乳酸发酵细菌，这意味着它们只能形成一种终产物即乳酸。*S. thermophilus* 是嗜热的，能够抵抗高温（在 40～45℃间可以很好地生长），其他大多数用于发酵剂的细菌是嗜温的，需要 30℃左右的温度。这些细菌足以使牛奶酸化，在发酵剂中大量使用。*L. lactis* 通常用于奶酪的发酵剂，*S. thermophilus* 通常在酸奶的发酵剂和一些硬奶酪的生产中使用（如瑞士埃曼塔奶酪和瑞士干酪），因为它们的生产需要不嗜热的发酵剂，不能抵抗较高的温度（约 45℃）。

2. 肠膜明串珠菌亚种

肠膜明串珠菌亚种（*Leuconostoc mesenteroides* subsp. *cremoris*）是一种异型发酵菌，产生乳酸和多种风味物质（如乙酸）。尽管在一些奶酪（如布里干酪和卡门培尔干酪）中它可以作为一种发酵剂单独使用，但通常与同型乳酸发酵细菌结合使用。

3. 德式乳杆菌保加利亚亚种和乳酸亚种

德式乳杆菌保加利亚亚种（*Lactobacillus delbrueckii* subsp. *bulgaricus*）和乳酸亚种是同型乳酸发酵细菌，经由发酵产生乳酸，是风味物质的重要生产者和发酵剂的增强者。德式乳杆菌保加利亚亚种通常是酸奶发酵剂的一部分。

4. 双歧杆菌

双歧杆菌（*Bifidobacterium* spp.）在许多动物的胃肠道系统中产生厌氧性生物，它们是异型发酵菌，由于它们产生风味物质（如乙酸）并且被认为是益生的（有益健康的），因此也用于发酵剂中。这种益生作用与双歧杆菌能在人类胃肠道定殖有关。

在奶酪的生产中，发酵剂的主要目的是酸化牛奶，促进凝乳的凝结。但是在熟化的奶酪中，发酵微生物对奶酪的质感和风味有重要作用。熟化有许多方法，它通常破坏成块的凝乳，使它们漂浮在盐溶液表面（这增加了凝乳中的盐浓度，抑制了腐败微生物的生长），然后在阴凉、潮湿的环境中静置数周或数月。在这段期间，奶酪中的酶修饰了奶酪的质感和风味。由于酶的主要来源是发酵剂微生物或存活于消毒牛奶中的微生物，熟化奶酪中的微生物性质是极为重要的。

越来越多的人认同作为发酵剂的细菌有促进健康的作用。大多数人将注意力集中在双歧杆菌和益生菌乳酸杆菌（*Lactobacillus rhamnosus* GG）上，这些细菌能够进入人类的肠道，抵抗一些肠道病原菌，如难辨棱状芽孢杆菌（*Clostridium difficile*）。虽然它们没有促进酸性和产生风味物质，但是它们使最终的产品对注重健康的消费者来说有更强的吸引力。

二、噬菌体污染

牛奶发酵面临的最大的问题是噬菌体引起的发酵剂失效。噬菌体能够完全终止牛奶的酸化，使牛奶腐败，病原菌就会大量生长，而毒素的聚集是危害公众健康的潜在因素。

噬菌体来源于牛奶和发酵剂。许多噬菌体是耐热的，不受加热消毒的影响，因此，牛奶在发酵过程中需要更剧烈的加热（90℃，30min）。大多数情况下，着重要阻止噬菌体感染发酵剂。如果奶酪生产者自己制备工作发酵剂进行牛奶发酵，需要使用噬菌体抑制剂来促进发酵剂微生物的生长。但通常是购买冷冻干燥的发酵剂，它能够直接在发酵桶中接种，避免在发酵剂制备时被噬菌体感染的可能。

幸运的是，噬菌体感染不会自动导致发酵剂的失效，像其他的许多病毒一样，有一个变化过程。噬菌体通过细胞溶解酶的循环来产生毒性，从而杀死寄生菌。但温和的噬菌体有一段睡眠期，不会立即导致寄生菌细胞的死亡。一些菌种显示了中级水平的毒素，只有在发酵过程中发酵桶未完全消毒时才会引起发酵剂的失效，这样的噬菌体可以自身复制很多，除了影响 LAB 的生长，更重要的是影响 LAB 的产率。而且，当加入一批新牛奶时，如果这个阶段的菌种仍然存在，那么发酵剂仍有可能会失效。

溶源性菌种也会导致发酵剂的失效,因为突变产生的烈性噬菌体有时也会出现在这样的菌种中。大多数溶源性菌种以较低的频率自动导入裂解性噬菌体;结果是大多数含有溶源性噬菌体的培养物中,也含有裂解周期中死亡的噬菌体细胞释放出来的游离噬菌体。在一些国家(如法国),特制干酪的小规模生产所用的培养基就成了溶源性噬菌体的温床,导致噬菌体扩散到其他奶酪的生产环境中去。

1)抗噬菌体菌种(也就是对噬菌体不敏感的突变体)。LAB一般易于感染噬菌体。有些情况下,抗性是由于限制性修饰系统(降解噬菌体DNA的限制酶和保护细菌DNA的抵抗限制酶的甲基酶,见第三章第二节)的作用;在其他情况下,抗性可能与菌体对噬菌体吸收和注入的影响有关,许多抗性基因是质粒编码,可引入到其他的LAB。

2)使用噬菌体抑制剂培养发酵剂微生物。从20世纪60年代开始,人们认识到在牛奶中加入钙螯合剂能够抑制噬菌体的增殖。噬菌体的增殖需要钙,螯合剂的加入对噬菌体大量增殖产生抑制,但这个方法的唯一缺点就是螯合剂也同样抑制了LAB的生长。

三、乳酸菌的重组

1. 发酵剂的改进

过去10年,研究人员对乳球菌、乳杆菌和其他LAB的转基因菌种表现出极大的兴趣。这是由于它们对乳制品业的重要性,以及对其他食品和饮料发酵的重要性,例如,在酸菜生产中使用植物乳杆菌(*plantarum*);在酒类酿造中使用明串珠菌属催化苹果酸—乳酸发酵,使苹果酸转化为乳酸,减少了某些酒的酸味。

虽然LAB比其他的细菌如 *E. coli* 更难转化,但是不断有成功重组LAB的报道出现。但对于应用在食品发酵的LAB质粒作为克隆载体有很多缺点。最主要的是当缺乏选择性压力时,质粒是不稳定的(能被宿主菌丢失)。通常,在使用质粒载体的克隆实验中,通过在载体中插入抗生素耐性基因来解决这个问题。在生长介质中的抗生素运用选择性压力确保宿主细胞中存在质粒。然而,在食品发酵中加入大量的抗生素是不现实的(而且在所有国家是非法的);同时,抗生素耐性基因被认为是非食物类的基因,含有这种DNA意味着LAB将会失去GRAS(安全性),因此在食品发酵中不能使用。

解决质粒不稳定性的最好方法是将需要的DNA序列整合到细菌的基因组中。最近一个西班牙的研究机构证明这是可行的,他们通过质粒将噬菌体A2中的一个基因插入到 *L. casei* 的染色体中,产生的重组菌种对噬菌体A2侵染是有抗性的。

这一过程使用了两种质粒载体(图6-9),一种质粒(pEM76:cI)包含噬菌体基因(cI)和一种指导相关DNA整合到 *L. casei* 的基因组的特定区域的基因(*int*)。six的DNA序列也存在于这种质粒中;它们位于一个DNA序列两侧,这个序列包含几个抗生素耐性基因。另一种质粒(pEM68)包含一个编码β-重组酶(切除six序列间的DNA序列)的基因。

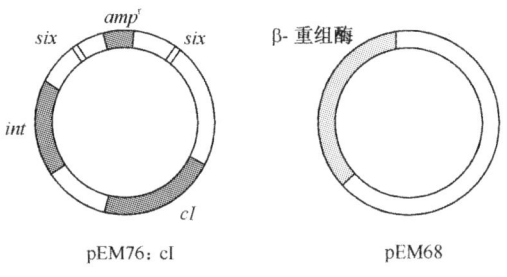

图 6-9 质粒载体用于抗噬菌体乳酸菌的转化（孙明，2006）

pEM76：cI 先通过电穿孔法转化 L. casei（图 6-10）。int 编码的整合酶催化质粒插入 L. casei 的染色体，利用对抗生素的抑制作用进行筛选。需要指出的是 pEM76：cI 本身不具有 L. casei 的复制起始区，只有整合进基因组，细胞才可以在抗生素的存在时生长。

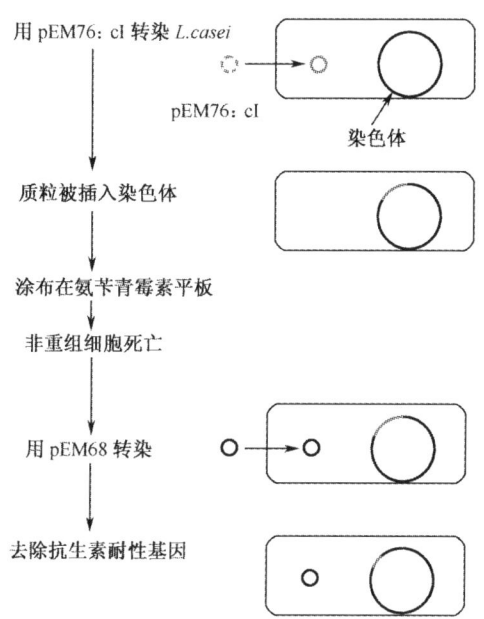

图 6-10 抗噬菌体乳酸菌转化的方法（Martin et al.，2000）

分离出重组的细菌后，通过用 pEM68 转化这些细菌来去除抗生素耐性基因。β-重组酶指导抗生素耐性基因移动（因为它们位于 six 序列中间），由此产生对抗生素抗性敏感的细菌，同时具有与细菌基因组稳定结合的噬菌体 A2 基因。当用噬菌体 A2 在牛奶发酵过程中进行试验时，发现重组的细菌对病毒具有免疫力，这是因为被一种病毒感染的细胞会获得对其他病毒的免疫力。

2. 重组乳酸菌疫苗

许多 LAB 具有 GRAS 系统，可以口服接种疫苗。口服疫苗比注射疫苗更适合控制和使用，容易刺激免疫系统的黏膜。因为大多数病原菌通过破坏黏膜的防御（肠道的或肺的黏膜表皮）进入人体，黏膜的免疫力被认为比普通的免疫反应更具有保护性。

食物类的 LAB 作为疫苗的传递系统也是值得关注的，因为它们与包括化脓链杆菌（*S. pyogenes*）和肺炎链球菌（*S. pneumoniae*）在内的一些病原菌密切相关。这些病原菌有相似的遗传学背景，以胶囊的形式将链球菌的基因转移到乳酸菌（*L. lactis*），这些胶囊实际上就是链球菌外面覆盖着的一层多糖外壳，因为这些多糖帮助细菌躲避免疫系统中吞噬细胞的吞噬而成为关键的致病性因素（剂量与病原菌侵入和损害宿主的能力有关）。那些基因通过质粒载体成功地插入 *L. lactis* 中，在注射入鼠的腹腔中后，产生的重组细菌便获得了对 *S. pneumoniae* 的抗性。

关于乳酸菌 LAB 的基因重组还有很多，这里只介绍了其中两个比较有发展潜力的例子。随着科学技术的发展，通过基因重组会在乳酸菌 LAB 中表达更多的蛋白质，同时也会构建出更多重组乳酸菌工程菌株。

第四节 氨基酸的生产

一、概 述

用微生物菌种生产氨基酸具有很大的经济利益。经一家日本氨基酸协会估算，全世界的氨基酸产品每年至少 166 万 t。氨基酸是普通膳食的一部分，可以从植物和动物中获得，但为什么还会有如此多的氨基酸产品呢？原因在于以下 6 个方面。

1）增强风味。谷氨酸钠作为一种风味增强剂被添加到加工食品中（如速溶汤），每年有 100 万 t 以上的谷氨酸被生产出来。

2）许多动物饲料中的特殊氨基酸含量很低，如赖氨酸和甲硫氨酸。从微生物的菌种中获得纯化的氨基酸作为添加物，是一种可以提高饲料质量的相对廉价的方法。估计全世界每年有至少 80 万 t 的赖氨酸和甲硫氨酸产品。就营养方面而言，人可以直接补充氨基酸，没有必要从大量的含有蛋白质的动植物中摄取蛋白，某些氨基酸由于与人体代谢产物的结构相类似（如色氨酸和血清素）而具有药理作用。

3）作为配料。阿斯巴甜是软饮料和加工食品中一种很普遍的配料，是一种将天冬酰胺甲烷基酯化的化合物，是用天冬氨酸和苯丙氨酸来合成的。

4）非消化道营养（如静脉注射）。尽管这样做不是很有经济价值，但是这已经成为人们从许多氨基酸产品中获得营养的途径。静脉注射是为那些无法摄食的人准备的。

5）工业用途。某些氨基酸无法应用在食品上，但可应用在其他方面。例如，苯丙氨酸既可以用来做除垢剂的一种成分，还可以在水的纯化过程中作为一种螯合剂。

6）药物。例如，脯氨酸和丙氨酸可用作支撑药物的结构载体。

正是这些方面的应用使得相关产业不断出现并且每年能够生产上亿美元的氨基酸。不过这些企业都没有更好地改良工艺。但谷氨酸是一种例外，因为很难找到生产它的微生物，所以人们竭力改良微生物特性来获得高产量。目前最成功的一种方法是挑选分离出那些对氨基酸的合成失去控制的突变体，一些 DNA 重组技术也可以做到这一点。生物合成途径与其他途径的关系也是很重要，因为代谢过程中氨基酸过量合成，将不可避免地影响总的新陈代谢过程，这可以从总碳和总氮的角度理解：在新陈代谢过程中有很多含氮和碳的物质会转变成某种氨基酸，这就会减少氮和碳参与到其他代谢途径的可能。

在很多情况下，因为对氨基酸代谢了解不足，无法通过重组 DNA 技术对氨基酸的过量合成进行精确的生物工程设计，这也是突变的方法仍在普遍应用的原因。将诱变方法和 DNA 重组技术联合起来，也可以成功地合成氨基酸（如脯氨酸）；同时，研究者也会研究不经过合成生产氨基酸（如谷氨酸）的方法或用固定化酶的方法生产氨基酸（如天冬氨酸）。

为什么不从肉或者其他一些富含蛋白质的食物中获得氨基酸呢？这种方法事实上非常有效，但主要的问题是天然蛋白质中含有很多种氨基酸，要分离提纯一种氨基酸是很昂贵的。还有另一种方法可以选择，就是用多种适当的有机化学方法来合成氨基酸，但氨基酸是以 D 型和 L 型存在的（图 6-11），很难合成一种特定立体结构的氨基酸。

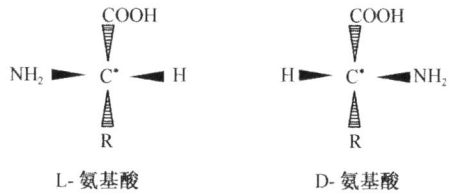

图 6-11　氨基酸构型（王镜岩，2003）

D-氨基酸存在于所有细胞中，但不构成蛋白质。在氨基酸作为原料添加或者输液的情况下，如果它的最终目的是提供氨基酸给人或动物来合成蛋白质，那么必须是 L-氨基酸，因为只有这种立体结构才是有用的。氨基酸的立体结构对于人也有着相当重要的作用，例如，L-谷氨酸是一种有效的风味增强剂，但是 D-谷氨酸完全没有作用。用微生物或者微生物酶可以严格地控制氨基酸的旋光性，所以常常更适合用来生产多种氨基酸（邓毛程，2007；彭珍荣，2003）。

二、微生物的选择

在发酵过程中只需要提供充足的底物和适宜的环境，微生物就可以产生大量的发酵最终产物（如乙醇）。但是，要想利用这种方法大量生产氨基酸却具有挑战性，因为发酵的最终产物既可以通过细胞膜向外扩散（如乙醇），又可以通过运输脱离细胞，想要从细胞中分离产物并不难。然而，正常情况下微生物并不能分泌氨基酸。氨基酸的合成与分泌问题使得氨基酸的生产非常昂贵，因此必须严格控制非目的氨基酸的产生。所以，生物学家不得不用人工操作来控制氨基酸的代谢以完成大量生产。

微生物的选择是大量繁殖的关键。大肠杆菌是适合大量繁殖的比较理想的微生物菌种，但是大肠杆菌不适合用于生产很多种氨基酸（也有例外，如苯丙氨酸）。大肠杆菌生产氨基酸的过程需要控制酶活性，mRNA 的转录和翻译过程如下。

1. 通过反馈抑制来调控酶活性

大多数酶都有一个变构位点，它与酶的活性位点在空间上是分开的，底物与酶的变构位点结合使酶的构型发生改变即可逆性地灭活酶。酶一般是在反应开始时发生这种变化，这样就可以中止反应，不会产生中间产物。以合成脯氨酸为例，可利用脯氨酸变构效应抑制谷氨酸激酶（图 6-12）。

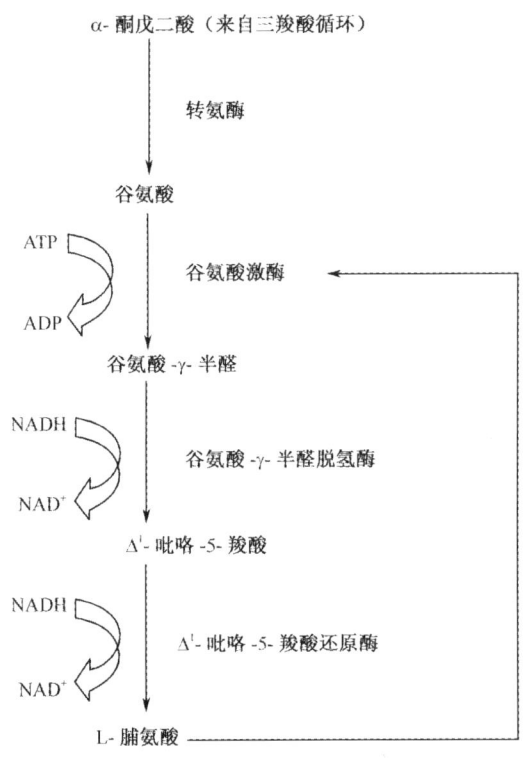

图 6-12 脯氨酸和谷氨酸的生产（王镜岩，2003）

2. 转录的调控

转录的阻遏作用与抑制反应类似，不同的是酶的活性不受到影响，但转录酶的活性受到抑制（图 6-13）。氨基酸合成的最终产物经常与辅阻遏蛋白连接，这种可逆性连接使其成为一种有活性的阻遏复合物，并连接到类似于操纵子的操纵单元上。在细菌中，氨基酸合成途径相关基因经常由一个启动子控制，途径中所有酶一起合成，这种基因的排列顺序就是操纵子。只要辅阻遏蛋白与操纵单元结合，操纵子上没有一个基因表达，而且没有一种酶合成，当细胞质中的氨基酸含量降低时，阻遏复合物就会脱离，启动子与 RNA 聚合酶结合开始转录。

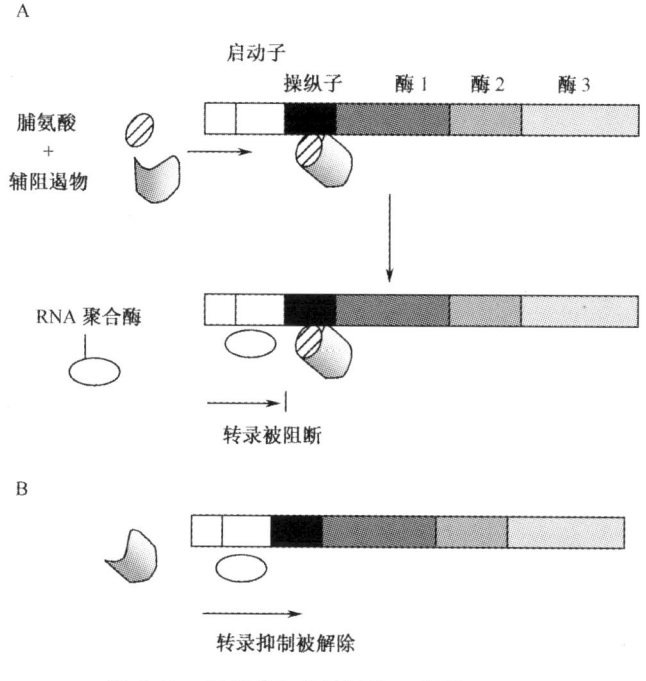

图 6-13 氨基酸合成的调控（孙明，2006）
A. 足量的脯氨酸存在；B. 低水平脯氨酸

3. 衰减作用

原核生物中通过翻译前导肽而实现控制 DNA 的转录的调控方式称为衰减作用。这是一种复杂的翻译调控方式。在该机制中，核糖体沿着 mRNA 分子移动的速度决定了转录是进行还是终止。如果某种氨基酸在细胞质中含量很高，那么这种氨基酸的转运 RNA（tRNA）含量也很高，核糖体沿着前导 mRNA 移动很快，衰减子序列（启动子与操纵子第一个结构基因间）形成终止子发夹结构，这将特异性地破坏负责该氨基酸合成的操纵子的翻译。反之，当缺少某种氨基酸时，前导肽翻译停滞在相应的氨基酸密码子处，使得衰减子序列形成不同的发夹结构，该氨基酸操纵子转录继续进行。在大肠杆菌中，只要能控制所有的调控水平，就能实现氨基酸的过量生产，但在很多情况中用其他的菌种可以得到更好的效果。

相对于大肠杆菌灵杆菌更容易成为氨基酸的过量生产者。灵杆菌是肠杆菌科中的一种微生物，它最大的特点是具有非常明显的红色素沉淀，在该菌中反馈抑制作用是最重要的氨基酸合成调控机制。

为什么大肠杆菌有如此复杂的调控机制，而灵杆菌仅仅通过控制酶的活性就如此有效？原因在于它们的生长环境不同。大肠杆菌寄生在哺乳动物体内的胃肠道，胃肠道是一种氨基酸含量不断变化的环境，如果寄主要消耗氨基酸，那它体内寄生的微生物则得不到供应，所以它们必须要能快速调节它所需要的氨基酸量。例如，一个人吃了一碗面，里面含有大量的糖，但是几乎没有蛋白质和氨基酸，这时体内的大肠杆菌要生长，并且要和其他细菌竞争,它就必须快速地从食物当中获得糖和大量的氨基酸,因此,快速阻遏合成途径是必要的;但是,如果这个人喝了几杯牛奶,牛奶中含有丰富的氨基酸,那么微生物就没有必要再浪费能量合成氨基酸。因此,大肠杆菌需要精细地调控氨基酸的生物合成途径。

相反,灵杆菌生长在土壤中,一般土壤中没有游离的氨基酸,除非微生物能非常幸运地生长在富含蛋白质的土壤,所以它必须合成自己需要的氨基酸。合成氨基酸的速率与生长速率相关,通过反馈抑制很容易做到。如果细胞不再生长,就不需要氨基酸,氨基酸在细胞质中累积并抑制合成途径;然而,如果细胞处在生长状态,它就会消耗它所储藏的氨基酸,并且不再阻遏合成途径(邓毛程,2007;孙明,2006;彭珍荣,2003)。

三、脯氨酸的生产

工业化生产的脯氨酸用于静脉注射。脯氨酸的生产方法比较简单,在灵杆菌中用谷氨酸作为起始物,主要通过反馈抑制来调控。在研究灵杆菌过量生产脯氨酸的过程中,第一个难点是克服反馈抑制,所用的方法与克服啤酒酵母中代谢抑制的方法类似。将诱变后的菌种放入到含有脯氨酸类似物的培养基中,野生型的细胞因为类似物通过反馈阻断了脯氨酸的合成而死亡,而诱变后的菌种使反馈抑制作用受到阻遏,能合成所需要的脯氨酸并得以生长。可以通过以下三种方法提高灵杆菌菌种生产脯氨酸的量。

1) 从灵杆菌的染色体上敲除脯氨酸降解酶基因。该酶能够分解环境中的脯氨酸,使其作为碳源和氮源。

2) 高盐培养基中的灵杆菌能提高脯氨酸的产量。灵杆菌和其他微生物一样在有渗透压的情况下将脯氨酸作为渗透压保护剂。渗透压保护剂是在细胞代谢不利的情况下在细胞内累积的一种化合物。因为盐浓度过高使得细胞内水势降低,细胞外的水分通过渗透作用进入到细胞内,所以高盐浓度(水势低)的环境防止了细胞脱水。在高盐浓度的培养基中可生产 60~75g/L 的脯氨酸,同时 20% 的碳源转化成脯氨酸。

3) 重组 DNA 技术克隆脯氨酸合成相关酶的基因,并且在灵杆菌中注入一种能保持高复制能力的质体。这种方法可以使脯氨酸产量提高 50%。通过随机过程(诱变),消除微生物生理应激(渗透压保护剂)以及 DNA 重组技术的运用使得脯氨酸的大量生产成为可能。

虽然已经找到能大量生产脯氨酸的菌株,但是同样的方法对其他氨基酸不一定起作用,因为其他氨基酸不被微生物用作渗透压保护剂,生长在高盐环境并不会提高氨基酸产量。另外,某些氨基酸(如亮氨酸)是通过不同的最终产物反馈抑制得到的。所以还是应该寻求一些其他方法来得到大量的氨基酸(邓毛程,2007;孙明,2006)。

四、谷氨酸的生产

谷氨酸是比较受关注的氨基酸之一。它是第一个从微生物培养基中分离出来并用于工业化生产的氨基酸,也是唯一利用原生菌来大量生产的氨基酸。同时,谷氨酸的经济价值非常重要,它作为一种十分受欢迎的风味调料已广泛地应用到世界各国食品工业中，它已经成为第 5 种大众口味，人的味蕾中有谷氨酸的专门接收器，就像酸、甜、苦、咸都有自己的味蕾一样。

谷氨酸增强风味的特性已被日本率先利用。紫菜在日本作为季节性食品已有很长的历史，20 世纪早期一位日本的科学家 K. Ikeda 发现谷氨酸对紫菜风味的提高起主要作用。50 年代获得了一个突破性的发现：从土壤中分离出的微生物能生产大量谷氨酸，这一方法沿用至今并已投入工业化生产。虽然这些菌的分类尚不清楚，但通常把能大量产生谷氨酸的菌称作谷氨酸棒杆菌（*C. glutamicum*）。

分离得到高产的菌株是很难的，微生物一般不会生产大量的氨基酸，除非它们在含水量很少的高浓度培养基中用做渗透剂。*C. glutamicum* 并不把谷氨酸作为一种渗透剂，而且在任何情况下都会产生大量的氨基酸，这一过程并不需要营养渗透剂（在细胞内，主要防止由于水势低而对细胞产生不利的影响）。那还有什么原因能让微生物生产大量的氨基酸？经过大量的研究，现已知道 *C. glutamicum* 能生产大量的谷氨酸的原因有两个：一是在某种情况下，谷氨酸很容易通过高透过性的细胞膜；二是在低氧条件下，代谢途径移向大量产生谷氨酸的支路。这两个原因联合起来就会产生大量的谷氨酸。

这些菌的细胞膜对谷氨酸有选择性地渗透，是菌缺乏生物素而直接导致的。生物素是合成脂肪酸的必要条件之一，缺乏生物素就会影响膜的合成。如果膜的结构和完整性有影响，应该改变膜壁体的透过性，而不应该只针对谷氨酸。因为在 *C. glutamicum* 的细胞膜中存在专门的运输载体，将谷氨酸运输到细胞外，这些运输载体很可能是在缺乏生物素的条件下起作用的。

对低氧、低压条件下分解代谢发生的变化还不完全清楚。*C. glutamicum* 的呼吸方式很特别，在需氧条件下，糖通过乙醛酸途径完全进入呼吸系统，可改变三羧酸循环；在厌氧条件下，进入发酵途径；但是在低氧分压条件下不会产生发酵（图 6-14）。

核苷酸是乙醛酸的正常代谢产物，可能是因为只有很少量的氧不足以氧化核苷酸（如 NADH），乙醛酸的转化也是很少量的。大量碳源的转化是由乙酰辅酶 A 到 α-酮戊二酸，然后细胞分泌出谷氨酸。一般在三羧酸循环中，α-酮戊二酸转化成丁二酰辅酶 A 再产生 NADH，但能催化此反应的酶在 *C. glutamicum* 中的活性很低，故细胞将 α-酮戊二酸转化成谷氨酸并分泌出来。

谷氨酸存在专门通道，提示 *C. glutamicum* 从分泌谷氨酸的过程中获得能量。可能在低氧条件下，没有足够的氧将糖完全氧化成 CO_2，但是这些氧还是足够去氧化少量的 NADH 的。谷氨酸被分泌的同时，丙酮酸形成乙酰辅酶 A，产生 NADH。

在研究微生物如何分泌谷氨酸的过程中，还是有一些机制无法解释，但这并不妨碍利用 *C. glutamicum* 工业化生产谷氨酸。值得庆幸的是，谷氨酸大量生产和分泌的环境条件（如生物素和氧分压低）很容易控制。培养基如糖蜜含有生物素，但很快会消耗尽，氧分压很快会降低，结果是普通培养微生物的方法就能创造出大量分泌谷氨酸的环境（邓毛程，2007；王镜岩，2003；Doyle and Beuchat, 1997）。

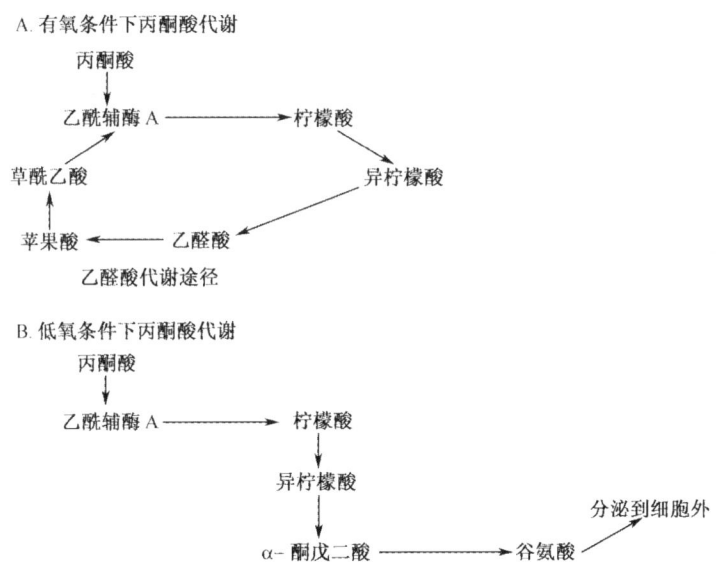

图 6-14 *C. glutamicum* 的糖代谢（王镜岩，2003）
A. 在有氧条件下，*C. glutamicum* 通过乙醛酸支路代谢，进行三羧酸循环；B. 在氧分压低的条件下，糖转变成谷氨酸并分泌到胞外。

五、天冬氨酸的生产

阿斯巴甜，是天冬氨酰磷酸的甲烷基酯，是一种十分受欢迎的软饮料和很多食品中的甜味剂。在工业上，将天冬氨酸和苯丙氨酸作为反应物人工合成阿斯巴甜（如不用酶和细胞）。所有这些氨基酸都是利用微生物进行工业化生产，只不过方法不同。常用大量特殊的土壤微生物来生产苯丙氨酸，获得这些菌的方法与获得脯氨酸生产菌的类似（如诱变后分离那些缺失了反馈抑制作用的变种），苯丙氨酸也能用固定化酶的方法从大肠杆菌中得到，但是酶底物的售价很高，不经济可行。

采用固定化酶法生产大量的阿斯巴甜是经济可行的，这一过程用的酶是天冬氨酸酶，此酶能催化天冬氨酸转化成氨和延胡索酸。大肠杆菌用天冬氨酸酶分解环境中的天冬氨酸作为碳源和能源，但是如果延胡索酸和氨的含量很高，此酶就使延胡索酸转变为天冬氨酸。大多数的化学反应是双向的，反应朝哪个方向进行受反应的平衡常数和反应物、生成物的浓度影响，如果开始时天冬氨酰的浓度很低，而延胡索酸和氨的浓度很高，反应就会朝着将延胡索酸转变为天冬氨酸的方向进行。

纯化的天冬氨酸酶同样可以固定到固体支持物上，但固定大肠杆菌的技术更简单，效果也相同。卡拉胶能起到很好的固体支持物的作用，把大肠杆菌的细胞放入已熔化的卡拉胶中，然后冷却，以颗粒形式填充到柱子里，一般几天后细胞就会自体消化，酶从细胞中释放出来，进入卡拉胶中，再经过几天的稳定。最后延胡索酸和氨聚集在柱的顶端，而在底部收集天冬氨酸。天冬氨酸的这套大规模生产工艺很理想，原因有三个：一是原料（延胡索酸和氨）相对便宜；二是生成的天冬氨酸浓度高，便于提纯；三是不需要很复杂的培养基，柱的流出物中没有废物，简化了提纯过程。

工业生产中还用固定化酶法来生产 L-丙氨酸、L-半胱氨酸、D-p-甘氨酸、L-二羟基-苯丙氨酸和一些其他的氨基酸及其衍生物。

因为氨基酸有特殊的工业用途，所以它有自己的生产工艺和有效的提纯方法。如果某种氨基酸受到其他氨基酸或者细胞代谢产物的污染将影响氨基酸的最终利用。20 世纪 80 年代，嗜酸细胞增多，肌痛综合征流行病说明氨基酸的纯度是安全的关键，1988~1990 年间，日本有 25 人死于嗜酸细胞增多——肌痛，数百人感染此病。这种疾病是由食用色氨酸引起的，随后发现这些人食用的色氨酸里面含有微量具有潜在毒性的化合物。有三个因素可以避免这些有毒化合物的存在：一是淀粉液化芽孢杆菌，一种用来生产色氨酸的菌种，该菌已被 DNA 的重组技术改良，可以在合成的第一步就获得大量的生成物——磷酸核糖焦磷酸；二是在提纯过程中，一个步骤发生了改变，天冬氨酸要经过一个反渗透膜过滤的分支步骤（见第七章第四节）；三是用少量的活性炭去除色氨酸中的杂质。如果这三个因素中的任意一个被执行，产品都可能是安全的。这一事件带来的最大教训就是氨基酸的大量生产存在着聚集有毒物质的潜在危险，特别是在氨基酸浓度很高时，这可能与氨基酸的反作用有关。

提纯是氨基酸产品生产过程中支出很大的技术，所以偷工减料和低纯度的氨基酸对企业有很大诱惑，而嗜酸细胞增多——肌痛就是这一愚蠢行为导致的结果。许多 DNA 重组技术的竞争厂商把嗜酸细胞增多——肌痛作为一个例子来说明转基因产品能引起潜在的疾病，这是一种误导，因为如果用非重组技术（如诱变）来扩大色氨酸的生产，会更容易引起这一病症。但是还不清楚上述三个因素中哪一个因素最能影响毒性物质的形成和持续。嗜酸细胞增多——肌痛病症提示需要建立一个监管机构，从而对生物技术和一些含生物技术产品的新的生产方法进行管理，同时不能对 DNA 重组技术掉以轻心（邓毛程，2007；王镜岩，2003；Doyle and Beuchat，1997）。

第五节 微生物酶的应用

一、概 述

酶在食品工业中的应用有着丰富的历史，应用于淀粉、面粉、干酪、果汁、人工甜味剂和肉的生产中，也常用于酿造和制酒。同时，酶也常应用于农业，例如，奶农用青贮饲料（用 LAB 发酵玉米和其他作物）作为营养的、易储藏的母牛饲料。用 LAB 发酵的饲料 pH 较低，只要青贮饲料中没有空气就能阻止有害微生物的生长。纤维素酶经常添加在青贮饲料中来增加可发酵糖的数量。

在食品工业中，如果需要特殊的化学变化，酶是特别有用的（表 6-2）。这种变化可以是水解反应（如蛋白酶水解蛋白质）、加成反应（如用天冬氨酸合成酶合成天冬氨酸）或重排反应（如葡萄糖异构酶将葡萄糖转化为果糖）。通常酶被用于正向反应（如蛋白酶用于消化蛋白质），但是，有时在逆反应中也是有用的。例如，在本章前面提到的阿斯巴甜是由 L-苯丙氨酸和 L-天冬氨酸合成的，这个工业过程涉及蛋白酶在逆反应中起作用，合成由苯丙氨酸和天冬氨酸组成的二肽。也有其他的合成方法，但酶是必需的，因为酶能保持阿斯巴甜的光学特性，L-阿斯巴甜是甜的，而 D-阿斯巴甜是苦的。

理论上酶可以从动物、植物或微生物中得到，而事实上，为了肉品的嫩化，植物蛋白酶优于其他来源的蛋白酶。对于其他的酶催化过程，因为易于取得和价格低廉，微生物酶是首选。很多细菌和真菌天生有向环境分泌酶的能力，这是微生物的一个重要特征，它们依靠分解有机物作为能源、碳源和营养素的来源。当微生物分泌有用的酶时，从细胞中把酶分离出来相对容易——简单的离心分离就足够了。另一个原因是几种微生物，包括枯草芽孢杆菌、地衣芽孢杆菌和真菌（黑曲霉），在食品工业中已经安全应用多年了。

这些微生物能够生产多种有用的水解酶。市场上标有"蛋白酶"字样的商品，实际上是相同微生物生产的许多蛋白酶的混合物，相关酶的混合物一般都是有用的，因为酶的很多应用是建立在实验发现的基础上。通常，很难确定某种特定酶的特殊作用，因此，公司只是生产一类酶（如蛋白酶），而不是某种特定的酶。

用微生物生产的酶对食品生产来说是安全的，通常酶的混合物的纯度不必很高（换句话说，用提纯的方法除去有毒成分是不必要的），这样可以在不降低质量或安全的情况下降低酶的生产成本（宋欣，2004）。

表 6-2　食品生产和加工中酶的应用（Perry，2002）

酶	应用	产品	酶的来源
α-淀粉酶	淀粉加工	糊精	*Bacillus licheniformis* *Bacillus subtilius*
β-淀粉酶	酿造、粉碎	麦芽糖	*B. subtilius*
葡萄糖苷酶	淀粉加工、酿造	葡萄糖	*Aspergillus niger*
葡萄糖异构酶	果糖生产	果糖	*Streptomyces* spp.
蔗糖转化酶	果糖生产	葡萄糖、果糖	*S. cereviseae*
支链淀粉酶	淀粉加工	脱链淀粉	*Klebsiella*
果胶酶	果汁澄清	半乳糖醛酸	*Aspergillus oryzae*
凝乳酶	牛乳凝固	乳酪	*Kluyveromyces* spp.
粗制凝乳酶	牛乳凝固	乳酪	*Mucor miehei*
β-葡聚糖酶	酿酒、粉碎	β-葡糖	*A. niger*
脂肪酶	乳酪加工	产生风味物质	*Rhizopus oryzae*
乳糖分解酶	乳制品加工	乳糖、葡萄糖	*A. niger*

酶的世界市场量大约为 10 亿美元，虽然有 12 个公司垄断这个领域，但至少有 400 个公司在生产酶。这些公司生产的大多数酶是从微生物生产的，并用于酿造、制酒、淀粉加工、乳业和多种食品及饮料工艺；酶也应用在非食品领域，例如，蛋白酶和脂肪酶用于洗衣去垢剂。在食品工业中，微生物酶主要应用于淀粉酶、脂肪酶、多聚半乳糖醛酸酶几个方面。

二、淀　粉　酶

1. 淀粉加工

淀粉酶是食品工业中最重要的酶。例如，大麦中的内源性淀粉酶在处理麦芽和其他谷物时是很关键的，添加到面粉中能提高烘烤特性。同时，它们可以把低价值淀粉加工成高附加值的食品成分（如葡萄糖）。

淀粉是一种利用价值很高的聚合体，它可以转变成许多不同用途的物质，这些物质中有一些具有独特的生理性能，例如，麦芽糊精是许多糖果的重要组成部分，它可以使糖果具有可咀嚼性和温和的口味。淀粉加工成的其他产品可作为甜味佐料，它还是果糖的主要来源，果糖比蔗糖更甜。

淀粉常被植物用来贮存糖。植物细胞中通常有一种称作造粉体的细胞器，里面充满淀粉颗粒。植物的根、茎和种子中的淀粉含量很高。主要农作物，如小麦、玉米、水稻和马铃薯都含有较高的淀粉，这些农作物也是高产农作物，因此，全世界大多数地区都有足够的和廉价的淀粉供应。随着改良淀粉酶的大量生产，有必要建立一个大型的核心的淀粉及其酶的加工厂。

淀粉是由葡萄糖单体通过 α-1,4-糖苷键连成直链而形成的。在直链淀粉中，单链是不分支的，但在支链淀粉中由 α-1,6-糖苷键连接形成支链。支链淀粉比直链淀粉难溶于水，而且很难被微生物完全降解。淀粉中的每一条链都会发生很大变化，但一般都在 1000 个残基范围内（图 6-15）。

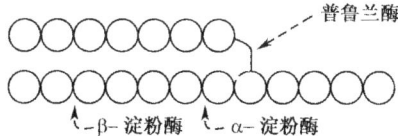

图 6-15　直链淀粉和支链淀粉结构（王镜岩，2003）

在淀粉消化和加工过程中涉及许多酶，下列酶中的一些参与淀粉消化，而其中的葡萄糖异构酶和环糊精糖基转移酶使葡萄糖转化成其他有用的物质：

1）α-淀粉酶攻击淀粉链的 α1 和 α4 位。它可以使淀粉变成短链的，增加淀粉的水溶性；

2）在没有被水解的淀粉链的末端，β-淀粉酶在 α1 和 α4 位解链，释放麦芽糖；

3）支链淀粉酶被看做是一种抑制分枝的酶，它使侧链与主链在 α1 和 α6 位相连的地方断裂；

4）葡萄糖淀粉酶能从没有被水解的淀粉链的末端释放葡萄糖；

5）葡萄糖异构酶使葡萄糖变成果糖；

6）环糊精糖基转移酶是用来把糊精变成环状化合物的，目前这些化合物还没有被广泛地应用到食品工业上。这些环状化合物可以形成包埋物，把"目标"分子包埋起来（如胶囊化），改变"目标"分子的一些性能，还可以提高它的稳定性、酶活性或风味。

这些酶在淀粉加工过程中发挥不同的作用，最终产物的理化性质决定着哪一种酶被利用。由于淀粉可以转化的物质很多，应该建立一个合理的系统来比较这些物质。右旋糖的等效值（DE）是把每一种物质与葡萄糖比较而得到的，等效值的范围一般为 0～100，它是评定理化性质和淀粉改性后的潜在利用价值的合理标准。如果淀粉完全水解成葡萄糖，那就是 100% 的右旋糖转化或者右旋糖的等效值为 100。

未改性淀粉等效值为 0 或接近 0，在植物中淀粉的形成大致相似。

未改性淀粉有许多非食品工业的用途，可作为增稠剂（如玉米糖浆）广泛应用到食品工业上。麦芽糊精的 DE 值小于 20，与未改性淀粉一样，它们都不甜，但口味较温和，在食品工业上用途很广，添加麦芽糊精的食品具有较弱的吸水性和较强的咀嚼性，这样的食品对干燥的环境也不敏感，结冰时（如冰淇淋）会阻止冰晶的形成。

固体玉米糖浆比麦芽糊精经过更大的改性，DE 值在 20 以上，添加到食品中可预防氧化，保护风味，还能影响食品的理化性质，提高食品维持水分含量的能力。但与麦芽糊精不同的是，固体玉米糖浆的甜度一般。

麦芽糊精和玉米糊精都是由糊精、麦芽糖、葡萄糖混合而成的，当 DE 值增加时，糊精的比例就要下降，麦芽糖和葡萄糖的比例就要升高。

葡萄糖（玉米）糖浆是高改性淀粉，DE 值接近 100，作为低价的甜味剂广泛应用于食品中。由于它是一种十分受欢迎的低能量食品，因此可以替代某些加工食品中的脂肪。

高麦芽糖糖浆与葡萄糖糖浆相似。它是由大量的麦芽糖和极其少量的游离葡萄糖组成，糖浆的甜度适中，主要是麦芽风味，是早餐的理想食物。

高果糖糖浆是一种十分受欢迎的、由葡萄糖酶催化而来的甜味剂，果糖的甜度是蔗糖的 2 倍。

许多物质可以用微生物酶法从淀粉中获得，但需要严格地控制水解的程度和方法，过去一般采用化学水解法（如盐酸水解），而用酶进行水解容易控制而且没有盐的残留，是较为理想的。常用方法有以下 4 种。

（1）液化

淀粉加热到 95℃，加入地衣芽孢杆菌（*B. licheniformis*）中的 α-淀粉酶，这种热稳定性的酶使淀粉熔化并从淀粉颗粒中释放出来，经 α-淀粉酶处理后淀粉的 DE 值为 10~12。

（2）糖化

黑曲霉（*A. nigen*）的葡萄糖淀粉酶在未水解的淀粉片段的末端产生葡萄糖。加入芽孢杆菌和克雷伯氏菌的支链淀粉酶去破坏淀粉的 α-1,6 糖苷键，将温度降低到 60℃ 避免焦糖化。糖化的程度是通过控制葡萄糖淀粉酶与淀粉作用的时间来决定的，所以通过有序的长时间糖化得到玉米糖浆、麦芽糊精和葡萄糖浆。如果要得到麦芽糖浆就用植物 β-淀粉酶来替代葡萄糖淀粉酶。

（3）纯化

用非酶法进行脱色，一般用活性炭，然后过滤，将所得滤液加热使其蒸发浓缩成浆状。活性炭能吸附很多物质，包括葡萄糖浆的棕色色素。

（4）异构化

此法只适用高果糖浆，常用固定葡萄糖异构酶的方法，让酶与柱状的固形物结合。目前生产出的酶只能使 50% 的葡萄糖转化成果糖，还没有发现有哪一种酶能使葡萄糖一步就转化成果糖。事实上，所有的细胞都可以使葡萄糖转化成果糖，但需要三种酶。工业生产中最好能使用一种酶就能完成这个过程，尽管这不是酶本身具有的特性。木糖异构酶与葡萄糖的亲和能力要比它的正常底物（木糖）低，很难将 50% 以上的葡萄糖转化成果糖，但是要把果糖从葡萄糖中分离出来却相对容易，这种方法在食品工业上也很重要，因为每年要有 1000 亿 t 以上的果糖作为甜味剂。

2. 淀粉酶和焙烤

将 α-淀粉酶加入到淀粉中来改变焙烤性质。通常面粉中的淀粉酶是从小麦中得到的，淀粉酶可以通过以下 4 种方法提高面包和其他焙烤食品的质量。

1）降低面团的黏度，使面团易于揉捏，面制品的体积增大。

2）在处理过程中增加麦芽糊精的量，增强风味和色泽。

3）增加发酵糖的量。酵母菌产生的 CO_2 能使面制品的体积增大。

4）延长保质期。通过形成小分子的淀粉片段来抑制淀粉的再结晶，再将导致淀粉颗粒坚硬和不理想的淀粉结构（硬且不易咀嚼）结晶，也就是常说的"淀粉老化"。

这些使面制品质量提高的方法的机制很可能与部分淀粉的消化和糊精的产生有关。目前越来越多的人关注其他的酶是否能改进焙烤食品质量。半纤维素是一种不溶于水的植物细胞壁成分，半纤维素酶能从半纤维素中释放可溶性糖，还能增加面团中可溶性纤维素的含量，从而改善面制品的生物学功能。利用这些酶还能促进肠道对焙烤食品中营养的吸收（宋欣，2004；王镜岩，2003）。

三、脂　肪　酶

脂肪酶在食品加工过程中越来越受到重视，主要应用于两个方面：①通过对脂肪的特征修饰产生所需的脂肪酸；②产生挥发性的脂肪酸，增强黄油、奶酪以及其他食品的风味。前者利用脂肪酶的合成能力，后者则是利用它的水解能力。脂肪的修饰是通过酯交换实现的（图6-16）。

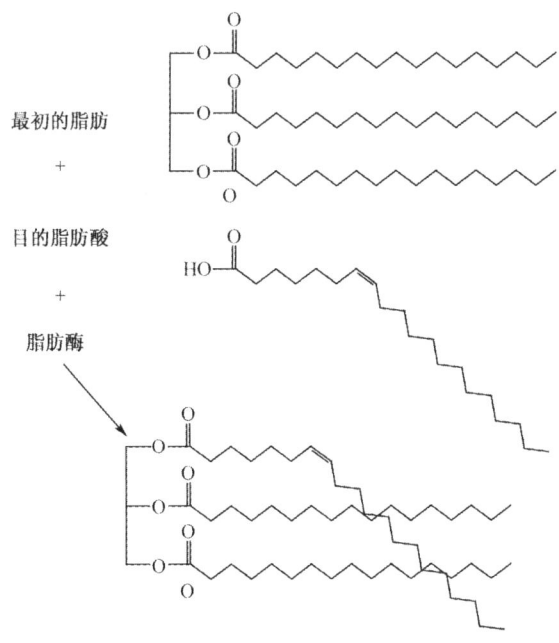

图6-16　利用酯交换生产酯酶（王镜岩，2003）

用一个选定的脂肪酸链来替代另一条脂肪酸链。前面提到的简单的脂肪一般是由一个甘油和三个脂肪酸经酯键连接起来的，如果一个简单的脂肪与脂肪酶和另一个脂肪酸（想要得到的）碰上了，那么酶就会催化大量的想要得到的脂肪酸替代脂肪中的一个或更多的脂肪酸，有一些酶是在甘油的特定位置上发生这样的催化反应，其他脂肪酶（如皱珊瑚目假丝酵母菌产生的酶）不需要在特定的位置上发生催化反应。皱珊瑚目假丝酵母菌中的脂肪酶经常用来改变大量脂肪酸的长度和不饱和度。

酯交换作用能对脂的结构进行精确的修饰，有时可用这种方法来生产专用的除垢剂和生物表面活性剂。它也能提高植物油的保健功能，因为它能提高植物油中脂肪酸的含量，如亚油酸（一种对人体健康起着重要作用的脂肪酸）。还可以用酯交换作用来改变食用油的熔点、溶解性和其他物理特性。

要想"发挥"脂肪酶作为一种合成酶的功能，必须把水分的含量控制在一个很低的水平（一般小于5%），常用的方法是加入有机溶剂，但当加入有机溶剂不可行时，也常用一些固定化方案。当脂肪酶出现在水相与有机相的交叉面上时，它就被赋予合成酶的功能，主要也是因为水浓度的降低（水是水解反应物之一），但同时也与溶剂分配体系有关。

脂肪酶的水解功能也很常用，用它来生产游离脂肪酸可以增加食品的风味。在干酪生产中，脂肪酶可用来缩短干酪的成熟期，并改善其风味，例如，在生产风味浓烈的干酪时,一般在发酵期将脂肪酶与乳酸杆菌一同加入,这种干酪能被制成粉末添加到切达奶酪(cheddar cheese)或其他干酪风味的饼干和零食中。所以说用酶法改进干酪是一个廉价的赋予产品特殊风味的生产方法(宋欣,2004;王镜岩,2003)。

四、多聚半乳糖醛酸酶

果胶是一种用于粘合植物组织的胶类,是细胞壁的一种组成成分,主链由半乳糖醛酸通过 α-1,4-糖苷键连接而成,侧链上可连有阿拉伯聚糖、鼠李糖、阿拉伯半乳聚糖。一些水果、蔬菜中的果胶含量很高,有时会产生一些麻烦,例如,苹果果肉中含有大量的大分子果胶多聚物,称之为原果胶,原果胶不溶于水,能形成巨大的复合体,严重地影响了果汁的产量。最简单的解决方法,是使用微生物生产的果胶酶去除果汁中的复合体,这种酶能将原果胶变为溶于水的果胶,这样这一问题就得到了解决。在葡萄酒生产中,也可以用同样的方法将葡萄汁澄清,还能提高葡萄汁的出汁率。果胶酶可以从曲霉属的一些菌种中获得,相对于一些腐生真菌和病原真菌来说,这种菌是很普通的(宋欣,2004;Doyle and Beuchat,1997)。

第六节 微生物多聚糖的生产

一、概 述

如前一节所提到的,淀粉及其加工产品都是非常有价值的食品配料,但淀粉并不是食品加工中唯一使用的多糖,许多来自于植物或藻类的多糖其用途也是很广泛的。例如,鹿角菜胶,一种来自海藻的复合多聚物,被非常广泛地应用于冰淇淋及其他食品中;瓜尔豆胶和蝗虫胶,两种来自植物的多糖,也经常在食品中作为增稠剂使用,或用于改良一些食品的物理性质。藻类和植物的产品一般不会被看成是生物技术的产物,但由于有些有价值的多糖来源于微生物的培养,所以也被看做是通过生物技术生产的。一些微生物多糖会以一种相对无特性、无限制的方式使用,例如,许多乳酸杆菌能产生一种黏液层,其中复合多糖的含量相当丰富,这些多糖对发酵乳制品的质地有很重要的影响。

还有一些微生物多糖通过大规模的培养、纯化而被生产出来,作为一种食品添加剂销售给食品加工商,其中最重要的是由野油菜黄单胞菌(*Xanthomonas campestris*)生产的黄原胶。在食品工业中应用的还有许多微生物多糖,包括由金黄色担子出芽短梗霉(*Aureobasidium pullulans*)生产的普鲁分支葡聚糖胶、由伊乐藻假单胞杆菌(*Pseudomonas elodea*)生产的吉兰糖胶、由褐藻和棕色固氮菌(*Azotobacter vinelandii*)生产的褐藻酸盐、由多种不同的细菌(如肠道膜样明串珠菌)生产的糊精。

由于形成的凝胶有使液体食品增稠的功能,这些多糖都是很常见的食品添加剂(如用于调味汁、汤和肉汁),一些微生物多糖还存在着不寻常的现象,如温度滞后。例如,琼脂是半固态凝胶,其熔点是变化着的,当从 90℃开始冷却琼脂,它会在 32~39℃凝固,然而,如果琼脂的溶液从室温开始加热,在达到 60~90℃以前它是不会熔化的。

目前食品工业中最流行的多糖还是黄原胶,当然其他的微生物多糖也有其有用的特性。但它们的应用都受两个因素制约：①它们的价格比黄原胶或其他植物、藻类的胶要高出许多；②在大多数国家，它们还未被允许在食品中应用，要想被食品工业引进，必须要通过严格的毒性测验与评估。

本节主要阐明能使微生物多糖成为有用的食品添加剂的特性及研究这些化合物的生物基础，即微生物生产这些复合多糖的方式及其在食品工业中用途广泛的原因。

二、复合多聚糖

多糖的结构与蛋白质的结构相似，蛋白质是氨基酸以线性分子链形成的多聚物，多糖是一些单体用共价键和非共价键以线性分子链形成的多聚物。在分子链内键与键之间的相互作用，决定了分子的结构与功能，因此可以把糖以一级、二级、三级、四级结构进行描述，在概念上与同一结构水平的蛋白质相同。与蛋白质一样，糖的一级结构严重影响着它的二、三、四级结构。

由一种单体组成的多糖是同源的（同源同聚物），例如，淀粉是由 D-葡萄糖单体组成的同聚物，应用在食品中的酵母 β-葡聚糖、普鲁分支葡聚糖、糊精都是微生物同聚物；相反，异源多聚糖（异源聚合物）的主链是由同一单体组成的重复序列，但其与主链共价相连的支链，则是由不同于主链的单体组成。一些杂聚物也有非均相的主链，作为食品添加剂使用的黄原胶与吉兰糖胶都是非均相多聚物。

在糖的线性分子链内，非均质多糖的一级结构是线性的。在多糖分子中存在许多不同的糖单体（图6-17），一种单糖（如葡萄糖）能通过分子链上的任意一个C原子（葡萄糖有6个）形成多聚体。许多多糖中单糖是由C1与C4形成化学键，但支链淀粉中的化学键是在C1与C6之间形成的，酵母葡聚糖中的主链是由C1与C3形成的。这些不同的成键方式会导致单体之间形成不同的转角，改变多糖的二级结构。

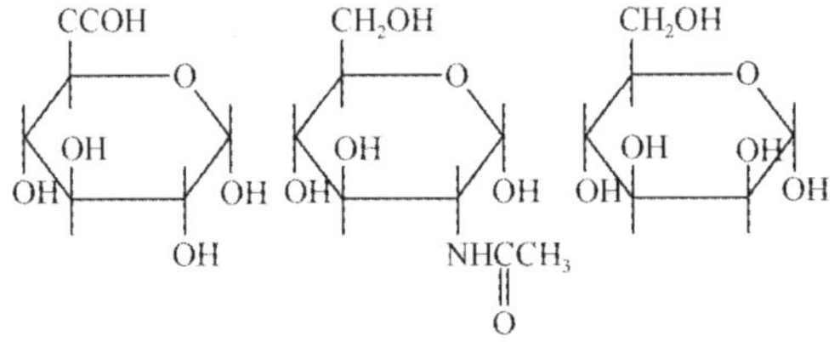

图6-17 糖单体结构（王镜岩，2003）

多聚物的光学取向（如单体之间的 α、β 键）也会影响二级结构，直链淀粉与纤维素的比较最能说明这一现象。它们都是由葡萄糖单体组成的线性分子链，然而在直链淀粉中葡萄糖单体以 α-1,4 糖苷键相连，在纤维素中则以 β-1,4 糖苷键相连（图6-18）。

当葡萄糖残基以 β-1,4 糖苷键相连时，每个单体 C1 的旋转方式是辨别 α 与 β 键的依据。像葡萄糖这样的单糖，当其溶于水时，结构发生了从线性链到环状结构的不可逆改变；当处于线性结构时，C1 旋转导致与它相连的—H 与—OH 产生两种不同的方向，当—OH 都在赤道平面上（环的同一平面）时，这就是 α 取向；如果—H 与—OH 都通过 C1 的旋转变换位置，这时—OH 会在环面的上面，这就是 β 旋转。

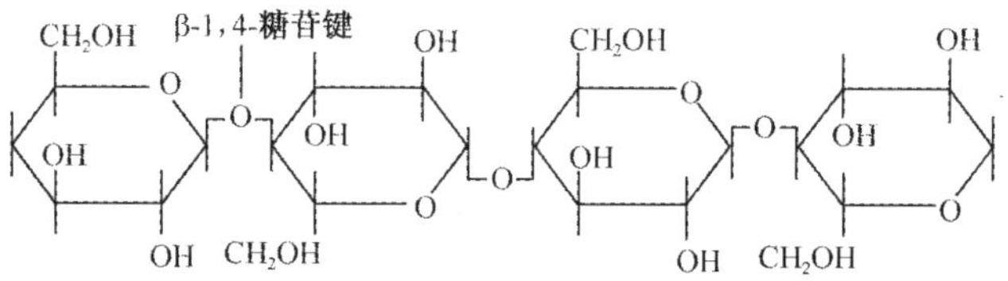

图 6-18 纤维素的结构（王镜岩，2003）

含有 α 键的多聚物与只含有 β 键的多聚物相比，物理、化学特性都有很大不同。再用直链淀粉与纤维素来解释这一现象。虽然两者都是卷曲的线团结构，但纤维素的卷曲比直链淀粉的卷曲有规律得多，这种刚性能部分地解释为什么纤维素链有能力通过氢键形成稳固的微原纤维。除了线团结构，有些多糖还存在一些节状的二级结构。

与蛋白质一样，独立的多糖分子能通过非共价键相互作用而彼此连接在一起，这种相互作用对于多糖的应用至关重要。例如，在 Ca^{2+} 的存在下，海藻微原纤维能相互连接形成凝胶结构，这是其作为食物组织改良剂的基本条件。

纤维素主链是共价连接而成的三糖，三糖中的这三个单体有时与一个丙酮酸相连。

三、黄 原 胶

1. 结构与特点

从经济角度来看，黄原胶是最重要的微生物多糖，每年世界产量为 1 万～2 万 t。由于它可赋予食品很强的黏性，常在肉汁、沙拉调味品、调制酱油等包装食品及一些非食品领域使用，如油漆。黄原胶是很好的增稠剂及凝胶作用物，添加在食品中不会改变其风味。由于人类不能代谢黄原胶，它还是低热量食品的常用添加剂。

黄原胶的主链是由葡萄糖残基以 β-1,4-糖苷键组成的线性分子链，这常被认为是黄原胶的"纤维素主链"（图 6-19），每两个葡萄糖单体共价连接一个三糖，这个三糖以 C3 与葡萄糖分子相连。三糖的组成为（以与主链相连的残基开头）：一是乙酰修饰的甘露糖，二是葡萄糖醛酸残基，三是丙酮酸修饰的甘露糖残基。

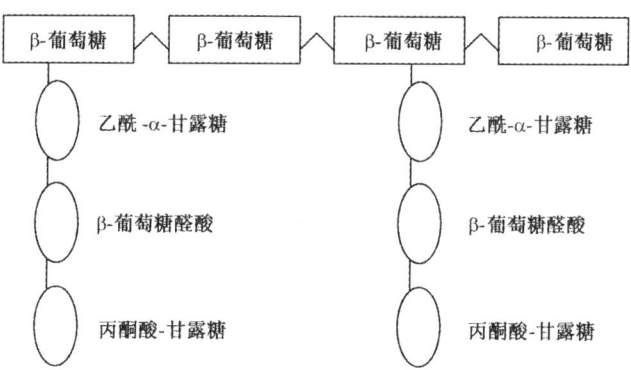

图 6-19 黄原胶一级结构（里景伟，1995）

当黄原胶溶于水时，两条链连接形成反平行双螺旋结构，概念上与DNA的结构相同，双螺旋随即相互作用，形成微原纤维，微原纤维具备一些独有的特性。例如，在较低的盐浓度下，黄原胶的稀释溶液是非常黏滞的，这种黏性在0～100℃都很稳定，且大多数情况下不会受化学环境改变的影响，例如，在pH1～13时黄原胶溶液的黏度是一样的。黄原胶溶液的剪切稀释特性也很有用，当溶液被搅拌时，黏性会被立刻破坏掉，但当搅拌停止，黏性又立刻恢复。因为由高黏度和"可倾注性"组成的特性是许多食品工序所需要的（如沙拉调味品），因此，黄原胶成为一种非常有价值的食品增稠剂。除作为增稠剂外，黄原胶还可作为稳定剂（如啤酒起泡）、黏合剂（如冰与雨凇）、胶囊化作用物（如沙拉调味品）及冰晶抑制剂（如冰淇淋）。

2. 野油菜黄单胞菌

黄原胶是野油菜黄单胞菌产生的，一种革兰氏阴性菌，是许多农作物的病原体，植物的维管体系会被黄原胶阻塞，使植物不能从根部向新芽输送水分，使许多植物致死。当营养充足时这种菌很容易大规模培养，它一般是间歇式培养（见第七章第三节），在培养的整个过程中都会有黄原胶产生，在指数生长期会有很高的产量。这种菌的主要技术难点是在最后的生产阶段培养基黏性增加，可以采用异丙醇沉淀的方法来提纯黄原胶，沉淀的多糖再经干燥、粉碎，最后包装成成品。

3. 黄原胶生物合成的遗传学特性

过去的20年中，已经研究了许多关于在野油菜黄单胞菌中生物合成黄原胶的基因理论，现在这些理论研究已经成为在微生物细胞中合成杂多糖的模型体系。许多理论研究已经成功地转变成黄原胶在食品工业中的实际应用。随着对黄原胶的生物合成及其相关基因的了解，也许可以更有效地合成黄原胶。同时，一些关于野油菜黄单胞菌对蔬菜及水果的致病原理，也可以用来研究黄原胶的生物合成。

原核生物缺少用来运输大分子的高尔基囊泡，但其存在着其他的运输方式。黄原胶最初只是以五碳糖的形式来合成（5个糖单体的链），包括两个葡萄糖残基（最终能形成"纤维"主链的一部分），连有一个由乙酰甘露糖、葡萄糖醛酸、丙酮酸甘露糖组成的三糖，这个三糖最终形成一个与纤维主链相连的三糖支链。这三种不同的单糖（葡萄糖、甘露糖、葡萄糖醛酸）是由两个酶合成的（它们的编码基因族有35.3kb）。另一个区域（胶）含有一个操纵子，12个可读框负责编码两种酶，分别负责五碳糖的合成、组装与最后多聚物的分泌。多聚物的分泌原理现在还不清楚。黄原胶复杂的生物合成解释了通过重组DNA技术来改进黄原胶的合成是一种挑战，因为至少涉及14个基因、两个独立的基因族。但是，负责组成多聚物的胶的基因都是由一个启动子来调节的，因此改变它们的表达相对简单。这种胶的基因活性与单糖的亚基密切相关，而这一亚基的合成却由不同的基因控制。

黄原胶是了解最多的复合微生物多糖，所以要改变如海藻酸这样的杂多糖的遗传特性也同样充满挑战。通过遗传改良来增加微生物多糖的产量似乎是不可能的，因为像黄原胶这样的多糖的生物合成已经是很高效的了。然而，遗传修饰却有可能为多糖的生物合成多提供一些有用的基质，这会使培养微生物变得更经济。目前，黄原胶的生产都在使用一种包含碳、氮源的复杂的混合物，如果它能被一种像乳清这样的复合培养基所替代，那么黄原胶的生产会变得更经济（里景伟，1995）。

第七节　柠檬酸与维生素的生产

在食品工业中，虽然应用微生物生产了许多不同系列的代谢物，但很难对它们进行分类，包括柠檬酸（用于风味和其他许多方面）、木糖醇（一种甜味剂）及维生素（用于丰富和强化食品）。下面将主要介绍柠檬酸和维生素的生产。

一、柠檬酸的生产

1. 柠檬酸在食品中的应用

柠檬酸的应用范围很广（世界产量大于 50 万 t），特别是在饮料工业中，它在食品中已经安全使用多年了。柠檬酸商品化生产从 1923 年就开始了，最初是作为酸化剂来降低食品和饮料的 pH。虽然增加酸度大部分是为了抑制细菌的生长，但柠檬酸并没有作为抗菌剂使用（乙酸和乳酸更有效）。柠檬酸的其他许多特性使它成为很有吸引力的酸化剂，它能赋予饮料（如软饮料）和糖果一种愉快的酸味，还能增加水果和蔬菜中的其他风味。

柠檬酸也是一种很有效的金属螯合剂，用于防止鲜鱼和冷冻鱼变味。鱼内部酶产生的二甲胺导致了难闻的"鱼腥"味，柠檬酸可以通过螯合铁离子与铜离子来抑制二甲胺的产生。

柠檬酸还可用作抗氧化剂，尤其是与抗坏血酸一起使用，常用于阻止水果和蔬菜褐变。柠檬酸螯合金属离子能阻止氧化引起的褐变。

2. 黑曲霉生产柠檬酸

许多真菌都能用于柠檬酸的规模化生产，但现在多用黑曲霉生产，大量生产柠檬酸也已成为现实。有两方面进步：一是筛选黑曲霉超量生产菌株（主要以大量的筛选获得）；二是找到让柠檬酸大量生产的培养条件。

假设已经找到了一种有效的菌株，要想大量生产柠檬酸还需要满足三个条件：一是要供给大量的氧气，因为黑曲霉是严格的好氧菌；二是培养基中锰元素不能超标；三是要供给大量的葡萄糖。

柠檬酸在黑曲霉体内不是发酵或其他途径的终产物，而是三羧酸循环中的一个中间物质（图 6-20）。为什么真菌要生产这么大量的中间物质呢？有两个关键的调节酶：磷酸果糖激酶（PFK，一种糖酵解酶）和 α-酮戊二酸脱氢酶（α-KDH，一种 TCA 循环酶）。因为柠檬酸变构会抑制 PFK，这种抑制会导致只有极少量的葡萄糖进入糖酵解或 TCA 循环。但是，锰含量的减少却削弱了这一反馈抑制，这可能与氨基酸的代谢和蛋白质的转化率有关。在锰缺失的菌丝中，蛋白质的转化率会增加，胞内 NH_4^+ 含量增

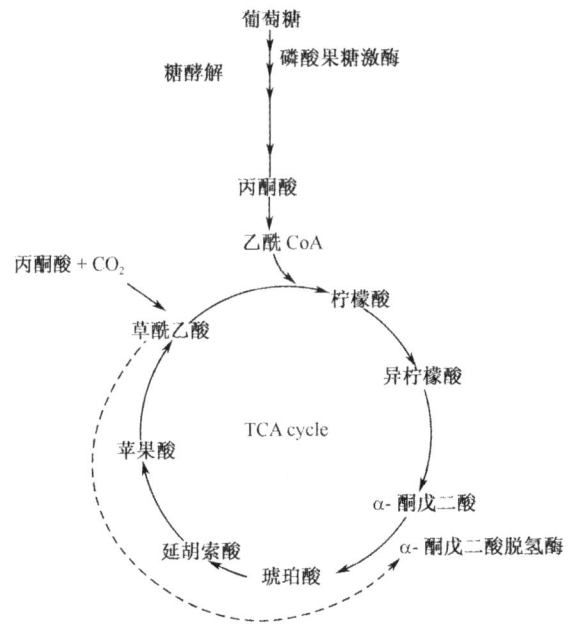

图 6-20 黑曲霉产生柠檬酸的过程（王镜岩，2003）

加，NH_4^+ 的含量增加对由锰缺失而引起的 PFK 的变构抑制起了至关重要的缓解作用。

α-KDH 是 TCA 循环中调节柠檬酸分解代谢的关键酶，它被 TCA 循环后期的中间产物——草酰乙酸所抑制。草酰乙酸是通过碳的固定过程生成的（丙酮酸＋CO_2→草酰乙酸），它反过来被外界环境中高水平的糖所激发，即高浓度的葡萄糖和其他糖类会激发草酰乙酸的合成，这反过来又抑制 α-KDH 的活性，但这一模式还不完全清楚。高浓度的糖类也会降低 PFK 的 K_m 值，这样既增强了 PFK 的活性，也增加了通过糖酵解的碳含量，碳便不能被氧化而进入 TCA 循环，细胞只有通过分泌柠檬酸来改变这种情况。

高浓度的糖类结合锰元素的缺失可以使微生物生产柠檬酸。在这种情况下，细胞大量生产柠檬酸对其自身有利吗？微生物能从这种生物合成中获得什么呢？这些问题还有待于进一步的研究（邬敏辰，2005；王镜岩，2003）。

二、维生素的生产

许多人使用维生素作为一种对营养缺乏的补充或出于其他健康原因，如在妊娠期就需要补充大量的维生素。许多食品加工过程（如热处理）会导致维生素的损失，这部分维生素就需要被重新补充。在发展中国家，维生素的供应是一个严重的问题，因为普遍的贫穷使人们不能获得充足的食物来摄取所需的维生素。缺乏维生素会导致许多健康问题的产生（如容易受到微生物的感染）。所以，比较经济地生产维生素就变得很重要，它在一定程度上影响着世界的健康。

许多维生素是由化学合成的，但有些维生素如麦角甾醇（维生素 D 前体）、核黄素、维生素 B_{12}、维生素 B_{13} 都是通过微生物培养得到的，还有一些是通过化学合成与微生物代谢得到的，如维生素 C。

利用微生物生产维生素主要是通过筛选天然（野生）的能够大量产生维生素的菌株来实现，还要设计生产所需的理想的生物反应器条件。例如，与啤酒酵母关系很近的丝状真菌（*Eremothecium ashbyi*）与丝状子囊菌（*Ashbya gossypii*），是能够生产大量麦角甾醇的天然菌株。这些天然生产菌能在不增加成本的基础上生产出与化学合成产品相同的麦角甾醇，这使得一些大的维生素生产企业已经停止了化学合成转而使用微生物合成的方法，因为化学合成是以不可再生的石油及煤炭作为底物来生产维生素的，从节约能源的角度，微生物合成显然是具有优势的。

一家企业就使用了突变的枯草杆菌合成法来取代化学合成法生产麦角甾醇，这种菌不是天然的麦角甾醇生产菌，但作为一个 GRAS 微生物，它已经广泛地应用在食品的各个领域。

用微生物合成法来取代化学合成法的趋势会延伸到其他的维生素生产中，特别是在 20 世纪中叶，面临石油与煤炭资源短缺，石油价格上涨的情况下（邬敏辰，2005；Perry，2002）。

第八节　发酵技术的潜在问题与趋势

虽然现在许多的筛选方法旨在找出一种"有用的"微生物菌株，但仍有许多微生物没有被发现。同样，成功地开发微生物（或细胞培养）也并不容易，甚至有时是不可能的。要想成功地寻找到"有用的"微生物，需要研究大量的与微生物及其产物有关的一些问题。

1）这些产品有市场吗？

很明显，如果答案是否定的，就没有必要进行下去了。如果答案是肯定的，一些其他的相关问题就出现了，如需要估计这个产品能被市场接受的价格范围。

2）这些产品能从非微生物资源中获得吗？

如果这一产品能从植物或海藻中获得，那微生物产品将受到挑战，因为利用植物生产比微生物更容易且更廉价，但也有例外，例如，香草醛就能以大规模的细胞培养获得，其成本与来自于土地种植的植物一样具有竞争力。

3）微生物（或细胞）能生产出大量的目的产品吗？

答案如果是否定的，那就需要建立一个方案来改良菌株。用诱变剂诱变最佳的生产菌株，筛选所需的突变体，这一方案已经很有效地提高了许多重要的微生物化合物的产率。重组技术也可以应用到大多数微生物中，来增加产品的产率，但这需要投入大量的资金，来做有关目的产物的生理学及生物合成基因学方面的基础研究工作。改变生物反应器的环境也能明显地影响到产品的产量，因此需要细致、长期的研究。

4）微生物（或细胞）好培养吗？

如果微生物的培养需要昂贵的特定培养基，那么用工业规模生产似乎不可行，但如果微生物能在廉价的培养基上生长，如糖浆或玉米液体斜面，那就很可能实现工业生产。如果一种微生物不易生长，可以将与生长相关的遗传物质转移到容易生长的微生物中。

5）微生物安全吗？

这是个关键的问题，如果微生物符合 GRAS 标准，它是可以用于食品生产的；但如果不是这样，就必须做许多工作来证明它是安全的。首先，你必须清楚地证明这个微生物对人类是非致病的且其产品是安全的；其次，它必须不会产生抗生素；再次，必须证明纯化的产品中不含其他有害物质（如有机溶剂）。要获得 GRAS 认证需要收集大量的实验证据，这是一个很昂贵的过程。由于这个原因，大多数人倾向于使用已经获得 GRAS 认证的微生物，因此很多酶都是从一小部分微生物（如枯草杆菌、黑曲霉、啤酒酵母）中获得的。向 GRAS 微生物中导入所需要的基因，也是一个获得 GRAS 认证的方法。然而，大多数国家对重组微生物的安全测试的要求还是极为严格的，如果这种 DNA 能产生致病的、可以合成毒素的微生物，它的重组产品是不可能被允许销售的。

如何成功地扩大微生物潜在的生产能力，使其能够工业化生产，大量成功的微生物生物技术说明，虽然这一过程会遇到许多挑战，但大规模培养微生物体还是有所期望的，也是可行的。

已经筛选出来用于生产、加工的微生物可能并不是最理想的，对微生物及其相关的过程来说，任何一种能增加效率、减少投资的改变都是必要的，因此，菌株的改良也是一个必要的、持续的过程。菌株改良的一个最好的例子就是抗生素工业，通过一场大规模的改良活动，抗生素的生产效率得到了意想不到的提升。有关菌株改良的技术也同样用于筛选中，诱变是成功率很高的技术。目前研究的热点是产品形成的遗传机制以及代谢途径间的相互关系（定量生理学）。随着对微生物代谢的深入了解，人们通过控制代谢使其按照理想的方向进行的能力也将逐步提高（Perry，2002；Doyle and Beuchat，1997）。

参考文献

邓毛程. 2007. 氨基酸发酵生产技术. 北京：中国轻工业出版社

里景伟. 1995. 微生物多聚糖黄原胶生产与应用. 北京：中国农业科技出版社

彭珍荣. 2003. 微生物资源与氨基酸的生产和应用. 化学与生物工程，20（6）：7～8

彭志英. 2008. 食品生物技术导论（普通高等教育"十一五"国家级规划教材）. 北京：中国轻工业出版社

宋欣. 2004. 微生物酶转化技术（现代微生物技术丛书）. 北京：化学工业出版社

孙明. 2006. 基因工程. 北京：高等教育出版社

王镜岩. 2003. 生物化学（上下册）. 第三版. 北京：高等教育出版社

邹敏辰. 2005. 食品工业生物技术. 北京：化学工业出版社

萧家捷等. 2004a. 食品工程全书（第二卷，食品过程工程）. 北京：中国轻工业出版社

萧家捷等. 2004b. 食品工程全书（第三卷，食品工业工程）. 北京：中国轻工业出版社

Doyle M P, Beuchat L R. 1997. Food Microbiology: Fundamentals and Frontiers. 3rd ed. Washington DC: ASM Press

Martin M C, Alonso J C, Suarez J E et al. 2000. Generation of foodgrade recombinant lactic acid bacterium strains by site-specific recombination. Appl Environ Microbiol, 66 (6): 2599～2604

Perry Johnson-Green. 2002. Introduction to Food Biotechnology. Boca Raton, FL: CRC Press

第七章　工业化细胞培养及其在食品生产中的应用

第一节　大规模细胞培养

生物工程学经常需要大量的微生物细胞或分离来自于植物或动物组织的细胞，因为微生物能生产几乎所有和食品有关的细胞产物。本章的重点是如何对细菌或真菌进行大规模培养。在实验室中用培养皿或小容器来培养细菌或真菌，在小规模的培养体系中，养分分散到细胞中或者细胞朝着富于养分的地方生长。在培养皿中，所有细胞都一直暴露在含有20%氧气的湿润环境中，这些氧气足以满足严格好氧菌的需求（图7-1）。在装有液体培养基的小容器中，微生物的生长状况也是比较好的，缓慢搅拌或在浅口瓶中培养微生物，都能确保微生物细胞对氧气的需要。

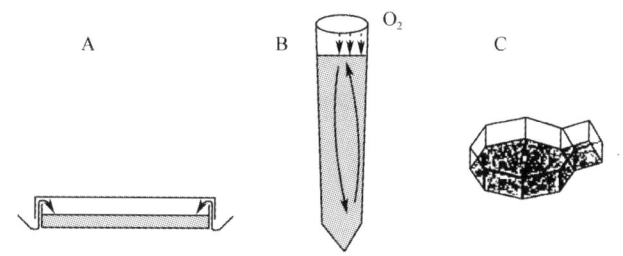

图7-1　细胞培养过程中氧气的供给（Perry，2002）
A. 氧气通过培养皿盖的空隙扩散到培养皿中；B. 振荡导致液体培养基与空气混合；
C. 培养瓶经常用于动物细胞的培养。氧气通过瓶口缝隙扩散到培养基中

这种小规模的培养体系广泛适用于实验上易控制的细胞，获得一些有关细胞新陈代谢和生理行为的知识。然而，要是想获得有价值的商业化产品，小规模的培养体系就不可行了，必须做放大试验以获得足够的商业产品。放大试验体系称作为生物反应器，传统的说法又称发酵，发酵这个术语至今仍被广泛应用。

中等尺寸的生物反应器比较适合动植物细胞的生长，尤其是动物细胞的培养很难在大于100L的容器中生长，然而也有一些动物细胞能够在100～10 000L的容器中生长（如杂交瘤细胞产生单克隆抗体）。相比之下，细菌和真菌细胞能够在10^4～10^5L的生物反应器中生长。从2L烧瓶到1000L生物反应器的放大试验培养体系，必须同时解决提供养分和氧气这两个问题。可以通过通风或者机器搅拌液体培养基的方法来解决。

生物反应器内的温度一般会迅速升高而抑制细胞生长，因此需要在生物反应器中安装一个有效的冷却系统。令人失望的是，把所要求的菌种接于生物反应器中，几周内不会出现大规模的生长，可能要在小生物反应器中准备大量的接种物作为大生物反应器的种子，以避免细胞分裂引起的腐蚀。

在大生物反应器中，细胞的形态和新陈代谢会发生改变，导致产品的数量减少。有时放大试验会导致菌种频繁地被其他微生物污染，如果没有检查出来，这可能会给消费者和公司带来很大的损害，这种污染会产生一些不良气味和滋味，如果这种污染菌是致病菌或产毒菌，将严重危害消费者。

由于这种原因，放大试验只能通过逐步增加生物反应器的尺寸来完成。起初，细胞可能在100L的容器中生长，观察培养容器的改变是否会增加细胞生长率或产品形成率；然后，试验扩大到中试工厂阶段，中试工厂中1000～10 000L的容器也将引入实验收集器和纯化系统；当中试工厂解决了所有问题后，公司将把生物反应器转变成生产型生物反应器，形成进一步的检测以确保细胞生长和产品形成以理想的方式发生。

生长培养基的消耗也是需要认真考虑的问题。增加培养基用量能否换来相当的产量提高，培养基的一些组分是不是必要的，当培养容器增大时这些都成了重要的问题。这些问题使已有的生产方案和产品价格难以协调，因为这些产品的价格对于消费市场而言是难以接受的。

准确预测市场的承受能力同样十分重要。生产厂商能否以消费者可以承受的价格出售产品，这在食品工业上是十分实际的问题。食品工业生产的大多数微生物产品是食品添加剂，相同的产品可以通过化学合成或从动植物细胞中直接提取等方法获得，这就要求细胞培养的产品具有更优良的特性或更具有竞争力的价格。对于刚起步的生物工程公司来说，经济因素是极其重要的，规模化生产存在的问题延长了生产周期会导致资金的流失，很难有投资者愿意冒这种风险。

生物反应器最重要的是它的设计和功能，需要其能提供氧气、养分，还可以散发热量。20世纪20年代，工业规模微生物培养的放大试验就和这些因素联系在一起，通过微生物学家、生物化学家、生化工程师的合作努力，这些问题大部分已被解决。在下节里，主要是找出一种方法来确保细胞能在生物反应器中处于最佳的环境并能生产产品（邬敏辰，2005；萧家捷等，2004b；Perry，2002）。

第二节　影响大规模细胞培养的环境因素

一、氧　气

不同的微生物对氧气的需求存在差异（表7-1）。严格好氧菌需要氧气，然而严格厌氧

表7-1　大规模细胞培养的需氧情况（Doyle and Beuchat，1997）

微生物	产品	需氧类型
Aspergillus oryzae	各种酶	需氧型
Bscillus subtilis	各种酶	需氧型
Lactobacillus spp.	发酵剂	耐氧型
S. cereviseae	乙醇	厌氧型
S. cereviseae	焙烤	需氧型
Corynebacterium glutamicun	谷氨酸	微好氧型
Zymomonas mobilis	乙醇	厌氧型

注：*S. cereviseae*在乙醇发酵的初级阶段需要氧气。

菌在氧气中不能生存。工业上重要的乳酸菌是耐氧菌，即它们的生存不需要氧气，但有氧气存在时它们也能耐受。生物体需要的氧含量影响着生物反应器的设计。相对于好氧菌，厌氧菌在大多数容器中比较容易存活，因为氧气在水中的溶解度比较低，好氧菌的生长需要消耗大量的氧气，例如，啤酒酵母的培养需要消耗 $6g\ O_2/(L \cdot h)$。氧气迅速地减少，细胞周围会出现厌氧圈。由于培养基周围氧气的渗入而使氧气的消耗量趋于缓和，但这是一个缓慢的过程。许多因素都影响着可溶性化合物的分散率，其中最重要的因素之一是浓度梯度的增强。扩散是从高浓度区域快速地流向低浓度区域，由于氧气在水中的溶解度很低，所以氧的浓度梯度相对变小，因此，氧的扩散速度相对减慢。如果扩散的距离很长，那么扩散就更慢了。因此，生物工程学家要想增加需氧细胞的数量，必须解决以下问题：①当大量的细胞处于代谢状态时，它们周围的氧气浓度会迅速降低；②随着容器尺寸的增大，培养基内部与表面氧气资源的距离也会增大。这些因素的相互影响会抑制需氧菌的生长，氧气的减少使需氧菌的生长受到抑制，因此也不会产生所需的产品。

细胞的生长需要氧气。事实上所有的真核微生物都是通过糖的氧化产生 ATP 的。氧气是终末电子受体在电子传递链的作用下引发 ATP 形成的，对大多数真核微生物而言，氧气的含量低会抑制它们的呼吸。因此，对于植物和动物细胞，氧气的供应对它们的生长和新陈代谢至关重要。

真核微生物对氧气的需要量很灵活，例如，啤酒酵母在氧气浓度低的条件下也能生存，因为它能发酵葡萄糖或蔗糖使之转变成乙醇。由于酵母菌在无氧条件下产生的 ATP 比有氧条件少，所以它在无氧条件下生长得比较慢。当乙醇是目的产物时（用于制造啤酒或白酒），酵母菌的生长速度并不重要，因为缓慢生长的细胞能产生大量的乙醇，然而，若想得到大量的啤酒酵母，就必须确保氧气的供应。因此，生产和销售酵母菌与生产乙醇或发酵啤酒的公司，需要采取不同的生物反应器策略。

不是所有的啤酒酵母都能在厌氧条件下生存，例如，克鲁维酵母广泛地应用于生产各种酶，如乳糖酶、重组蛋白（如凝乳酶），它是严格好氧菌，它的生存离不开氧气。

许多原核生物在厌氧条件下可以生存，但它们是严格好氧菌。例如，野生白叶枯病菌是严格好氧菌，能产生大量的黄原胶。兼性好氧原核微生物，如大肠杆菌，在生物工程过程中是好氧的，因为它们在有氧气存在时生长迅速，而且能够产生可观的预期产物。

一些微生物虽是需氧菌，但需氧量低。谷氨酸棒状杆菌能产生大量的谷氨酸（提高食品风味的重要物质），这种菌在有氧条件下能够生存，但是由于它的糖类分解代谢特性，使它在低氧含量的条件下能够超量生产谷氨酸，而当氧气大量存在时，谷氨酸的生成量会很少。

20 世纪 40 年代，人们培养的大多数体积较大的微生物都是兼性或严格厌氧菌。然而，第二次世界大战使人类对一种新发现的抗生素——青霉素，产生了巨大的需求。由于这种菌对氧气的需要，人们试图通过细胞培养产生大量青霉素的实验没有成功，随着表面培养的出现，人们解决了这个问题。把这种真菌接在固体培养基上，让它在培养基表面生长，它直接从空气中得到生长所需的氧气。这种方法一直被应用到可以使好氧菌在液体培养基中生长的培养技术出现。

表面培养的主要问题是培养时需要很大的表面空间。有足够大表面积的仪器是很昂贵的，在其表面上接种也是耗时和耗资的，而且，这种仪器易受微生物的污染。尽管固体培养装置的种类一直在增加，但大多数好氧装置是基于液体培养基之上的。可通过安装搅拌器来解决液体生物反应器内的氧气供应问题（图7-2）。

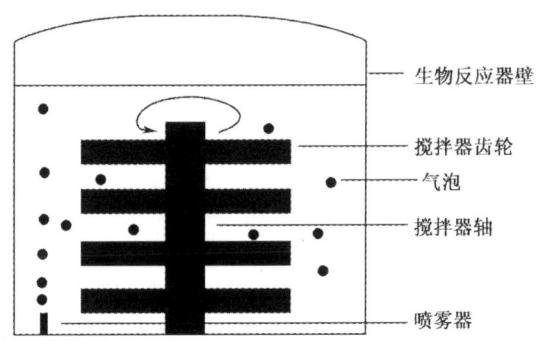

图7-2　带有搅拌器的生物反应器（Perry，2002）

用喷雾器向生物反应器中通入空气，然后用搅拌器搅拌，随着搅拌器轴的旋转，齿轮搅拌着液体培养基。搅拌器由带有齿轮的旋转轴组成，它伸向生物反应器内部，其旋转能使生物反应器内的液体混合均匀。在大多数情况下，空气以气泡的形式存在于生物反应器中，搅拌器通过生物反应器使空气分散开，空气中的氧气分散在液体培养基中，然后进入微生物细胞。这种兼有通气与搅拌功能的组合体，是一种典型的搅拌槽生物反应器，是生物反应器中最普通的类型。在一些情况下，通过生物反应器向培养基中通入空气或氧气，在搅拌的情况下可以使它们成为分散的气泡。通过搅拌能使培养基的营养成分混合均匀，由于细胞生长消耗营养，在微生物的周围会出现小圈，而搅拌能阻止这一现象的发生。

然而，搅拌器也会产生剪应力。在流体垂直方向，流动和静止液体间存在速度梯度。这种速度梯度形成了剪应力。液体的流动速度又称剪切应变——运动着的搅拌机在液体表面会产生外加压力，这称之为应变或变形，液体不能被压缩，因此变形导致流动。随着搅拌机旋转速度的增大，剪切应变和剪应力会增大。剪应力与细胞代谢和生存有关，一些细胞（如动物细胞）对剪应力非常敏感，而其他一些细胞（如大多数细菌）相对来说对剪应力不敏感。丝状真菌对剪应力的忍受力很强，但它们的形态会发生改变，即在搅拌槽内以球形颗粒的形式生长，产量与球形颗粒的直径有关。因此，保持一定的剪应力使颗粒处于最佳的尺寸是非常必要的。

因为搅拌机对细胞有不利影响，搅拌和通风的代价昂贵，所以根据细胞耗氧量来量化搅拌和通风的质量对需氧细胞过程是很重要的。下面的公式经常用于计算生物反应器中氧气的提供量（OTR—氧气转化率）。

$$OTR = K_L \alpha (C^* - C_L) \tag{7-1}$$

α 表示特定的内界面，即参与氧化转化的液体界面，当气泡以蒸汽的形式渗入到生物反应器中时即可观察到此界面。α 与空气流入生物反应器中的比率、流量及液体培养基中气泡的大小有关。K_L 是转化系数；C^* 是气—液界面的氧气浓度；C_L 是液体培养基中氧气的浓度。因此，($C^* - C_L$)是界面饱和氧气与液体中氧气之间的氧气梯度。它对于决定 C_L 的下限（不阻止细胞或产品形成）是非常重要的。在大多数情况下，细胞不需要界面饱和氧气。它的需要量取决于生物反应器内细胞氧气消耗率与其他限制因素，例如，细胞的呼吸可能是因为缺少底物而不是氧气供应量而受到影响，在这种情况下增加氧气转化率不能使细胞生长。一些微生物对氧气的需要量相对较高，在培养这些微生物时，必须注意氧气的供应量。$K_L\alpha$（体积转化系数）对式（7-1）来说是非常重要的参数。如果 $K_L\alpha$ 太小，对于生物反应器中的需氧细胞来说，氧气的转化率将会不充足；如果 $K_L\alpha$ 太大，能量将会通过搅拌和通风而散失。$K_L\alpha$ 受搅拌机的旋转量与通风率的影响。只要知道以下参数就可以计算出通风量：细胞生长率（μ），最初接种量（C_x），每千克微生物需氧量即产量常数（$Y_{O/x}$）。

这些参数用于计算细胞培养的需氧量

$$需氧量 = \mu\, C_x / Y_{O/x} \tag{7-2}$$

对于稳定状态（例如，在生物反应器中细胞生长的需氧量与供氧量一致），需氧量等于供氧量。根据式（7-1）和（7-2）得出：

$$K_L\alpha\,(C^* - C_L) = \mu\, C_x / Y_{O/x} \tag{7-3}$$

接下来是对反应器类型、操作条件（如搅拌机输入能量）、供氧材料的确定。所需生物反应器的设计由与 $K_L\alpha$ 相关的生物反应器参数决定。

生物反应器其他方面的功能也必须由搅拌机和通风量来满足。营养的转化必须足以供应细胞的生长，生物反应器中的热量必须通过混合作用被去除。冷却系统一般是冰箱或者生物反应器外的其他机器，热量在生物反应器内从液体表面散发。

混合效率是用混合时间来衡量的，向生物反应器内添加物质，然后记录消耗这些物质所需要的时间。混合时间随着生物反应器体积的增大而延长。例如，1800L 的生物反应器需要 29s，而 120 000L 的发酵罐需要 140s。这就使生物反应器的边界氧气和养分的浓度较低，混合效率也随着黏度的增加而降低。当丝状真菌生长时，培养基的黏度会随菌落数的增多而升高。这个问题格外复杂，因为丝状真菌是以非牛顿流体的特性出现的，这就使选择最佳的供氧量和搅拌量更困难。

生物反应器的几何构造也影响氧气的供应。如果在规模化生产的过程中不同尺寸的生物反应器都被用到，通常应该保持生物反应器的几何相似性。生物反应器几何构造的理论和实验研究已经获得了一些成果，其中之一是气升式生物反应器，它是一个圆柱塔，氧气供应和混合都是通过塔底部的气泡来完成的。气泡从生物反应器的底部上去，然后上升到塔的顶部，气泡起搅拌培养基的作用，更有利于物质的混合。这种典型设计适用于容量大于 10^5 L 的生物反应器，在这种大生物反应器中使用搅拌机是不现实的。气升式生物反应器内加入漂移管（一种引导培养液循环的内部气缸）能够促进循环使搅拌更有效（图 7-3）。

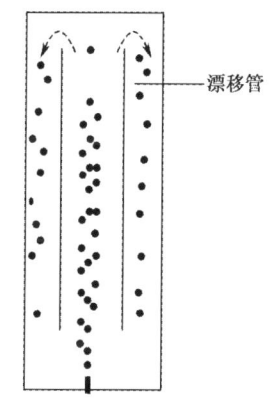

图 7-3 带有漂移管的生物反应器（Perry，2002）

二、pH

微生物对 pH 的改变是很敏感的。细菌通常对酸性条件很敏感，少数细菌（如乳酸菌）可以在 pH 小于 5.0 的条件下生存。真菌通常更能耐受酸性条件，但它们在 pH 低于 3.0 的条件下也不能很好地生存。一些典型的微生物对碱性非常敏感，很少有微生物能在 pH 高于 8.0 的条件下生存。

在外部酸碱环境的影响下，细胞的新陈代谢会发生改变。对于许多发酵细菌来说，这一现象很容易观察到：乳酸菌不能呼吸和利用糖类发酵产生乳酸，因为在分泌的过程中会使培养基的 pH 降低。

其他类型的细胞在生长的过程中也会降低培养基的 pH。例如，哺乳动物细胞必须在很好的缓冲液中生长：细胞生长和代谢会产生酸性物质，使培养基的 pH 降低，如果培养基得不到缓冲的话，这种酸性物质会杀死哺乳动物细胞。由于受 pH 的限制，哺乳动物细胞只能在 pH 7.36~7.42 的介质中生存，在自然环境中，哺乳动物细胞总是通过独特的缓冲系统来保护自己免受 pH 改变的影响。

大多数培养基都包含缓冲成分以稳定 pH。然而，它只能允许很小的 pH 变动，当 pH 发生变动时，要么周期性地添加碱，要么用探针测试 pH 然后连续地添加碱，这种系统直接和泵联系在一起，当 pH 降到临界点时，一个泵就被激活，然后向生物反应器中添加碱性物质；如果 pH 升高，另一个泵就会被激活，然后添加酸性物质。在大生物反应器中这种系统能有效调节 pH。

三、温　度

温度对细胞的生长率有很大的影响。因为在细胞生长时要释放过多的热量，大多数细胞可以耐受的温度范围是很窄的，所以在生物反应器中通常有一个冷却系统来调节温度。良好的温度条件能使细胞处于最佳的生长状态，这是生物反应器控制系统中的重要部分。生物反应器内安装冷却系统的另一个作用与灭菌有关，培养基在接种之前必须先灭菌，安装这样的系统后短时、迅速冷却就变得可能了。

有三种冷却装置（图 7-4）：①充满水的夹壁环绕着生物反应器；②冷却管环绕着生物反应器或分布在生物反应器内；③流动着的培养基通过热量交换器，热量从夹壁或螺旋管流向冷水处。

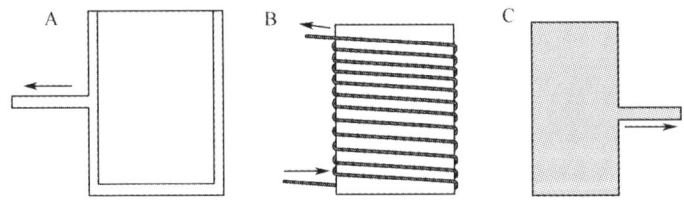

图 7-4　有冷却装置的生物反应器（Perry，2002）
A. 被用于循环水或冷却系统的水夹壁；B. 生物反应器内外的螺旋管；C. 生长液在热量交换器围绕下循环流动。在 A 和 B 中冷却剂也被循环地用于热量交换器

冷却夹壁通常被限制在容量小于 100L 的生物反应器中，因为它们不能处理大生物反应器的热量。内部冷却螺旋管通常用于中型生物反应器，大型生物反应器（容量大于 10^5 L）通常需要一个能通过热量交换器使培养基循环流动的系统。

化学工程师必须预测出生物反应器所需要的冷却量。第一步是确定进入生物反应器的热量。在生物反应器内热量转换的稳态公式是：

$$生成的热量 = hA\Delta T \tag{7-4}$$

ΔT 是培养液体与冷却液体之间的温差；h 是传热系数；A 是热量传递所涉及的表面积。产生的热量是生物反应器中散发的热量。因此，如果检查式 (7-4)，就必须计算出从生物反应器左、右两侧散发出的热量，要想计算出生物反应器左、右两侧散发出的热量，就必须知道热量传递面积和热量向冷却系统传递的效率。

从生物反应器壁和冷却系统管壁传递的热量可以知道 h。从生物反应器内传递的热量可以通过总能量平衡得知。所有机器生成和散发的热量都在这个能量平衡中，如下面公式：

$$Q_{met} + Q_{ag} + Q_{gas} = Q_{acc} + Q_{exch} + Q_{evap} + Q_{sen} \tag{7-5}$$

方程的左边是生物反应器内生成的热量，右边是散失的热量。Q_{met} 是细胞生长和代谢所产生的热量，是生物反应器内主要的热量资源；Q_{ag} 和 Q_{gas} 是通过搅拌和通风向生物反应器内输入的能量。Q_{acc} 是生物反应器内积累的热量，它通常是零，因为生物反应器积累的热量会导致温度的升高，阻碍微生物的生长；在传统的搅拌槽反应器中 Q_{evap} 和 Q_{sen} 的数值通常是很小的，它是生物反应器内液体表面蒸发的热量损失和原料进出生物反应器的热量损失。

简单地改变式 (7-5) 得到 Q_{exch}。Q_{exch} 是冷却系统为了维持稳定状态而散发的热量：

$$Q_{exch} = Q_{met} + Q_{ag} + Q_{gas} - (Q_{evap} + Q_{sen}) \tag{7-6}$$

细胞代谢产生的热量可以在实验过程中测量，其余的变量可通过生物反应器设计参数（如尺寸和搅拌器旋转速度）和产热之间的关系来估计。理解了热负荷必须被冷却系统消除的重要性，剩下的就是进行冷却系统的设计了。这使得式 (7-4) 的右侧变得十分重要。工程师们尽力寻找冷却系统和热量传递系数之间的相关性，可以根据相关性设计适宜的冷却系统。最后，如果可能的话，在生物反应器中培养嗜热菌或真菌，因为这些微生物耐高温，不需要过多冷却，会节省相当多的成本。

四、营 养 供 给

设计大规模培养细胞的生物工程过程时，营养是需要考虑的非常重要的因素之一。所有的细胞生长都需要营养，但不同的细胞对营养的需求量不同。动物细胞对营养有非常高的要求，用来培养哺乳动物淋巴细胞的 RPMI1640，其成分包含 21 种氨基酸、多种维生素和矿物质。并且，动物细胞的培养需要血清，来自动物血液的蛋白质和其他化合物的混合物。动物细胞的大规模培养需要复杂的营养成分，是其成本昂贵的一个主要原因。

从表 7-2 中可看出，植物细胞也需要一些特殊营养。然而，大多数植物细胞的培养基相对于有机成分是较便宜的。有机成分包括维生素、蔗糖、植物激素等。

表7-2 各种细胞培养所需的特殊营养成分（萨姆布鲁克和拉塞尔，2002）

哺乳动物细胞培养基 RPMI1640	植物细胞培养基		细菌培养基
精氨酸	缬氨酸	NH_4NO_3	右旋糖
天冬酰胺	生物素	KNO_3	蛋白胨[b]
天冬氨酸	泛酸	$CaCl_2$	NaCl
半胱氨酸	叶酸	$MgSO_4$	
谷氨酸	纤维醇	KH_2PO_4	
谷氨酰胺	烟碱	$FeNaEDTA^{[a]}$	
谷胱甘肽	氨基苯酸	H_3BO_3	
氨基乙酸	维生素 B_6	$MnSO_4$	
组氨酸	核黄素	$ZnSO_4$	
羟基脯氨酸	硫胺	KI	
异亮氨酸	维生素 B_{12}	$NaMoO_4$	
亮氨酸	$Ca(NO_3)_2$	$CuSO_4$	
赖氨酸	KCl	$CoCl_2$	
甲硫氨酸	$MgSO_4$	纤维醇	
苯丙氨酸	NaCl	硫胺	
脯氨酸	$NaHCO_3$	蔗糖	
丝氨酸	Na_2HPO_4		
苏氨酸	右旋糖		
色氨酸	苯酚		
酪氨酸			

注：a. EDTA，四甲基乙二胺；b. 蛋白胨，蛋白酶解后的氨基酸混合物。

相对于植物和动物细胞来说，许多微生物比较容易培养。大多数细菌和真菌适合腐生生活，为了生存它们有效地腐蚀环境中的有机和无机营养。因此，像大肠杆菌这样的细菌能够在含有葡萄糖、蛋白胨和少量矿物质这样简单的培养基中生存。从这些结构单元中可以看出，很多大分子、维生素和其他用于细胞生长的成分都可以在细胞内合成。然而生物工程学家发现大肠杆菌和类似的一些腐食微生物在特定的培养基几乎不能获得理想的生长速率。大多数复杂的培养基一般都含有像维生素、核苷酸这样的成分。大多数微生物在复杂培养基中比简单培养基中生长得快，因为细胞生长经常受到如氨基酸、葡萄糖、合成大分子这样的代谢物的限制。如果代谢物被用于维生素的合成，那么微生物就生长得慢了。

也许是人们对微生物的营养需求不清楚，也许它们需要与其他微生物共存（植物细胞或动物细胞），一些微生物有时很难找到适合其生长的培养基。有些不易培养的微生物会产生一些珍贵的化合物（如新型多糖），但它们不适于在生物工程上应用，这可能与它们的培养条件有关。然而，如果产生这些化合物的基因能被克隆和改良，把有用的基因移入微生物中，就适合大规模培养了。

改良后的细胞能在培养基中生长。下一步是设计一种能满足微生物营养需要且耗资少的培养基。生物工程学家必须寻找用于培养细胞的原始基质，对每一种培养基，碳和氮都是必需的。

一些原始基质的成分和性质，相对来说是比较容易确定的，例如，许多培养基都用葡萄糖和蔗糖作为原始基质。在一些应用中（如用野油菜黄单胞菌生产黄原胶），人们用诸如葡萄糖这样的原始基质生产出来的产品质量更稳定。

其他的原始基质很难定性，成分变化也较大。例如，糖浆是一种便宜的碳源，可以广泛地适用于真菌和细菌的生长，作为一种副产物从甘蔗或甜菜中提取出来的。蔗糖是甘蔗汁的结晶体，其余的残留物便是糖浆，它占蔗糖含量的 30%～40%。由于蔗糖生长在热带地区，所以在发展中国家糖浆是生物工程过程的重要原始基质。糖浆也能从甜菜中得到。

乳清也可作为一种碳源，它是干酪的副产物。乳清富含乳糖，微生物在乳清中生长时把乳糖作为主要的碳源和能源，但必须限制它的使用量，许多细菌和真菌不能利用乳糖作为碳源。

尿素或氨这样的原始基质一般用作氮源。但在许多培养过程中，细胞很少用这些成分简单的氮源，而用成分更为复杂的氮源（如氨基酸）。于是人们把富含氮的玉米浆作为氮源。玉米浆就是玉米提取淀粉后的副产物，含 24% 的蛋白质，玉米浸泡在水中变软膨胀，更易于淀粉的提取。

氮源与碳源的选择是建立在经验基础之上的（实验中用过不同类型的原始基质）。细胞的特性和经济条件都要考虑在内，一些原始基质在供应和价格上有很大的波动，这就要求公司选择一些适合微生物自身生长且可改变的原始基质。当然也要考虑上游（接种前）和下游（接种后细胞生长和产品形成）过程。上游过程中最重要的是原始基质的杀菌，这可以通过蒸汽处理完成，杀菌的过程可能会导致原始基质成分的改变或营养损失。

对一些原始基质（淀粉），上游的改变是必要的，例如，类似淀粉糖化的过程可能是获得有用的糖产品所需的；下游也必须被考虑，例如，一些原始基质（如乳清）可能含有一些干扰产品纯化或引起多余处理的成分。

确定生物反应器中需要添加的原始基质的最适量也十分重要。这经常凭借经验，但也要考虑原始基质的营养成分和细胞的特点。例如，一种微生物需要 0.31% 的氮源，如果这种微生物生长所需氮源的最低浓度为 20g/L，那么在生物反应器内就必须有 6.2 mg/L 的氮源。如果一种特定的原始基质含有 15% 的氮，那么 41g/L 的这种基质就足够了。

对于碳源，生物工程学家经常用理论上的能量值决定原始基质的需要量，这个数值可以在提供某种食物后，通过对生物体 ATP 生成系统进行检测来获得。1mol 碳源产生的 ATP 量直接与能量成正比。呼吸细菌利用 1mol 葡萄糖能产生 32mol ATP；而发酵细菌利用 1mol 葡萄糖只能产生 2mol ATP，前者显然能够提供更多的能量。为了获得所需要的能量，就必须提供更多的碳源。相对于成分简单的基质，成分复杂的基质有许多可发酵的成分，分析要复杂得多（王向东和赵良忠，2007；Perry，2002；Doyle and Beuchat，1997）。

第三节　生物反应器的类型

一、搅拌型生物反应器

如前面所述，STB是最早的生物反应器，自1940年问世以来就在工业微生物方面有着无法比拟的优势。这种生物反应器的最大优点是能用于细胞培养，而且它符合特定生物加工的设计。

通常，STB被用于循环式的批量处理过程（图7-5，图7-6）：无菌基质加入到生物反应器中，然后接种，细胞繁殖并产生所需要的产品，产品纯化后残留物质被清除，生物反应器被清洗，又开始第二次循环。典型的STB有一些管，这些管有些是基质和接种物的进口，另外一些是成品的出口。生物反应器内设有清洁系统，这些系统由一些喷嘴组成，这些喷嘴负责在两次循环中间的清洁过程向生物反应器内喷去垢剂。蒸汽进口和出口是用于清洗后灭菌的。

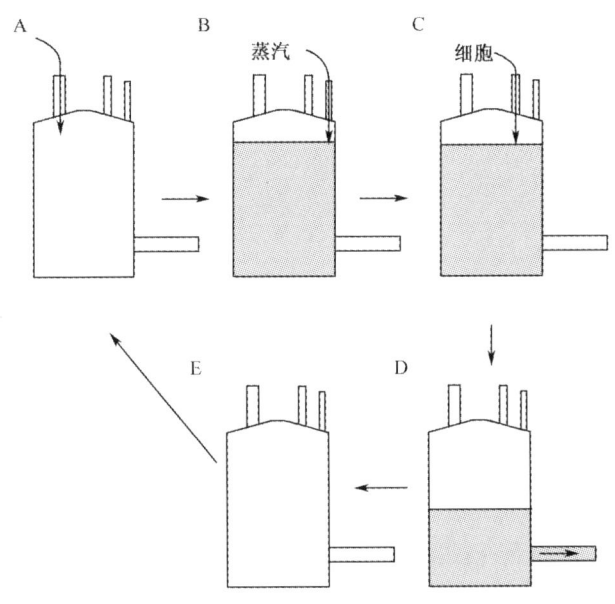

图7-5　STB内的循环（Perry，2002）
A. 添加基质；B. 基质的灭菌，通常用蒸汽法；C. 接种；D. 经过生长繁殖期后，获得大量的产品；E. 清洁容器，开始新的循环

监测生物反应过程是十分重要的，这是通过在生物反应器内安装监测系统（如pH检测器和泡沫检测器）并在取样口周期取样完成的。pH检测器的数据被酸性泵和碱性泵控制，pH的控制可以在基质连续供应的情况下被完成（如果pH在一个特定的范围内上升或下降，酸性或碱性泵就开始活动，使pH回到正常范围）。样品口用于检测产品的形成、氧气浓度和其他参数。

如果生物反应过程需要氧气和搅拌，那么通风是必需的，这取决于生物反应器的尺

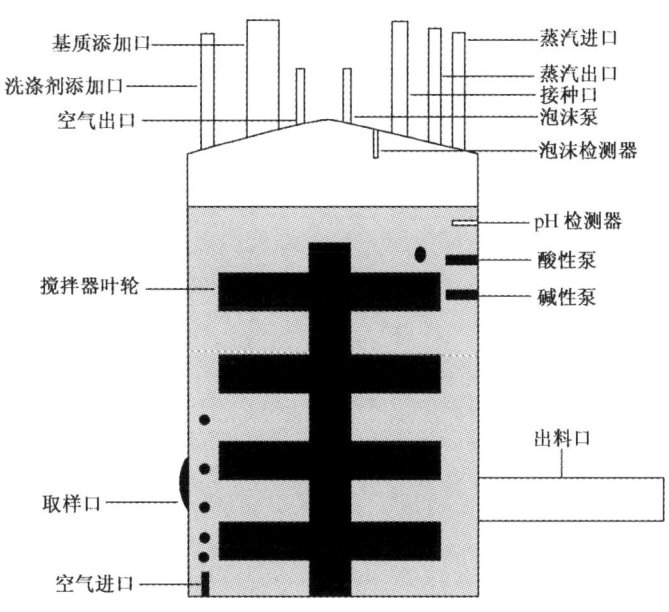

图 7-6　罐式搅拌型生物反应器（Perry，2002）

寸和直径，它可以通过喷雾器或者和搅拌器一块使用，向生物反应器内注入空气。另外，STB 必须有冷却系统。

这种典型的生物反应器比较容易操作，它由一些简单的材料构成，不易被微生物和其他物质污染，这种反应器设计原理简单，维修方便，替换零件也容易。然而这种分批 STB 也有一些弊端，其中最主要的问题是所接种的动物、植物、微生物细胞必须在新鲜的、营养丰富的培养基中生长。在细胞培养过程中，起初是迟缓期，细胞不分裂，但是随着细胞适应环境，有一些酶被合成；接下来是对数期，细胞开始分裂，每个细胞都分裂成两个子细胞，细胞呈指数生长，在生物反应器内，对数期不能一直进行下去。最后，细胞吸收养分的能力下降，并产生一些有毒物质（如乙醇），这会使细胞生长率下降；在稳定期，细胞数量没有增加；在衰亡期，大多数细胞死亡，并落在生物反应器底部。

如果目的产品是细胞分解形成的，那么在延迟期和稳定期只有少量的产品形成；另一方面，如果目的产品仅仅在稳定期形成，那么延迟期和对数期就不会有产品形成。因此，不管产品在细胞生长的哪个时期形成，都会有一个产品形成的缓慢期，可以通过加大接种量来缩小延迟期或向生物反应器内添加适合微生物生长的培养基，加速细胞生长。然而，这样会增加产品的成本。因此，对于 STB 最主要的弊端是需要准备每个时期的种子培养基。

清洗和灭菌这段时间是不能获得产品的。虽然存在以上诸多问题，STB 仍在工业上广泛应用，但是人们对开发可替代 STB 的系统越来越感兴趣，尤其是连续或半连续系统的设计开发。

二、连续培养型生物反应器

1. 连续培养的优势

连续培养与分批培养的最大差异,是连续培养有一个营养过饱和时期。在同一时间新的培养基被加入,用过的培养基被移除(图 7-7)。因此,在整个培养过程中培养基的量始终不变,细胞的生长和死亡数目保持一致。由于新鲜培养基连续不断地被添加到生物反应器中,细胞保持良好的生长率,进入稳定期延迟。所以连续培养形成产品的效率比分批培养高。从生物工程角度来看,连续培养能够保持稳定的生产状态。因此,相对于分批培养,连续培养能长时间维持较高的生产效率。适合生产廉价的产品(如啤酒),不适合生产昂贵的产品(如药物)。

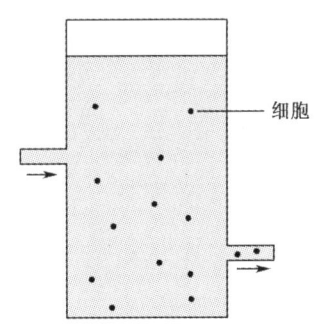

图 7-7 生物反应器的连续培养
(Perry, 2002)

在连续培养系统中,细胞和产品同时存在于生物反应器中,这样有利也有弊,主要取决于产品提取和纯化的方法。在大多数情况下,连续培养是有效的,因为它能避免因移除用过的培养基、添加新的培养基而造成的时间浪费。同样重要的是,连续培养可以减少准备接种物的频率。连续培养能够在不添加接种物的情况下连续工作 6 周或更长时间。然而由于以下原因,生物反应器的定期关闭是必要的。

1)突变。突变可以发生在所有处于生长阶段的细胞。在生物反应器内延长细胞的培养时间会导致其突变——细胞的特性发生改变。突变细胞生长会损害正常细胞的生长。

2)污染与生物臭味。延长细胞的培养时间是不明智的,因为生物反应器可能会被污染,定期中断培养和灭菌可以避免这些问题的发生。连续培养也会引起生物臭味,例如,生物膜和相关矿物质沉淀会堵塞生产管线。

在生物反应器内突变不会使所有的细胞都发生遗传不稳定性。然而,定期添加接种物对连续和分批生物反应器来说是可行的。保藏的细胞可作为接种物的一种来源。在传统的生物工程系统中,接种物都是用过的,如将上一批啤酒样本(或发酵牛奶)添加到新鲜培养基中。由于遗传的不稳定性和长期培养导致的污染,传统的接种方法是很少见的,而常见的是将菌种保藏起来。哺乳动物细胞对低温敏感,因此它们应该保存在装有诸如二甲基亚砜这样抗冻剂的培养基中,封存后置于液氮罐中。相比之下,向培养基中加入一些甘油,使细菌在 40~80℃范围内更容易保存。真菌在冷冻干燥时仍能保持它们的生命力,真菌的孢子可以被直接冷冻保存。生物工程学家更喜欢这些保存方法,因为这些方法不需要定期更换培养基,而每次更换培养基都有被污染或改变遗传性的危险。

2. 连续培养的弊端

连续培养的主要弊端是增加污染的机会。在分批系统中，处于生长阶段的细胞能够有效地从被污染的微生物中分离出来。生物反应器工作时，细胞被污染可能是由于外界空气的进入和添加用于改变 pH 或减少泡沫形成的化学药品所引起的。如果有过滤装置确保进入的空气或液体是经过灭菌的，以上两种造成污染的可能并不算什么大问题。然而，连续培养系统在细胞培养时需要有大量的接种物输送进来，随着接种物数量的增加，污染率也会增大。

问题还有可能出现在下游过程中，例如，通常用分批培养来培养野油菜黄单胞菌（能够产生黄原胶）是因为在细菌培养完之后，培养基中几乎没有残余的糖类存在。然而，在连续培养系统中，细菌不能完全消耗培养基中的糖类，由于糖类的存在，培养基中黄原胶的纯化就更困难了。

在连续培养系统中还有一个普遍存在的问题是洗出。在理想的连续培养系统中，细胞的数量总是保持一致的，刚分裂的细胞可通过出料口充分地替换掉死亡的细胞。然而，如果培养基以过大的量被添加或移走时，分裂的细胞就不可能充分地替换死亡的细胞，这样，生物反应器内细胞的数量将会一直减少，最终产品也被停止产出。

3. 连续培养的运行

连续培养成功运行的关键，是认真控制生物反应器内的流量。如果流量太慢，细胞的数量将会增加，并且会因为培养基中营养缺乏而停止生长。因此，许多大规模的细胞培养会采用半连续系统。在这样的系统中会定期地添加和移除培养基，优于连续培养。因此，能在反馈抑制和非反馈抑制的情况下工作，即在没有反馈抑制的系统，培养基在反应过程中的特定时间按预先设计的程序添加；在存在有反馈抑制的系统中，培养基的添加频率依生物反应器环境的改变而改变。用分光光度计测量到的液体培养基的吸光度能够反映该培养基的混浊度，而混浊度与细胞浓度有关，细胞浓度升高激活培养基的添加，如果细胞浓度维持在一定水平上，添加的培养基就会使细胞稀释。这种监测生物反应器功能的方法，也适用于监测诸如洗出这样的问题。这种类型的生物反应器被称为连续搅拌型生物反应器（CSTB）。

在连续与半连续系统中，控制细胞生长的一种方法是把必要的营养成分限制在低水平。通过调整这种生长限制型底物的供应量来调节细胞的生长速度。为了有效地利用这一机制调控细胞生长，生物反应器内的其他营养基质的含量必须高于限制营养成分的水平。尽管在实验规模上连续培养有坚实的理论基础，但大规模连续培养仍需改进，这比传统的分批培养 STB 要更复杂和困难。

CSTB 的一个改进设计是有一系列 CSTB 生物反应器。在这些系统中，液体培养基从一个 CSTB 流向另一个 CSTB，这样不断循环下去。当生物加工的主要目的是获得微生物时，这样的系统是一个不错的选择。例如，面包酵母的生产系统中至少有 6 个 CSTB，每个生物反应器都比较小（3400L）。在这个连续的过程中，酵母的浓度不断增加，最后反应器内有大量的酵母被烘干并包装。这个过程相对于单个的分批培养生物反应器要更有效。在分批培养系统中,大量的酵母菌被添加,使酵母的终浓度很高。然而,由于液体培养基中水分含量的降低,大量的酵母菌种会阻碍其自身的生长,还可能产生 Crabtree 效应(酵解抑制有氧氧化)。相比之下,在一系列的 CSTB 里,只需添加少量的培养基,细胞就能很好地生长,还可减少 Crabtree 效应和细胞渗透效应。

有时,把 CSTB 与活塞式生物反应器结合起来比较实用,例如,用这种系统进行淀粉转化。活塞式生物反应器由一个长螺旋管组成,底物通过管道流向系统中,生物加工连续地进行。在淀粉转化过程中,每个活塞(混合淀粉与淀粉分解酶)随着淀粉高速地进出管道,使淀粉处于高速转化状态。这种把 CSTB 与活塞式生物反应器组合的系统,对许多生物加工过程来说都是最有效率的。但其缺点是,它不能和通风型的活塞式生物反应器组合在一起。

三、固定床反应器

1. 固定化细胞

到目前为止,在大规模培养系统中,仅研究了悬浮于液体培养基中的细胞的生长。其实还有其他方法存在,例如,许多过程中会用到固定化细胞,这是一个在柱状生物反应器中连续运行的系统(图 7-8),原始基质连续不断地从柱的顶部进入,产品连续不断地在柱的底部被收集。这种类型生物反应器仅适用于由细胞分泌的产品。

用固定化细胞生产产品的一个优点,是在这种系统中细胞不被收集。如果产品中有细胞存在,就必须从含有产品的液体培养基中分离出细胞。然而,随着固定化细胞技术的出现,只需从液体培养基中分离所要的产品就可以了。其另一个优点是洗出不再是问题。这种系统不需要控制细胞残留物,简化了对培养基的处理。

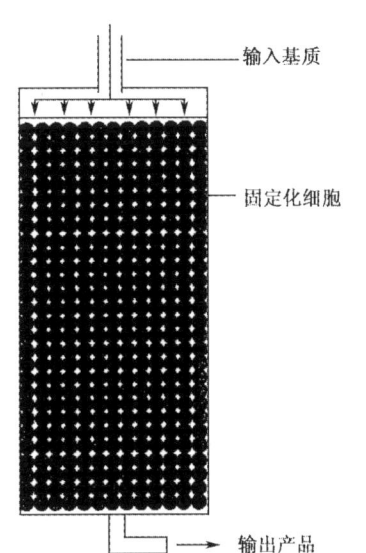

图 7-8 生产固定化细胞的生物反应器(Perry, 2002)

固定化细胞技术也广泛地用于废水的纯化,例如,在固定化细胞柱的顶部注入被有机物污染的水,随着水在柱内的流动,细胞会分解水中的有机化合物,把它们部分地转化成 CO_2,这样水在离开柱时就减少了很多的有机化合物。在这种系统中(不像大多数定向生产的系统),生物技术学家通常把微生物固定在固体底物上,许多微生物用糖类包被黏附在固体表面。一种典型的废水滴滤系统,是由塑料、石头、沙子、砂砾组成的宽而浅的柱子,这种容器支持细菌、真菌、原核动物等复杂体系的存在,废水从石头缝流过,好氧微生物在石头表面迅速而有效地降低废水中的有机物质。

同样的原理还可用于啤酒酵母生产乙醇、接合菌生产亚油酸及利用植物细胞生产辣椒素与酒花呈味化合物。被加入到生物反应器中的惰性粒子(生物支持体)一般是多孔的，有时是复合纤维网孔结构，细胞被黏着在纤维上并在颗粒内生长。现在，许多新的无机物（如不锈钢编织的钢丝网）及有机物（如聚氨基甲酸酯泡沫）颗粒已经开始应用。这种生物反应器一般是一个分批的系统，但却能比 STB 的产量高许多，例如，毛霉生长在聚氨基甲酸酯泡沫中，能使其 γ-亚油酸的产量增加 80%。

惰性颗粒（如玻璃纤维珠）也用于培养动物细胞，虽然动物细胞没有细胞壁，很容易被剪切压力所破坏，但这些颗粒却可以起到保护的作用。

在下游过程中通常通过改进固定体系来控制细胞的释放，同时还不影响细胞代谢。其中一个改进方案是在胶体内截留用于固定细胞的多聚物。

鹿角菜胶是一种很流行的用于细胞固定的多聚物，它是由一些藻类所生产的复合多糖，不溶于水，加热至接近沸点时可溶。它与琼脂在许多方面很相似，液化后如果被冷却，那它将会形成高度水合胶体，如果它被重新加热到接近沸点，就会溶解并分散开。当热的鹿角菜胶被冷却到接近其凝固温度时，溶液就会与细胞混合在一起，形成的胶继续冷却发生固化。

被固定的细胞是不能直接用于生物反应器的，因为不能通过固体鹿角菜胶对其进行流动培养，胶体的颗粒化解决了这一问题，每一个小颗粒都含有许多细胞，并被装在柱形生物反应器内。用液体培养基对细胞进行培养时，培养基会缓慢地通过装满颗粒的柱子，如果细胞分泌目的产物，目的产物被分泌后会经由柱子流出，再对流出物进行收集、纯化就可以得到成品。

除了鹿角菜胶，褐藻酸盐、琼脂及聚丙烯酰胺凝胶也已成功地用于细胞截留。由于在褐藻酸盐中发生的截留相对柔和，现在褐藻酸钙的应用十分流行。当截流不可行时，也可用无机物或有机物支持体（如羧甲基纤维素）来进行固定化，其难点是要找到一种能将细胞粘连的化合物，且化合物的表面不会影响细胞的成活力。在酶的固定化上应用这一方案更为成功。在一些情况下（如微球菌生产尿苷酸），只要在固定化的细胞内有较高的酶活，成活力并不是很重要的。把细胞直接固定到固相支持体上，因为反应物与产物都不必通过凝胶扩散到反应细胞中，因此对产品形成的扩散限制放宽了。

令人惊奇的是，被截留的细胞往往比在悬浮液中的细胞具有更高的成活力。在某些情况下，在从截留物中被释放的过程中或在这之前，细胞都会保持更高的生产活力（如啤酒酵母生产乙醇）。生产效率提高的主要原因显然是糖酵解酶（如磷酸果糖激酶）的活力更高。对细胞而言，凝胶内的微环境波动比悬浮液中要小很多，一般固定化的细胞可以保持其成活力长达数年而不需要更新。

固定化细胞体系现在十分流行，许多生物技术产品的生产都采用了这一技术。如暗黄短杆菌生产苹果酸、大肠杆菌生产天冬氨酸、杂交瘤细胞生产单克隆抗体等，细胞的固定化还可用于提升一些传统食品生物技术的稳定性。例如，用 LAB 发酵多种不同的香肠及肉制品，先将肉切碎或捣碎，然后用被截流在褐藻酸盐中的 *Pediococcus cereriseae* 或 LAB 对其进行培育。乳酸的产生对肉有酸化作用，能抑制酸腐微生物及病原菌的生长，而 LAB 与微球菌则可提供所需要的风味。使用固定化细胞技术使 LAB 稳定性更高，这可能与细菌周围的微环境更加稳定有关。

固定化细胞在食品加工生物技术上主要还是应用于一些酶类的生产，这些酶反过来还可用于生物技术过程当中。实际用于生产酶类、发酵肉制品、细胞固定化工序的生物反应器的设计是相当灵活的，一些过程可用 STB，还可应用一些现今更流行的设计。如果要求细胞有一定的成活力，那 STB 是很有效的，且对需氧菌和厌氧菌都适宜。因为厌氧菌会产生终产物气体（如 CO_2），这些气体必须从生物反应器中排出。

但是如果细胞的成活力与这一过程不相关，就要用到固定床反应器。这是一种用于细胞固定化的最常用的生物反应器，其组成包括一个细胞结合颗粒填充的固定床，把固定床装入生物反应器，含有反应物的液体流过固定床，便可以从生物反应器的流出液中收集产品。在滴滤床反应器中（在前面废水处理中提到）液体的流量很慢，这对保持一个有氧的环境很有利，因为床体内并不是全部注满液体，所以滴滤床生物反应器适用于各种需氧细胞的培养。这种反应器与 STB 相比一个最突出的优势，在于其不需要大量的能量来维持一个需氧的环境。但用它大量生产需氧细胞时，也是会受影响的（如 *C. actobutylicius* 的丙酮→丁醇→乙醇生产过程）。

固定床生物反应器也有许多缺陷，生物加工会产生大量的热，会使系统的运转变得很困难，其原因是热传递的效率太低。这时可以选择流化床生物反应器，它一般分为三段进行运作（固定床系统为两段）：①细胞被固定在固相支持体上；②液体流经固相支持床体；③气体注入床体。由于液体与气体经常流到生物反应器的底部，所以床内的系统可以保持在一定的混合度下连续不断地膨胀并交换物质，通过换气补充了氧气、排出了废气，并能改善热传递效率。流化床生物反应器正被大量地应用于污水处理中，它的弊端是很难预测并保持其最佳运行状态，这一点制约了这种反应器的应用。

现在使用膜来截留和固定细胞引起了广泛的关注。膜生物反应器也应用于一些商业生产，例如，在杂交瘤细胞培养中使用膜生物反应器，用多孔膜从含有底物和养分的液体培养基及整个生产体系中，将细胞以物理的方式分离出来。膜生物反应器主要解决了连续培养的两大问题：①膜的孔对细胞来说不够大，所以细胞不会被洗脱；②细胞中不会含有产物，方便下游加工。

最后一个值得关注的细胞固定化策略是固态发酵（SSF，这里提到"发酵"是指建立在发酵或呼吸代谢基础上的过程），它是一种在无水条件下固相支持体中的细胞培养。许多食品生物技术产品（如甜醅、酱油、浓味软干酪）都是采用 SSF 生产的，SSF 还广泛应用在工业酶的生产中，其主要优点与底物含水量低有关，酶或其他产品以浓缩的状态存在，使得纯化相对容易。SSF 与浸没体系相比，在常规生产量（如以底物的量控制产品的量）上有更高的生产力，产生的废水更少。SSF 生物反应器的设计很简单——盘式、鼓式、深谷式。污染是不可避免的，尤其是真菌培养，丝状真菌不仅能很好地适宜这种固态底物群集，而且可以驱除其他微生物的污染。但相反地，在浸没体系中大部分丝状真菌就不能群集，因此，当试图在 STB 或其他形式的浸没培养基中培养真菌时，会出现一系列问题。SSF 体系在亚洲以外的地区还没有被广泛使用，一方面缺乏具有 SSF 体系经验的技术人员；另一方面 SSF 自身还有不足，例如，热散除问题限制了生物加工的规模。

2. 固定化酶

过去的 20 年里，固定化酶在生产有价值的工业产品方面取得了进展。固定化酶与固定化细胞的基本原理相同，底物会加入到已经装满固定化酶的柱子中，然后从柱子的流出液中收集转化产物。固定化酶十分具有吸引力，因为在非生物加工中使用的是固态反应物（反应物损失更少），如果酶的成本很高，那就必须对它进行固定。在分批加工中，对酶进行加工再纯化时，一般都会发生酶的损失，但这对价格昂贵的酶来说是不能接受的。因为不需要维持细胞的成活力，所以一般情况下，酶比细胞更容易固定，这使得像戊二醛这样的物质也可以被用到，戊二醛交联蛋白还可以把酶共价连接到固体颗粒中。在使用戊二醛以前应先将酶吸附在玻璃纸膜或其他的支持体中，以防止酶活性降低。

将酶吸附在固相支持体中可选的方法很多，离子键、氢键、范德华力都可用到吸附作用中。一些应用于离子交换层析中的微球修饰纤维，如二乙氨乙基（DEAE）葡聚糖凝胶，同样也可用于固定酶。酶是通过静电作用被吸入微球中的，这一体系的一个重要改进就是作为支持体的微球是可再循环的，当酶活力下降几倍时，旧的酶很容易从微球中被除去而被新的酶取代，这是固定化体系经济可行的一个重要原因。酶能否长期保持其活性是个关键。

也可使用胶截留的方式将酶固定，原理与细胞相同，用于固定化酶或细胞的生物反应器的类型也是相同的，所以，STB、填充床反应器、流化床反应器都能用于固定化酶的加工。

高果糖糖浆是许多食品的重要配料，它就是一个典型的利用酶生产的产品，这种酶是在被修饰过的纤维珠内发挥作用的。许多食品生物技术在加工产品时，都会应用各种不同的酶固定技术，而且这一趋势在未来还会增加。那在什么时候会用到固定化酶？什么时候会用到固定化细胞呢？在许多情况下固定化细胞完成一个简单的转化只需一、两种酶，这时使用酶和细胞都是可行的。固定化细胞常常是首选，因为作为活细胞的一部分，酶的稳定性和持久性都能得到增强。但从纯化角度来看，更适于选择固定化酶，因为固定化细胞的主要缺陷在于它是复合体，是有代谢活力的实体，也许会产生不需要的副反应，影响产品的组成，而且反应物与生成物都必须通过细胞膜，这会给加工带来一些问题。所以在开始一个固定化方案以前，必须清楚地了解整个过程的生化理论、酶的稳定性以及可能会抑制生产的细胞代谢过程。

在一个生物加工中也可同时使用酶和细胞，例如，干酪乳酸杆菌可以将淀粉转化为乳酸，在这个体系中，淀粉酶被固定在支持体中，干酪乳酸杆菌被截留在鹿角菜胶中（罗云波和生吉萍，2006；Shetty et al.，2006；Perry，2002）。

第四节 下游加工处理

一、下游加工处理的重要性

本节是关于大规模生产过程中与产品的收集、加工、纯化有关的问题，这些问题在工业微生物上至关重要。如果产品的纯化成本与它的市场价格不符,那么这个纯化过程就注定失败了。一种细胞产品成本的大部分由其下游加工所决定的,因为在大多数情况下,纯化的成本是与产品的浓缩度紧密相连的。例如,用动物细胞生产的治疗级蛋白质的浓度为 $6\sim10$ g/L,这时它就必须被纯化,纯化蛋白质含量低的产品其成本是非常高的。柠檬酸在离开生物反应器时的浓度为 100g/L,纯化它就相对比较容易,这可以使得企业把生产柠檬酸的成本维持在一个较低的水平。反过来,用柠檬酸生产诸如软饮料这样的廉价产品就相当经济了。

废弃物的处理是下游加工的另一个主要问题。在微生物工业中,只有酿造和蒸馏真正需要废弃物。例如,淀粉糖化后的废弃物可被用于酿造工业;发酵后的废弃酵母可被重新利用。在其他微生物工业中,产品纯化后残留的废弃物经常有很大的生物耗氧量,这与人类排放的污水或动物的粪气类似。这就不得不考虑这些废弃物对鱼和其他水生有机体的损害而直接将其排放到水中,这是法律不允许的,必须降低 BOD 值后才能排放。把固体废弃物包裹起来掩埋于地下也是违法的。因此,许多企业正在研究一种类似于处理有机化合物和废水的方法,来解决废弃物处理的问题,还有一些企业也正在寻找新技术把废弃物(如干酪乳清)转变成有价值的产品(如可作为脂肪代替品添加)(邬敏辰,2005;萧家捷等,2004a)。

二、细 胞 裂 解

如果所要的产品不是细胞分泌的,那就必须通过细胞破壁使细胞内溶物释放出来。例如,用于制造果糖糖浆的葡萄糖异构酶是许多种链霉菌产生的胞内酶。有两种方法使细胞破壁从而获得葡萄糖异构酶:一种方法是利用高压强悬浮液通过水孔,从而破坏细胞;另一种方法是通过在装满玻璃珠的容器中搅拌破坏细胞。

非机械过程也能将细胞破坏掉。例如,通过酶、去污剂或干燥的方法破坏细胞。溶菌酶在破坏革兰式阳性菌及工业菌方面是很有效的。其他酶,如酶解酶在工业上也有应用的潜力。

三、悬浮细胞的分离

在 STB 和 CSTB 系统中,液体培养基总是包含着悬浮的细胞,怎样才能从液体培养基中分离悬浮的细胞呢?许多细胞(如啤酒酵母)都是絮状物并沉淀在生物反应器底部,分离这些细胞比较简单,只需要把沉淀细胞上的液体培养基移除即可。但如果细胞不是以絮状物的形式存在,那就必须采用别的方法。如果目的产品是菌体细胞(如面包酵母),就可以采用大规模的离心来分离细胞。但离心也有其弊端,其产品为淤浆状或膏状,如果想得到干燥的产品,还需要进一步的加工(如过滤)。

工业上离心的原理与实验室中相同。把菌悬液放在离心管中,对其施加作用力,这种作用力可以增加颗粒的沉淀率,使液体培养基澄清。许多大规模的离心设计是可行的。大部分操作同分批培养体系相同,即从一个生物反应器出来的浆状物在离心机中,通过旋转分离除去上清液,通过人工方法从离心机中取出沉淀物。一些离心机能以连续或半连续的方式工作,如沉降式离心机,它有一个内部表达系统,这个表达系统可作为

第七章 工业化细胞培养及其在食品生产中的应用

自旋室来缓慢移走沉积的固体，从自旋室的另一端流出上清液。这种离心机能连续地从菌悬液中分离出固体菌种，并且能有效地得到固体或液体产品。

过滤是分离固体菌种的另一种操作方法，匀浆通过一个有孔的屏壁使液体通过而截留固体菌种，然后把浆状物制成一种干燥压块，从而清除悬浮的细胞或其他固体。悬浮细胞的分离一般采用先离心后过滤。在过滤中用于截留固体的材料非常重要，它必须能截留住固体，且允许液体通过。过滤器常用诸如尼龙或聚丙烯这样的合成材料，滤膜一般被夹在两片带有舱口的金属片之间。

如果所要的产品对纯度要求较高（如柠檬酸），就可以考虑膜过滤。膜过滤与普通过滤不同，它应用于澄清液体而不是浆状物。膜过滤材料是由纤维素、纤维素乙酸盐或聚丙烯这样的高分子聚合物组成的。应用在工业上的膜过滤技术很多，重点介绍超滤和反渗透。

超滤可以将像酶这样的大分子从液体中分离，流出液在高压的作用下通过孔径极小的膜（1~50nm），膜可以将蛋白或其他大分子截留，只有低分子质量的化合物（如葡萄糖、乳糖、水）可以通过。工业中的超滤膜一般会有很大的表面积，膜支持体的几何学特点对超滤效率十分重要。

反渗透也是使用膜，但其孔径比超滤中的还小。它可以用来浓缩低分子质量化合物溶液。一般的渗透过程是水在被半透膜所分隔的溶质含量不同的溶液之间流动，但如果对一侧溶液施加一定的压力，则渗透的方向就会发生改变（图7-9）。反渗透可以应用于像氨基酸这样的小分子的浓缩，还可以用来生产低度的啤酒，即水与乙醇可以透过反渗透膜，其他化合物被截留下来，结果啤酒特有的风味化合物被浓缩了，其中只含有少量的乙醇。

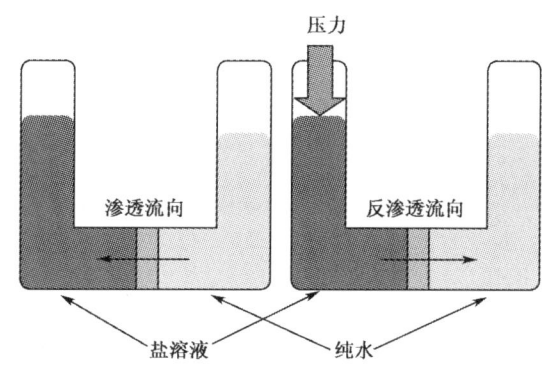

图7-9 反渗透（Lodish et al., 2000）
当两种溶液被半透膜分隔，水一般从高渗透压溶液向另一侧扩散；如果
对低渗透压溶液施加压力，水的流向就会改变

由于使用了色氨酸添加物而引起的嗜酸细胞增多——肌痛，证实了反渗透过程的重要性（见第六章第四节）。色氨酸被有毒代谢物污染，部分原因是生产时反渗透这一纯化步骤被忽略了。相对分子质量大于1000时，水及低分子化合物包括色氨酸可以透过

膜，如果这个过程控制得很有效，一些后来参与合成有毒物质（如1，1'-乙叉-L-色氨酸）的大分子，是不会透过膜的。然而，一些结构上与色氨酸相似的有毒化合物却没有被反渗透过程所排除。这一事件中的企业（Showa Denko），还将用于去除杂质的活性炭的用量降低到50%，这也许是导致色氨酸中大量有毒化合物积累的关键。活性炭可以吸附大量的低分子质量的化合物，所以在产品纯化过程中被广泛使用。它可以把经淀粉酶糖化作用所产生的棕色糖浆变成纯净的葡萄糖浆（萧家捷等，2004a；王镜岩，2003；汪堃仁等，1998）。

四、产物的收集

下游加工的最后一步是结晶或沉淀过程，用来生产干燥的固态产品以方便包装和储藏。例如，黄原胶要用大量的异丙醇进行纯化，许多蛋白质可以用沉淀的方法来纯化。多数情况下可以通过改变pH、盐浓度或调节温度来降低溶液的溶解度，硫酸铵由于在水中有很高的溶解度，常用来对蛋白质进行盐析。

结晶与沉淀相似，但结晶产品颗粒都有一致的大小和形状，而沉淀的产品都是一些无规则的颗粒。不是所有产品都适宜结晶，但结晶产品的纯度比沉淀产品的要高。

蒸馏工业常使用液相 气相的转化。乙醇比水的沸点低，所以对一些乙醇含量恰当的溶液（如12%）进行加热，乙醇会以气相的形式比水先蒸发掉。一些制酒的企业已经发展了许多分批的或连续的工序，把乙醇从发酵培养基中有效地蒸出。

冻结也可用于纯化目标产物或浓缩像啤酒这样的发酵产物，要严格地控制冰晶形成的大小及其形成率，将冰结晶除去后剩下的就是浓缩液。

最后，有用的化合物可以通过吸附作用与杂质分离（如颗粒和溶质会与固相结合从液相中分离）。还可使流出液经过离子交换柱而得到纯化，静电作用将产品吸附在柱子中，产品可以很容易地从柱子中洗脱出来。例如，可以用阳离子交换柱对谷氨酸进行纯化。

还可以使用亲和柱。目的产物在柱内被特异性地吸附，与离子交换柱一样，在流出液完全从柱子内通过后，产物也可以很容易地从柱内洗脱。亲和体系的应用很广泛，尤其是应用在沉淀这样的清洗工序之后。单克隆抗体的例子很好地说明了亲和柱可以简单有效地纯化细胞培养产物，与单克隆抗体Fc片段（恒定区）相对应的抗体被共价结合在纤维素颗粒时，单克隆抗体Fc片段就会与相应抗体结合而被截留，随后加入NaCl溶液，两种抗体之间的键被解开，单克隆抗体就会释放出来，接下来就可以直接收集到纯化的产物浓缩液了。这个体系还可以用于酶的纯化，即把酶的底物固定在固相支持物中，当酶通过这个体系时，酶会与底物相结合。建立在这种吸附剂基础上的体系在连续使用时，还需要对固相支持体进行一些处理来释放产品。

大规模培养细菌、真菌、植物及动物细胞并不很容易，但在20世纪，大量先进的技术生动地诠释了细胞的工业培养。大规模的细胞培养可以为食品及其加工工业提供大量必要的产品，这也是长久以来人们对提高有关技术感兴趣的原因（邬敏辰，2005；萧家捷等，2004a；Lodish et al.，2000）。

参 考 文 献

罗云波,生吉萍. 2006. 食品生物技术导论(面向二十一世纪课程教材). 北京:化学工业出版社
彭志英. 2008. 食品生物技术导论(普通高等教育"十一五"国家级规划教材). 北京:中国轻工业出版社
汪堃仁,薛绍白,柳惠图. 细胞生物学. 第二版. 北京:北京师范大学出版社
王镜岩. 2003. 生物化学(上下册). 第三版. 北京:高等教育出版社
王向东,赵良忠. 2007. 食品生物技术. 南京:东南大学出版社
邬敏辰. 2005. 食品工业生物技术. 北京:化学工业出版社
萧家捷等. 2004a. 食品工程全书(第一卷,食品工程). 北京:中国轻工业出版社
萧家捷等. 2004b. 食品工程全书(第三卷,食品工业工程). 北京:中国轻工业出版社
Doyle M P, Beuchat L R. 1997. Food Microbiology: Fundamentals and Frontiers. 3rd ed. Washington DC: ASM Press
Lodish H, Berk A, Zipursky S L et al. 2000. Molecular cell biology. 4th ed. New York: Freeman
Perry J. 2002. Introduction to Food Biotechnology. Boca Raton, FL: CRC Press
Shetty K, Paliyath G, Paliyath G et al. 2006. Food Science and Food Biotechnology. Boca Raton, FL: CRC Press

第八章 生物技术在食品安全检测中的应用

第一节 食品安全检测的迫切性

一、全球食品安全状况

病原体（如芽孢杆菌）在土壤和植被中很常见，而试图将食物中的病原体完全消除是不可能的，即使操作者严格遵循卫生标准来操作，也常常携带其病原体（如金黄色葡萄球菌）。由于病原体的广泛分布，工人在操作中对卫生标准的一点疏忽就会导致潜在的病原体大规模扩散。在这种状况下能够有效识别和检测病原体的检测体系，在食品工业中就显得至关重要。

对于临床来说，检测体系也是十分重要的。一个完善的检测体系有助于对食源性疾病的准确诊断。例如，检测体系对胃肠炎的检测（胃、小肠及大肠的炎症），由于许多其他的病原体也可引起相似的病症（腹痛、腹泻和呕吐），医生在临床上需要对症下药，此时确认病原体就显得十分重要。如果是埃希氏大肠杆菌O157：H7引起的病症，用抗生素来治疗通常是无效的；但如果是梭状芽孢杆菌引起的感染症，通常用抗生素治疗是有效并且是必要的。

卫生部门和传染病学家认为准确地识别食源性疾病的病源是十分重要的，因为这不仅有利于卫生部门查清暴发源，也可以帮助传染病学家长期观测诸如埃希氏大肠杆菌感染频繁发生的长期趋势。卫生部门采用检测有病原体感染症状的人的粪便的方法来确认病源，一旦这种病原体被确认，调查人仔细地询问受害者并且找出其中的关联性。例如，所有的受害者可能某一天在同一个餐馆内吃饭，或者可能在最近都参加了一个家庭聚会。在某些情况下，确定被感染的人群是由哪一种病原体感染显得十分重要，因为这样可以严格监测严重的传染病的暴发。例如，5岁以下儿童在感染埃希氏大肠杆菌O157：H7后可能会由于肾衰竭而发生生命危险，因此，尽早辨别这种病原体就变得至关重要。

在食品加工厂里，检测的速度也是十分重要的。如果一种病原体在产品上市前被检测出来，则可以避免传染病的暴发。然而，如果检测的时间太长，则可能无法阻止传染病的暴发。目前常用的微生物检测方法常常需要2～3天，这将增大食品被病原体污染的风险。

对于政府卫生部门和食品工业来说，检测食源性病原菌一直是一个让人头痛的问题。部分原因是新出现的病原体引起的传染病暴发的事故越来越多（表8-1）。据世界卫生组织公布的资料，过去的20多年中，新出现并确认的传染病有30余种，如丙型、丁型、戊型肝炎，新型霍乱，克雅氏病的新变种等，这其中有很多是可以通过食品传播的。例如，由埃希氏大肠杆菌O157：H7引起的感染于1982年第一次得到确认。从那时开始，由埃希氏大肠杆菌O157：H7引起的交叉感染，在全世界先后多次出现，并且由

表 8-1　已经出现的病原菌和引起大规模暴发的例子 (Perry, 2002)

病原体	发生的地点	年份	相关的食品	感染的数量
E. coli O157:7	大阪（日本）	1996	萝卜芽	>8000
Cyclospora	美国及加拿大	1996	覆盆子	1465
Cryptosporidium	美国	1996	苹果酒	160
Listeria monocytogenes	新斯科舍（加拿大）	1981	德国泡菜	41
Calicivirus	巡航舰	1993	新鲜水果	217

该菌引起的传染性疾病的暴发，曾一度引起全球性的食品恐慌。由于这种病菌主要在牛体内存在，通常是由未熟的牛肉和牛粪对食物和水的污染传播的。在老年人中最为严重，常常会导致严重的腹泻；对幼儿会引起肾衰竭，这都可能会导致生命危险。对于检测体系的开发者来说，埃希氏大肠杆菌 O157:H7 向他们提出了一个挑战，这是由于该菌引起感染的感染剂量（能够引起病症的细菌的数目）非常小（大约 50 个），这增加了检测的难度。幸运的是，可以从不能进行山梨醇发酵的非病原体菌株中将其分离出来，许多其他的 E. coli 菌株像埃希氏大肠杆菌 O157:H7 一样也可引起相似的病症，但是能够发酵产生山梨醇。在目前的技术条件下，对这些菌株进行准确的识别还存在一些困难。

环孢子虫（Cyclospora）是另一种新发现的病原体。这种菌与似隐孢菌素（Cryptosporiopsin）类似，Cryptosporiopsin 作为引起食物或饮水疾病的原因具有很长的历史，二者属于同一类。1996 年，从危地马拉进口被 Cyclospora 所污染的覆盆子，导致了 1465 人感染了 Cyclospora 的病症，这种病症有持续 1～6 周的腹泻特征。覆盆子是如何被污染尚不清楚，广为流传的解释是用来混合杀虫剂和杀菌剂的水受到 Cyclospora 的卵母细胞污染。这种生物不像大多数细菌那样，很难在临床样品（粪便）和环境样品（土壤和水）中检测出来。它不能在琼脂培养基中生长，只能通过在显微镜下辨别其形态来检测。更多灵敏的检测手段的发展，将提高监测这种寄生虫的扩散和了解它们污染食物的途径的能力。

关注食品中的病原体的另一个原因，是食源性疾病在世界范围内的发生日益增多。越来越多的胃肠炎和从前归咎于"胃流感"的病例，事实上都是由食物中的病毒（如诺沃克因子，一种小杯状病毒）引起的。尤其在工业化国家，发病率在逐年上升。因为消费者全年都需要新鲜的食品，所以会大量地进口果实和蔬菜（覆盆子的 Cyclospora 就是这样的例子）。

在发展中国家，食品中的病原体也是人们面临的主要问题。据估计，在发展中国家每年由微生物病原体和寄生虫引起的腹泻会导致 200 万人死亡。解决这个问题其实也不是很难，只不过需要价格低廉的净化水系统，并且合理分布供水系统和完善供水系统的治理体系。在发达国家中，在将水通过管道送到家庭和商店前，先通过水厂进行颗粒过滤、化学吸收和水的氯化等措施集中处理，使水达到相当纯化的水平。但是对于发展中国家，这样的净化体系是相当昂贵的，在社会化规模的净水体系建立之前，一些研究人员推荐一种临时的、廉价的措施（如对于家庭可以使用氯化法）来进行水的净化。世界卫生组织（WHO）目前也提高了对水和食源性疾病的暴发监测机制，这也包括对发展中国家食品中所有主要的病原体的监测。廉价和准确的检测体系的发展，将大大有助于达成这个目标（邱礼平，2008；Perry，2002）。

二、危害分析的关键控制点

食品公司通常依赖对最终产品检验来保证离开工厂的食品中不含致病微生物和过量的非致病微生物。理论上，100%的产品能够被可视检测，但是由于工人的失误（如厌烦情绪）降低了此种检验方法的有效性。另外，许多微生物是不能被可视检测而被检测出来的。而对最终产品预先进行破碎，这是一个简单过程，在生产过程的最后，一小部分产品被移送到检测部门做微生物含量的检测。将样品磨碎后放入到 Stomacher™ 或类似设备中的悬液里。将这种悬液的不同稀释液放到琼脂糖培养基进行培养，经过一段培养期（24h，37℃）后，数出细菌或真菌的单体数目。许多情况下，浓缩培养基和选择培养基常常用来检测特殊的病原体（如沙门氏菌）（图8-1）。这种技术非常有效，在一些情况下，可用培养法区分相近的菌株，例如，通过用选择培养基和差别培养基从非致病菌株中区分埃希氏大肠杆菌 O157∶H7。

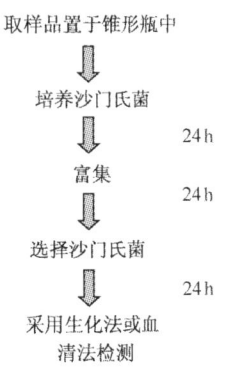

图 8-1　用培养法检测食品中的沙门氏菌（Perry，2002）

微生物学家已设计出灵敏的生物技术方法来提高培养测定法的速度和准确性。例如，de Boer 和他的同事提出了一种培养基来检测沙门氏菌，这种培养基具有选择性和差别性，并且能够根据沙门氏菌的运动性来帮助识别病原体，沙门氏菌在绿色的培养基中呈粉红色，很容易看到。这种培养基在鉴别沙门氏菌上比普通方法快24h。

此类培养测定法是检测食物中微生物的可靠指示器，但在最终产品分析中也有许多缺点。由于培养法浪费人力、物力，所以从经济的因素考虑，很难检测到足够量的样品。如果仅仅检测很少的样品，遗漏污染产品的病原体的可能性就会增加；如果污染只是偶然发生，而且不具有规律性，那么此种潜在的危险也会增加。另外，培养法检测时间过长，尤其是对特殊病原体的检测，例如，传统的沙门氏菌的检测需要样品在三种连续的培养基中进行72h的培养，而且需要做附加的试验来证实是沙门氏菌。现在也可以用生物化学的方法来进行鉴定。假设沙门氏菌的菌群被接种到含有不同碳源（如葡萄糖、蔗糖、甘露醇和脯氨酸）的一系列培养基中，可以通过细菌对这些碳源利用方式的不同（取决于检测体系）来区分。但是进行检验需要一个细菌培养的过程，这延长了检测时间；而抗体试验可以迅速地检测出沙门氏菌，但不能像培养法那样筛选出某种细菌或提供其他有用的信息。

用培养检测法也很难检测出少量的特殊微生物种类，尤其是当大量的非致病菌和真菌存在时，因此，使用再生培养基和选择培养基显得尤为必要。经过高温下烹煮过的食物不可能含有大量背景菌群，但是许多其他类型的食物（如乳酪和干酪）的特点就是含有大量的有用或无害的细菌和真菌。

由于对最终产品进行分析的时间过长、人力和财力上的限制和低效率（大多数情况下，不能检测足够的样品以达到令人满意的效果），大多数政府机关和标准化组织（如国际标准化组织 ISO）同意使用危害分析与关键控制点（HACCP）体系来增加生产线中的食品安全性。危害分析与关键控制点体系是为了预防病原体引起的食物污染，而不是在污染发生后进行简单的污染检测。

危害分析与关键控制点体系的分析，首先要对生产过程中的所有操作步骤有全面的了解。其次，确认每一步操作中所带有的危害。危害分析与关键控制点体系也可以用于家庭、饭店、公共饮食行业，甚至农业的生产过程进行分析。例如，快餐店制作汉堡包的过程，对于每步来说，应该预先制订方案对危害进行控制和监测（图 8-2）。常见的危害包括原料污染（如生鸡肉中的沙门氏菌和 *Campylobacter*），交叉污染（如因为接触到生肉而受到污染的蔬菜），或者温度使用不正确（致使微生物繁殖）。例如，如果食物在保鲜时间里没有进行冷冻保藏，像 *S. aureus* 或 *B. cereus* 这样的细菌可能会繁殖并产生毒素。危害分析与关键控制点体系中对单元操作的分析可以控制这些危害。在生产过程中，从食品安全的角度来看，某几步是至关重要的，它们被称为关键控制点（CCP）。关键控制点常常包括热处理过程，热处理是消除和减少微生物数量的方法。对关键控制点不合理的操作（如在很低的温度下进行热处理），可能会导致食品的污染并具有病原体感染消费者的潜在可能性。

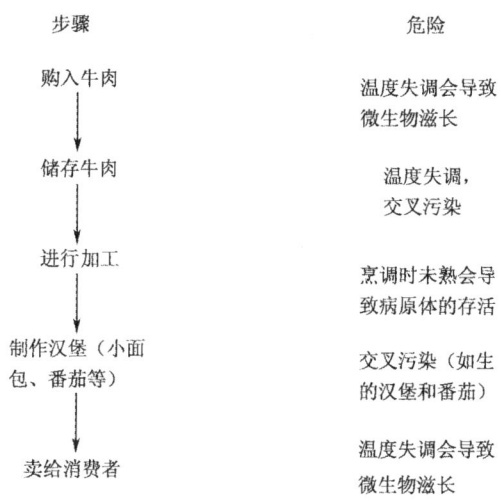

图 8-2 快餐店汉堡包加工过程中可能涉及的危害因素（Perry，2002）

一旦生产过程中的危害因素和关键控制点被确认，则必须进行监测。通常的做法就是检查操作参数和生产设备。一般用微生物测定法来检测控制点，这主要是针对于特殊病原体的检测或控制污染微生物（微生物负荷）的总量。然而，传统体系的培养法对时间和人力的要求使危害分析与关键控制点监测的有效性大打折扣。例如，对于一个家禽加工厂的危害分析与关键控制点计划来说，其中包括对在部分鸡肉中存在的 *Campylobacter* 进行周期性的检测。在大多数地区，鸡肉通常是在生产设备中被 *Campylobacter* 感染的，危害分析与关键控制点在理论上是可行的方案，但是检测手段通常采用平板计数法。平板计数法是一种估测感染微生物总量的方法。但由于检测时间的缘故，这种方法不能实时地反映 *Campylobacter* 污染的程度。如果能有快速的检测方法，则可以用来对 *Campylobacter* 和其他病原体进行有效的检测。病原体理想的检测时间应少于 24h，这样才能对可能发生的污染采取正确的应急措施。一些生物技术公司也尝试发展在线检测微生物的方法，这需要对微生物进行连续检测（张伟和袁耀武，2007；萧家捷等，2004；Perry，2002）。

三、非病原体的检测

大多数商业检测方法是针对病原体的检测，但是有一些方法是针对非病原体的，尤其是酸败物。食品加工设备经常由于微生物的酸败作用而造成严重的损失。在许多章节讨论的关于病原体的内容（蔓延的调查、危害分析与关键控制点）也同样适用于食物酸败。例如，如果由于嗜旱真菌的繁殖而导致大量的西梅脯发生酸败，生产公司需要迅速地确认这种真菌和导致食品被这种真菌污染的相关因素，然后，生产公司做出危害分析与关键控制点计划来预防此类事故的发生。

对食品工业来说，霉菌毒素的污染也是一个严重的问题。有些经常污染食品的真菌（如曲霉和镰刀霉）能够产生霉菌毒素，而霉菌毒素是一种对公众健康有威胁的物质。因此，各国政府规定了对食品中霉菌毒素含量的限制界限。例如，美国食品和药物管理局（FDA）规定在食物中黄曲霉毒素（afiatoxin）的含量应低于 $20\mu g/kg$（主要是针对于坚果和坚果类产品），动物饲料中的水平要高一些（如待屠宰的牛的饲料是 $300\mu g/kg$）。对于黄曲霉毒素在不同的国家安全标准也不同，例如，在加拿大，人类消费的干果的黄曲霉毒素含量的限制是 $15\mu g/kg$，动物饲料中是 $20\mu g/kg$；在欧盟，草案规定黄曲霉毒素在人类消费的干果中的含量应低于 $6\mu g/kg$。很明显，需要有效的检测手段来检测黄曲霉毒素和其他霉菌毒素的含量，尤其是在国际贸易中，交易的商品易受到霉菌毒素的污染。目前用抗体试验或化学分析技术（如高效液相色谱法 HPLC）对大多数霉菌毒素进行检测，生物检测在食品工程中的应用见表 8-2。

表 8-2　生物检测在食品工程中的应用（Perry，2002）

检测目的	例子	目前采用的技术	将来的发展
微生物的检测	屠宰后的牲畜	平板计数	流动血细胞计数，阻抗滴定法，生物传感器
识别病原体	*E.coli* O157：H7	选择培养基，免疫法，生化法，DNA 检测	生物荧光技术，生物传感器
对变质部分的检测	酵母	生化识别，免疫技术	DNA 检测技术
调查暴发源	追踪病原体	生化检测，免疫技术	DNA 检测（RAPD[a]，RFLP[b]），脉冲电泳，16S rRNA[c] 序列分析
监测微生物生长情况	酵母发酵	平板计数	生物传感器
卫生的监测	加工厂的工作环境	平板计数/采用生物荧光技术检测 ATP	提高特异性
过程监控	反应器中葡萄糖的消耗	化学分析，生物传感器	生物传感器
残留毒素的检测	黄曲霉毒素	免疫法	生物传感器
残留农药的检测		免疫法	

续表

检测目的	例子	目前采用的技术	将来的发展
对过敏原的检测	麸质	化学分析	抗体法
食物中转基因成分的检测	除草剂抗性大豆	DNA法或免疫法	DNA法的改良(提高灵敏度和可靠性)
杂质成分的检测	牛肉	非目的蛋白的检测	非目的DNA的检测

注：a. RAPD, 随机扩增多态性DNA；b. RFLP, 限制性片段长度多态性；c. rRNA, 核糖体RNA。

食品掺假在食品工业中是一个长期存在的问题, 尤其在肉类加工中, 一些不道德的公司将掺有其他肉的牛肉贴上"纯牛肉"的标签。对此类的掺假行为的检测手段, 在商业上是非常必须的, 通常根据抗体的特性来区分不同种类的肌肉蛋白。有时, 由于操作者的疏忽导致了有害的成分对食物的污染。例如, 标有"无谷蛋白"的食物可能由于食物的一种含有谷蛋白的小麦成分而受到污染, 由于"无谷蛋白"食品的市场主要是对谷蛋白具有过敏性的人, 而含有小麦的食物明显含有"过敏性"成分, 这可能对谷蛋白过敏的人群产生健康隐患, 而对谷蛋白的检测技术能够减少此类情况发生的可能性。

1999年, 以聚合酶链反应（PCR）为基础的检测试验, 被用来检测食品中的Starlink的玉米。美国食品和药物管理局已经批准这种转基因玉米可以用作饲料, 但不能用于食品中。但随之而来的争论, 直到今天仍然在产生影响。这也说明了转基因作物隔离的困难性, 也随之产生了对廉价而有效的检测手段的迫切需要。由于欧盟和其他国家决定对用于食品的转基因作物进行限制, 所以将来用于检测转基因作物的有效手段将越来越重要。目前, 大多数国家的标准是在食品中转基因残留物的限制标准是1%, 如果超过此限, 需要在食品上标明其中含有转基因成分。

最后, 检测技术也常常应用于酿酒业、干酪工厂和牛奶场, 主要用来鉴别有用的微生物。这些生产机构通常采用的是酵母和乳酸菌的特效菌株, 而其他菌株的污染会对产品质量产生负面影响。由于许多乳酸菌在生理功能和基因上十分相似, 用培养法很难区分它们, 所以对于检测技术的开发者来说, 这是个具有挑战的课题。啤酒工业和葡萄酒工业所用的酵母菌株也具有相似性, 很难区分, 在此类情况下, DNA法的应用将会越来越多（陈福生等, 2004；Perry, 2002）。

第二节 生物检测技术

生物技术可以大大减少检测和鉴别微生物所花的时间和人力。在本章主要介绍检测病原体微生物的基因探针技术；检测病原体污染或转基因作物含量的PCR技术；DNA芯片和微阵列技术；检测体系的抗体技术；用于特殊微生物监测卫生和污染程度的生物荧光技术以及食品工业中的生物传感器。

对于绝大多数病原体来说, 抗体测定法是非常有效的方法, 并且对食物中病毒的识别也非常有效。对于 *Sahnonella*、*Campylobacter*、*E. coli*、*S. aureus* 和 *Listeria monocytogenes* 的检测来说, 核酸试剂盒也是非常有用的。核酸技术在测定细菌的类型（菌株识别）上也越发重要。

一、核 酸 探 针

在分子生物学领域中,核酸探针主要用于核酸分子杂交。所谓杂交(hybridization)是指两个或两个以上在化学结构和(或)性质方面有密切关联的分子,如抗原和抗体、亲和素和生物素、受体和配基、互补的核酸等,在适宜的条件下形成复合体,即杂交体(hybrid)的过程。而核酸分子杂交(molecule hybridization of nucleic acid)是指不同来源的两条核酸单链,由于具有一定同源序列,在一定条件下按碱基互补配对原则形成异质双链的过程。核酸分子杂交和核酸复性的机制是一致的,它是分子生物学领域中应用最为广泛的技术之一,具有灵敏度高、特异性强等优点,主要用于特异DNA与RNA的定性和定量检测及分析。作为研究核酸的有力工具,分子杂交被广泛应用于农业、医学、军事和食品安全检测等诸多领域。

DNA和DNA单链、DNA和RNA单链或两条RNA链之间,只要具有一定的互补碱基序列就可以在适当的条件下相互结合形成双链。在这一过程中,如果一条链是已知的DNA或RNA片段,那么依据碱基互补配对原则就可以知道和它互补配对的另一条链的组成,这样就可以用已知的DNA或RNA片段来检测未知的DNA或RNA片段,这就是核酸分子杂交的原理,也是核酸分子杂交可以用于诸多分析领域的原因。其中,已知的DNA或RNA片段称为探针(probe),与探针互补结合的DNA或RNA片段称为探针的靶基因。

探针的种类很多,其中DNA和RNA探针具有高效性,可以设计仅与靶目标杂交的探针,这需要目标微生物的特异DNA序列。核酸探针的应用是建立在分子生物学的基础上(详见第二章第五节)。生物技术学家对核酸探针在检测体系的应用作了长期的验证,并且它的应用性正在逐渐被人们认识。然而,类似Southern杂交技术那样,传统的方法工作量大,且过于繁琐,需要将它们变得更易掌握和更为安全。例如,当DNA探针在分子生物学中首次应用,它们需要用放射性同位素来标记(如^{32}P)。在实验室中,这一切都进行得很顺利。然而,没有哪个食品工厂中的质量监测实验室需要进行放射性同位素操作的设备。对于食品公司来说,使用放射性化合物人员的必要培训也是问题。由于这些原因,在探针技术的商业化上已经采用非放射性检测体系。

为在食品工业中能够广泛使用,检测方法必须简单易行,探针检验已经达到这个水平。将探针固定在无机的支持物上(浸染棒),这样很容易操作探针(如洗去未杂交的DNA)而不造成破坏或丢失,这意味着固相杂交或其他方式的杂交(如在液相中)也成为可能。

DNA探针的原理是相当简单的。DNA探针与病原体微生物的基因互补,必须将食物样品预先进行处理,让所含的微生物细胞溶解,释放它们的DNA。微生物DNA从双链变为单链,此时加入探针,然后单链DNA探针与食物中病原体微生物释放的单链DNA开始杂交(互补链的退火),没有与探针杂交的DNA通过样品的清洗去除,此时与DNA探针杂交的DNA就被检测出来。DNA探针是最常用的核酸探针,它多为某一基因的全部或部分序列,或某一非编码序列,可以是双链DNA也可以是单链DNA。DNA探针种类很多,有来源于细菌、病毒、原虫和真菌的DNA探针,也有源自动物和人类细胞的 DNA 探针。作为探针的 DNA 片段必须是特异的，即探针仅与其对应的靶 DNA 或 RNA 结合，而不与其他非靶核酸结合。这些 DNA 探针的获得依赖于分子生物学的发展以及研究数据的积累和应用。

为了理解以上的过程是如何作用的，下面用检测食物样品中沙门氏菌的 Gene Trak™ 体系来说明（图 8-3）。这个系统用到一个捕捉探针和一个检测探针。这些探针与沙门氏菌中 rRNA 编码基因的不同区域进行杂交。之所以选择 rRNA 的基因，是因为如果靶 DNA 是高拷贝的（如细胞中一个基因的许多拷贝数），DNA 探针的效用最好，沙门氏菌中 rRNA 基因的拷贝数大概是 5000 个。由于探针和靶 DNA 连接是通过 rRNA 与探针连接，细菌细胞拥有大量的 rRNA 也是非常重要的。DNA 探针只对沙门氏菌具有特异性，它们不能与像 *E. coli* 这样相近的菌种杂交。通过比较大范围的细菌特异性 rRNA 序列和挑选沙门氏菌特异性的序列，最终找到特异性 rRNA 序列。

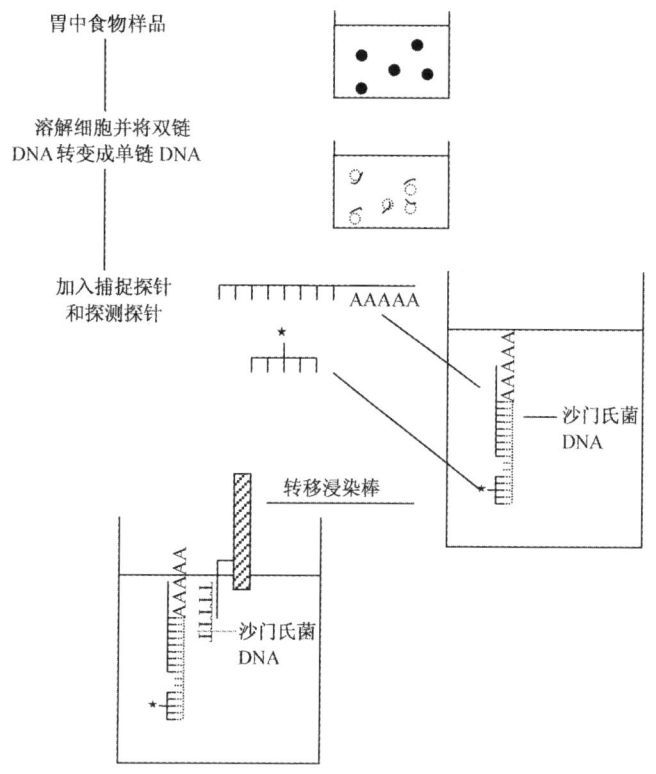

图 8-3 利用基因探针检测食物中病原体的过程（Baron，1996）

那么 Gene Trak 是如何工作的呢？为了得到大量的可测沙门氏菌 DNA，需要对沙门氏菌进行富集。由于不用在选择性培养基的培养上花费时间，经过富集后可以节约时间。因此 Gene Trak 在 48h 后（有时是 24h）就可以检测沙门氏菌，比传统方法至少快 24h。经过富集之后，用 NaOH 使样品中的细菌细胞溶解，然后加入捕捉探针和指示探针。

要说明的是，捕捉探针含有多聚 A 序列——腺嘌呤的序列，指示探针结合了荧光素。两种探针与沙门氏菌释放的 DNA 的互补区域杂交，之后除去未结合的捕捉探针和指示探针。用加入含有多聚 T 链（胸腺嘧啶序列）的浸染棒（塑料小棒，一端带有对核酸有很强吸附力的磁珠）来完成，多聚 T 链与捕捉探针的多聚 A 尾杂交。关键是如果捕捉探针已经与沙门氏菌 DNA 杂交，那么沙门氏菌的 DNA 链也有可能与指示探针杂交。因此，当浸染棒从溶液中取出后，可能携带以下物质：①未杂交的捕捉探针；②与捕捉探针及指示探针杂交的沙门氏菌 DNA 链。

浸染棒上含有未杂交的捕捉探针，但这没多大关系。这是因为捕捉到的沙门氏菌核酸链的检测是基于指示探针的荧光素的显现。未杂交的捕捉探针不含荧光素，所以不能被检测出来。最后一步是荧光素的检测。这有几个可供选择的方法，如 Gene Trak 法将抗体与加入的荧光素特异性结合，然后将抗体与一种酶连接（山葵过氧化物酶），这种酶可以将合成的基质（色原体）转变为有颜色的最终产物，因此通过溶液的颜色变化可以检测出沙门氏菌。

将 Gene Trak 系统对沙门氏菌的检测作为一个例子。捕捉探针和检测探针与沙门氏菌核蛋白 DNA 的不同区域发生退火。浸染棒移走捕捉探针-沙门氏菌的 DNA-检测探针复合物，然后将这种复合物放在适宜的溶液中，将显示出检测探针。在这个系统的早期方法上，是用含有荧光素的探针与抗荧光素抗体结合，然后抗体与酶连接，然后酶催化有颜色的最终产物的形成。

这种方法的主要优点是可缩短对沙门氏菌的检测时间，并且具有较好的特异性，食物中的几种其他的细菌（*Citrobacter*、*Enterobacter*、*Escherichia*、*Klebsiella* 和 *Proteus*）与沙门氏菌十分相似，并且也能在对沙门氏菌有选择性的培养基中生长。另外，一些沙门氏菌的单离体是特异性的，不能在不同的培养基上长出常见的沙门氏菌的菌落。Gene Trak 法的主要问题是它仍然需要沙门氏菌的富集，无法立即识别沙门氏菌。然而，在某种意义上富集是有用的，因为除非存在大量的活菌，否则检出的都是死亡的沙门氏菌。这点至关重要，因为死亡的沙门氏菌不能释放危险物质，而对死亡的沙门氏菌的检测是对工厂资源的浪费。另外由于死亡的沙门氏菌有可能导致错误的阳性结果，往往通过传统的培养法来确认探针法的阳性结果。对于食品相关的病原体的检测和临床来说，类似的探针可以从很多公司获得到（陈福生等，2004；Baron，1996；蔡文琴，1994）。

二、聚合酶链反应技术

聚合酶链反应（polymerase chain reaction，PCR）又称无细胞分子克隆系统或特异性 DNA 序列体外引物定向酶促扩增法，是 1985 年由 Mullis 等创立的一种体外酶促扩增特异 DNA 片段的方法。PCR 创立之前，DNA 的扩增非常困难，首先将 DNA 酶切、连接和转化后，构建成含有目的基因或基因片段的载体，然后导入细胞中扩增，最后从细胞中分离筛选目的基因，操作麻烦、耗时长。PCR 技术的发明大大简化了 DNA 的扩增过程，克服了上述扩增方法的诸多不足，使人们梦寐以求的体外无限扩增核酸片段的愿望成为现实。自 1985 年首次报道 PCR 方法以来，PCR 被广泛应用于分子生物学、微生物学、医学、分子遗传学、农学和军事等诸多领域，并发挥着越来越大的作用，该技术的发明人 Mullis 也因此获得 1993 年的诺贝尔化学奖。

在 PCR 中，一次性地加好各种反应物后，即可在 PCR 扩增仪中自动进行变性—退火—延伸反应，一般在 2～4h 完成扩增反应。因此，PCR 可以对病原体微生物进行快速的识别（几个小时）。PCR 能够迅速的扩增 DNA 特异序列，并且在理论上能扩增样品中 DNA 序列的单拷贝。采用 25g 的食物样品在几小时内就可以检测到单个病原体微生物，因此 PCR 技术是未来的主要食品检测技术。然而，PCR 技术在食物检测中的应用面临技术上的挑战，食物中常常含有大量的植物或动物的 DNA，这可能会干扰 PCR 的进行，抑制 PCR 反应中的化学药剂或者直接抑制 DNA 聚合酶。对于某些食品，通过对抑制剂的稀释或细菌细胞的浓缩，已经解决了这个问题。有许多浓缩的方法，包括液体样品的离心或固体样品的溶解，然后采用亲和分离技术。亲和分离技术是将含有病原体的抗体与磁性小珠结合。此时将这种磁性小珠加入到食品样品的悬液中，使之保温后，用磁性来分离小珠（包括任何与病原体结合的小珠），然后通过 PCR 找出低含量的病原体。磁性小珠也可用来提高培养法检测 *E. coli* O157：H7 的检测效率。现在从市场上也可以获得对食源性病原体（如 *L. monocytogenes*）进行检测的 PCR 试剂盒。

传统的 PCR 分析包括 PCR 核酸模板的提取、PCR 扩增以及扩增产物的检测三个基本操作过程，耗时长，操作复杂。实时荧光 PCR 检测技术（real-time fluorescent PCR）将液相杂交技术和荧光探针引入传统的 PCR 中，使 PCR 扩增和检测相结合，从而实现 PCR 扩增产物的实时检测和分析。准确地说，这里的"实时"是指每一个 PCR 循环后检测扩增产物，当 PCR 扩增反应结束后，就可以得到每个样品的 PCR 扩增产物变化曲线，通过分析这些反应曲线，不但可以得到靶基因（如病原菌）的定性检测结果，还可以对靶基因的数量进行精确定量。

在实时荧光 PCR 的反应体系中，除了含有传统 PCR 的各种试剂外，还含有荧光标记的探针，它是实时 PCR 的核心试剂。目前常使用的荧光探针主要包括 Taqman 探针、分子信标和荧光杂交探针。这些探针都包含两个荧光基团，其中一个发射荧光的基团，称为发光基团（fluorophore）或荧光提供基团，另一个接受前者产生的荧光，称为淬灭基团（quencher）或荧光接受基团。它们是基于荧光共振能量转移（fluorescent resonance energy transfer，FRET）的原理而工作的，当两个荧光基团靠近时，发光基团会将受激发产生的能量转移到相邻的淬灭基团上，这样通过测定标记在探针上的两种荧光基团所发出荧光信号的变化，就可以反映 PCR 扩增产物的数量变化，从而使实时荧光 PCR 技术起到实时检测的目的。目前 ABI 公司、Roche 公司和 BioRad 公司都开发出了实时荧光 PCR 扩增仪。

实时荧光 PCR 不仅具有传统 PCR 的高灵敏性和特异性，而且由于应用了荧光探针，还可以通过光电传导系统直接探测 PCR 扩增过程中荧光信号的变化以获得定量结果，所以还具有光谱技术的高精确性，并且克服了传统 PCR 的许多缺点。例如，传统 PCR 产物都需通过琼脂糖凝胶电泳和溴化乙锭染色，经紫外光观察结果，或通过聚丙烯酰胺凝胶电泳和银染检测等，不仅需要多种仪器，而且费时费力，所使用的染色剂——溴化乙锭对人体还有危害，另外，这些繁琐的实验过程可造成污染和假阳性。而实时荧光 PCR 只需在加样时打开一次盖子，其后的过程完全是在实时荧光 PCR 扩增仪中自动完成,无需进行 PCR 后处理,可以快速、动态地检测 PCR 扩增产物,并减少外来核酸造成的污染。

虽然 PCR 技术有很多优点,但是 PCR 技术是完全适用于食品工业的,这还言之过早。应当考虑到周期的温度调节的复杂性和培训检测人员的高昂培训费用。当然,通过比较 PCR 技术和传统培养技术对食物中低含量污染物的检测能力来看,PCR 技术也是物有所值的。最近出版的一份研究论文(Bellin et al.,2001)成功地应用 LightCycler™ 检测食物中的病原体(E. coil 菌株包括产生 Shiga 毒素 O157∶H7 型),但是,检测的环境是在纯培养物中而不是在食物中。

另外,对于死亡的有机体来说,PCR 技术也存在问题。例如,由热处理杀死的病原体释放的低量 DNA 也可被 PCR 扩增。如果在 PCR 之前进行富集会减轻这个问题,但是至少会多花 1 天的时间。有些情况下,由于细菌在死亡之前产生肉毒素,存在于食品中的这种毒素可能会引起严重的疾病,所以存活的和死亡的病原体含量,也是食品安全性的重要指标,这也是关注细菌是活体或非活体的一个原因。

关于 PCR 最后要说明的是:几种其他的扩增系统正在开发中。核酸序列扩增法用三种滤过性病毒酶扩增靶 RNA 或靶 DNA。这种技术的主要优点是等温过程(在恒温下进行),有效避免了周期性温度变化的耗费。迄今为止,NASBA 检测技术主要针对对病毒的识别,并且对弯曲杆菌属(Campylobacter)和单增李斯特菌(L. monocytogenes)的识别的应用也在开发中(张伟和袁耀武,2007;王鑫等,2007;解立斌等,2007)。

三、DNA 芯片与微阵列技术

生物芯片(biochip)也称微阵列(microarray),它是针对生命科学研究中所涉及的许多分析步骤,利用微电子、微机械、化学和物理技术、计算机技术,使样品检测、分析过程实现连续化、集成化、微型化。因此,生物芯片具有多元化、高通量、检测时间短、样品用量少和便于携带等优点。

基因芯片又称 DNA 芯片,是生物芯片中最基础,也是开发最早、最为成熟和应用最广的产品。没有任何技术能像 DNA 芯片和微阵列技术一样让微生物学家激动一段时间。1998 年底,美国科学促进会将此技术列为 1998 年度自然科学领域十大进展之一,足见其在科学史上的意义。DNA 芯片和微阵列技术二者本质上是传统核酸杂交技术小型化的延伸。其过程为:准备一张用于印迹法(第二章第五节)的膜,将一个 DNA 样品放在这张膜上,加入标记探针,然后检测出杂交体(如果存在的话)。另一个略为不同的情况(基因芯片)是,大量的寡核苷酸(每个都代表不同的基因)固定在膜的独立点,细菌的培养体经过一种化学剂的作用导致被标记的 mRNA 转录,溶解的细菌被放置在膜上的每个寡核苷酸上,经过冲洗后,可以检测出标记 mRNA 和固定的寡核苷酸的杂交体。这种寡核苷酸探针的微阵列技术,可以同时进行大量的表达基因的检测。

用一个刻有许多小孔的电路板可以将一个载玻片上接近 $1cm^2$ 的固定寡核苷酸的阵列(array)进一步地小型化。DNA 芯片和微阵列技术可将寡核苷酸固定在小孔上,并且这些寡核苷酸探针可以由电子仪器控制。在实验室里,像化学药剂的热处理和几种不同的化学药品的混合、电泳等试验都可以在小规模的水平进行。而 DNA 芯片的最大优点是需要很少的原料，所以也可用于实验室中。如果要成功地应用到检测、检验上，可以通过 PCR 扩增 DNA 样品，然后使用嵌入到硅片的微阵列对大量的样品进行检测。理论上，检测者用一次实验就可以检测出食品样品中不同病原体的 DNA。

用于估测细胞全部基因表达（细胞的全部基因表达模式）的微阵列已经在商业上得到开发。对于杂交体来说，这种方法最多可以同时检测 8000 个基因，而且经过实验室处理后检测者可以详细分析基因表达的变化。这种形式的研究方法已经在食物微生物技术中得到许多应用，例如，在病原体细菌中由酸性防腐剂接触而引发的基因表达。微阵列技术在作为检测手段方面上有很大的潜力，不过目前仍然处于研究和开发阶段（解立斌等，2007；韩翠丽和刘代成，2004）。

四、抗体检测系统

1. 抗体在检测中的应用

抗体是由哺乳动物免疫系统产生的一种蛋白质，是由抗原刺激动物的免疫系统后，由免疫系统分泌的能和相应抗原发生特异性结合的免疫球蛋白（immunoglobulin，Ig），即抗体。抗体主要存在于血清中，也存在于动物的其他体液和体外分泌液中，如乳汁和细胞分泌液，另外，抗体还存在于 B 淋巴细胞等某些细胞中，它们的功能依赖于与蛋白质或其他成分特异性结合的能力。当外来成分侵入哺乳动物体内，B 淋巴细胞即产生抗体，血液中的 *S. aureus* 将引发与 *S. aureus* 细胞表面蛋白特异性结合的抗体的生成。活体微生物对于这个过程而言不是关键条件，微生物的分泌物（如外毒素）或组成部分（细胞壁碎片）也能促进特异性抗体的生成。抗体一共有 5 种类型——IgA、IgD、IgG、IgM 和 IgE。

尽管 Ig 的存在形式不同，但是其抗体单体的基本结构相同（图 8-4）。一个抗体单体都由两条相同的轻链（light chain）和两条相同的重链（heavy chain）共 4 条链组成，重链与重链之间和重链与轻链之间通过二硫键（S—S）连接。重链和轻链内含有一系列重复的同源单位，每个单位长约 110 个氨基酸，并通过链内二硫键连成环状，折叠形成球形结构，成为 Ig 的功能区（domain）。每条链上氨基酸种类和顺序相对稳定的部分则称为恒定区（constant region，C 区）。轻链有 κ 和 λ 两种类型，一个抗体单体中的两条轻链总是同型的。轻链的 V 区（variable region of light chain，V_L）位于其氨基末端（N 端）的 1/2 区域，是轻链与抗原特异性结合的部位。在 V_L 中有三个区域的氨基酸种类和排列顺序变化最大，这些区域被称为超变区（hypervariable region）。重链的 V 区（variable region of heavy chain，V_H）位于重链氨基末端（N 端）1/4 或 1/5 的区域，与 V_L 一样参与与抗原的结合，V_H 同样含有三个超变区（hypervariable region）。重链和轻链的超变区形成立体空间结构，其表面为抗原的结合部位，由于这些超变区可形成与所结合抗原结构互补的三维平面，因此超变区又称为互补决定簇（complementarity determining region，CDR），从 N 端开始的三个超变区，即互补决定簇分别命名为 CDR_1、CDR_2 和 CDR_3，其中 CDR_3 的氨基酸种类和排列顺序变化最大。超变区约占

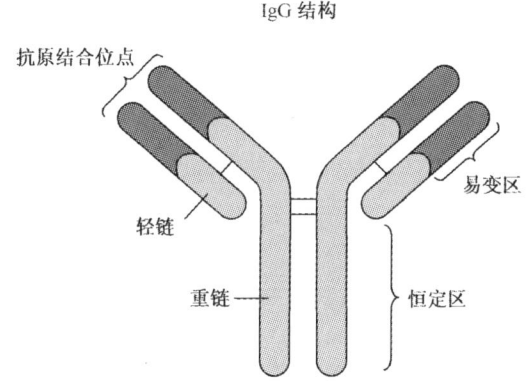

图 8-4 IgG 抗体的结构（Purves et al., 2003）
有两条轻链多肽和两条重链多肽,多肽之间由二硫键连接。易变区与
抗原结合部分相关并且使抗体具有结合特异性,每个易变区能够与一
种抗原分子结合

V 区的 20%～25%,其余部分相对保守,称为支架区（framework region）。轻链的 C 区位于轻链羧基末端（C 端）1/2 区域,重链的 C 区位于重链羧基末端（C 端）3/4 区域,根据 C_H 的不同可将人类抗体的重链分为 γ、δ、ε、α 和 μ 共 5 类。不同的 Ig 的 C_H 区上的功能区数量也不相同,IgG、IgA 和 IgD 的 C_H 区上有三个功能区,而 IgM 和 IgE 的 C_H 区有 4 个功能区。在第 1 个功能区（C_{H1}）和第 2 个功能区（C_{H2}）之间富含胱氨酸和脯氨酸,可以自由折叠,该区域称为铰链区（hinge region）。当抗原和抗体结合时,该区域通过自由转动可以适合不同距离的抗原决定簇。当抗原未与抗体结合时,抗体分子呈"T"形,位于 C_{H2} 的补体结合点被覆盖,当抗原与抗体结合时,则呈"Y"形,补体结合点暴露,有利于补体的活化。

抗体表现出不同水平的特异性（与一种抗原的专一性结合,避免与其他相似抗原引起交叉反应）和亲和性（抗原-抗体结合力的强弱）。在检测、检验中,利用这两个特点,就可以使用低浓度的抗体进行检测。交叉反应能够导致假阳性反应,例如,如果一个抗体用来检测 Vibrio vulnificus,此抗体则不能与其他的弧菌属的非致病种结合。

可与抗体发生特异性结合的分子（通常是一种蛋白）是抗原。抗原是指进入动物体内能刺激动物的免疫系统发生免疫应答,从而引发动物机体产生抗体或形成致敏淋巴细胞,并能和抗体或致敏淋巴细胞发生特异性反应的物质。抗原的特异性表现在两个方面:①在免疫原性上,一种抗原只能诱发一种特异的免疫应答,形成特异性抗体或致敏淋巴细胞;②在反应原性上,抗原只能与抗原诱导产生的特异性抗体或致敏淋巴细胞进行反应。抗原的特异性是免疫学技术广泛应用于疾病诊断、鉴别和防治的基础。在分子生物学研究方法中使用的免疫分子探针,也是基于抗体的这种高度特异性。抗原有许多表征不同抗体特异性区域的抗原决定簇,抗原特异性是由特异的抗原决定簇决定的。抗原决定簇是位于抗原分子表面或者其他部位的具有一定组成和结构的特殊化学基团,它能与免疫系统中淋巴细胞的受体及相应的抗体分子结合,是抗原引起机体特异性免疫应答和与抗体特异性反应的基本构成单位。当一种病原体侵入到人体,免疫体系对蛋白质和其他免疫病原体成分产生抗体应答。对于每个导致免疫反应的病原体分子都能产生大量的抗体，每一个抗体与分子的不同区域结合。

抗体作为免疫反应的一部分在病原体对入侵人体时起到了保护作用，抗体可提高免疫细胞吞噬和破坏病原菌的能力，刺激杀死真菌的化学物质产生，并且抑制包被着毒力蛋白的病毒进入细胞，另外，抗体可与一些毒素发生反应。这就是为何受了很深的皮外伤的人需要注射与破伤风毒素特异性结合的抗体，这种抗体与由破伤风梭状杆菌产生的毒素发生反应，避免了病菌侵入伤口并且大量增殖。

抗原与抗体可发生特异性结合的性质，对于生物技术领域是非常具有价值的，尤其对检测系统起了关键的作用。沙门氏菌鞭毛蛋白的抗体已经用于医院和食品工业中对沙门氏菌的检测，这个过程与图 8-1 描述的相似，只是在确认沙门氏菌时用抗体检验代替了生化检验。

胶乳的凝集反应试验是非常普遍的（图 8-5）。与沙门氏菌的鞭毛特异性结合的抗体首先吸收在乳珠的表面，将一滴含有这些乳珠的溶液加入到一滴作为沙门氏菌试验识别的培养物中，如果有沙门氏菌，乳珠表面的抗体会与沙门氏菌细胞结合。由于乳滴中颗粒的悬浮，将发生网状交联从而导致沙门氏菌的凝集反应，这种凝集反应很容易被识别。

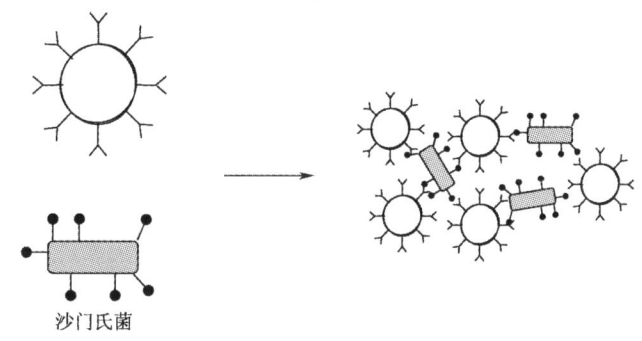

图 8-5　胶乳凝集反应测验（Baron，1996）

针对一些食品中的病原体（如 E. coli O157：H7，一种感染后能引起溶血症的 E. coli 菌株）的抗体系统已经开发出来。许多这样的系统不仅仅依赖于凝集反应的检测，也依赖于其他的方法，像酶联免疫吸附测定（ELISA），可更为灵敏地检测并定量。

随着 ELISA 系统的发展，演绎出许多不同的 ELISA 法。在夹心 ELISA 法（图 8-6）中，将抗体涂在塑料多孔板（常用 96 孔板）的孔底部，这就是所谓的捕捉抗体。与黄曲霉毒素（一种真菌毒素）特异性结合的抗体被涂在 96 孔的平板上；然后将谷粒样品（经过研磨及其他预处理后）加到平板的孔中。此时捕捉抗体将捕捉到样品中存在的黄曲霉毒素；冲洗平板后，只有与捕捉抗体结合的黄曲霉毒素保留下来，然后加入第二种抗体（检测和标识抗体），这种抗体与抗原不同的抗原决定簇的结合力要强于捕捉抗体的结合力，这种抗体将与被检测的复合物共价结合。例如，经山葵过氧化物酶或其他的酶标识的抗体可将底物转变成可见的最终产物；下一步是吸取未与黄曲霉毒素结合的检测抗体，再加入产生颜色的底物，使检测抗体-黄曲霉毒素-捕捉抗体复合物显现出

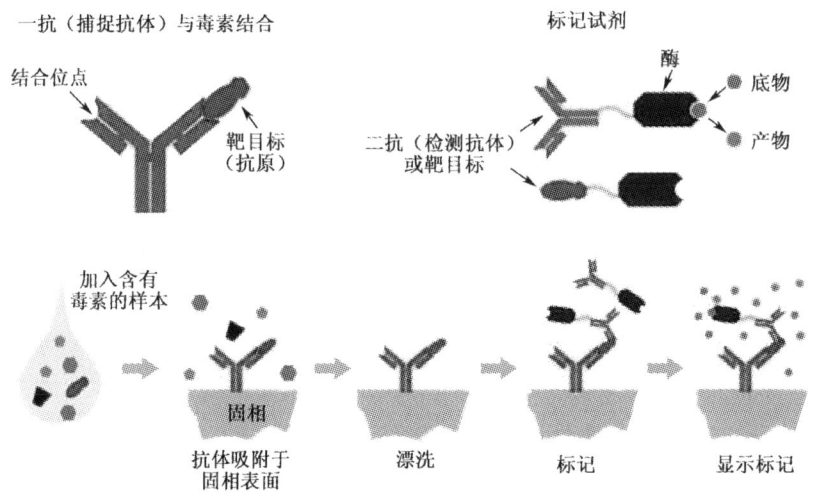

图 8-6 检测毒素的 ELISA 夹心法（Crowther，2001）

来，最终产物的颜色与在原谷物样品中黄曲霉素存在的量呈一定比例。

另一种普遍应用的方法是竞争 ELISA 法（图 8-7）。所谓竞争 ELISA 法，就是在抗原抗体反应过程中有竞争现象存在。例如，采用竞争 ELISA 法检测引起肠炎的沙门氏菌，取代了将捕捉抗体固定在 ELISA 平板孔上的操作，将靶抗原固定在平板上，然后将经过富集后的食品样品加到孔中，同时加入靶细胞的抗体。固定的食物样品中的抗原和 *S. enteritidis* 细胞能完全与抗体结合，如果有 *S. enteritidis* 细胞，很少抗体与固定

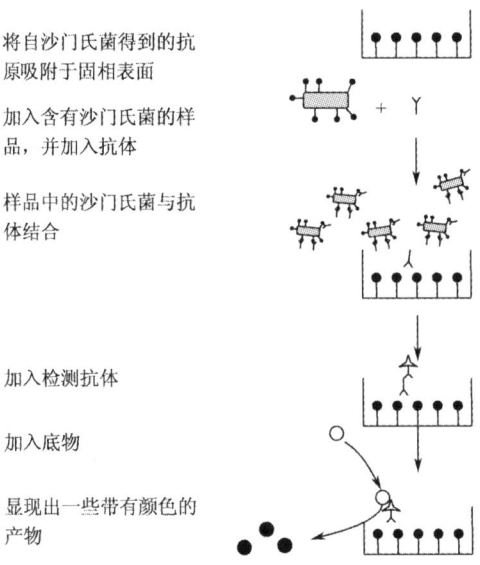

图 8-7 用于沙门氏菌检测的竞争性 ELISA 法（Perry，2002）

由于沙门氏菌的密度增加，与涂在小孔的抗原结合的抗体变少，这会导致在孔中检测抗体与抗体的结合体的减少，并且导致有色最终产物的减少

化抗原结合。经过清洗之后，加入第二种抗体；这种抗体可与任何特殊状况下的抗体结合。如果第一种抗体是小鼠的 IgG，第二种抗体将与任何的小鼠 IgG 分子的保守区结合。第二种酶标抗体也与底物产生颜色反应。这样就可以看见一定量的与第一种抗体结合的固定化抗原。因此，当 S. enteritidis 存在于食物样品里就会发生颜色反应，毒素分子数量的增加将导致有色的最终底物的颜色加深。

对于食品中病原体的检测，竞争 ELISA 法和夹心 ELISA 法都是经常用到的，它们检测的下限是每毫升中 $10^3 \sim 10^5$ 个细胞。因此，如果将含有少于 10^4 个病原体细胞的 10g 样品溶于 100 ml 缓冲液中，用 ELISA 法则不能检测出来。显然对于大多数食品来说，这种方法不具有足够的灵敏性。所以，在使用 ELISA 法之前，通常还需要进行富集或者采用其他的免疫测定。

2. 免疫应答的调控

抗体是当外来抗原入侵时哺乳动物的免疫系统产生的一种物质。如何控制这种应答系统来获得检测所需的抗体？这里有三种产生抗体的方法：多克隆抗体、单克隆抗体和重组抗体法。1975 年以前，唯一的方法是将微生物或微生物的纯化体注射到兔子或小鼠等动物的体内，经过一段时间（至少三周），从动物的血液中纯化得到抗体。这种方法有几个缺点：由于大规模的生产抗体需要许多动物，这是一笔很大的开销，甚至用纯化化合物（在微生物表面发现的特异性蛋白抗原）纯化时，这种方法会产生含有能与不同抗原的抗原决定簇部位结合的抗体混合物。因此，这些抗体被称为多克隆抗体，这些抗体中的一部分可能有高度结合性和高度专一性，但是其他的可能不具有理想的结合特性。在检验测定中低专一性的抗体将产生大量的假阳性反应，且低结合性抗体的灵敏性很差（不能检测出微量的病原体）；最后，抗血清对个体差异十分敏感，这会引起抗血清中的抗体在检测靶细胞时产生不一致性。但是不管怎样，多克隆抗体仍然被用于检测技术的开发中。

幸运的是，现在已经产生了不少病原体的单克隆抗体。不像多克隆抗体是源自 B 淋巴细胞的几种克隆体，单克隆抗体是源自一个克隆体，这意味着由每个细胞的克隆体产生的抗体是相同的，并且结合于抗原的同一抗原决定簇上。因此，单克隆抗体在结合效率上很少发生大幅度的变化。另一个优点是，一旦克隆体形成，可以用细胞培养法生产单克隆抗体。可以从用过的细胞培养基收集单克隆抗体然后用一些方法纯化（如层析柱法）。因此，生产大量的单克隆抗体不需要大量的动物，也不需要生产多克隆抗体所必需的长期培育。

然而，单克隆抗体的制备必须用动物分离产生所需抗体的 B 细胞的克隆体（图 8-8）。通常，给小鼠注射从生物体得到的化合物或化合物的混合物。如果目标是一种病原体，用纯化的鞭毛蛋白或位于有机体表面的其他蛋白质。如果目的是对毒素的检测，只要这种毒素对小鼠不产生负作用，可将毒素本身注射进去；如果这种毒素对小鼠产生伤害，可以用化学处理法来使这种毒素失去活性（如用甲醛使之变性）。这虽然会导致这种毒素的生物活性的丧失，但会保持它的三维结构，抗体对抗原的结合是基于结构的相互作用，所以这种结构的保留是重要的。

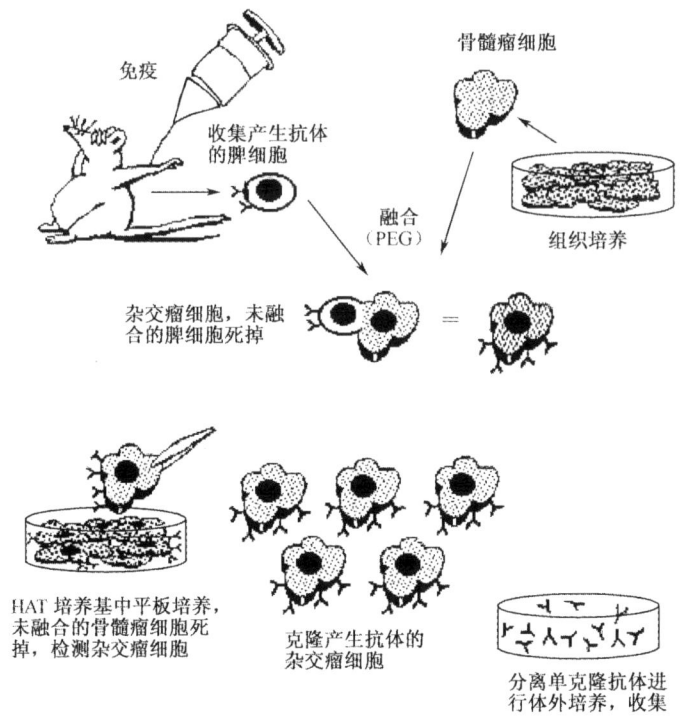

图 8-8 单克隆抗体的产生过程（Michnick and Sidhu，2008）
PEG. 聚乙二醇；HAT. 次黄嘌呤-氨基蝶呤 胸腺嘧啶核苷

小鼠注射抗原进行免疫，刺激抗体产生，自小鼠脾脏分离收集形成抗体的细胞，利用单个抗体生成细胞与骨髓瘤细胞融合生产单克隆抗体。融合的细胞称为杂交瘤细胞，每一个杂交瘤细胞产生大量相同抗体分子，经培养的杂交瘤细胞增殖，可能产生一个细胞群，每一个细胞群都产生相同的抗体细胞，这些抗体称为单克隆抗体，因为它们来自单克隆抗体生成细胞的后代

几周之后，杀掉小鼠并取出它的脾，此时脾细胞里混有骨髓瘤细胞，其能够在细胞培养液中无限繁殖。然后向混合物加入聚乙二醇（PEG），如第四章第二节所述，聚乙二醇能够诱导植物原生质体融合。对于动物细胞也可产生相似的效果，并且细胞融合发生在骨髓瘤细胞和脾细胞之间，这一步的目的就是在骨髓瘤细胞和脾细胞内融合 B 淋巴细胞。最后产生的细胞既能生产抗体（源自 B 淋巴细胞），又能在培养基中无限生长（源自骨髓瘤细胞）。未融合的 B 淋巴细胞不能直接用来生产单克隆抗体，这是由于它们不能长期存活，所以在培养基中生长几周后就会死掉。

但是与骨髓瘤细胞以及 B 淋巴细胞相比，杂交瘤细胞仍然是少数，也有可能产生不需要的融合细胞，而且它们是混合在一起的。例如，骨髓瘤细胞和骨髓瘤细胞的融合细胞以及 B 淋巴细胞和 B 淋巴细胞的融合细胞，因此必须采用适当的方法将所需的融合细胞（杂交瘤细胞）分离出来，杂交细胞选择技术的提出正好解决了这一问题。研究表明，细胞（如骨髓瘤等肿瘤细胞）DNA 生物合成的途径有两条：一条途径是由糖、氨基酸合成核苷酸，进而合成 DNA，这是主要途径。这条途径可被叶酸的拮抗物——氨基蝶呤（A）所阻断。但如果培养基中含有核苷酸前体物——次黄嘌呤（H）和胸腺嘧啶（T），那么即使有氨基蝶呤（A）存在，细胞也可以通过另一途径（称替代途径或应急途径）合成核苷酸。不过替代途径需要次黄嘌呤-鸟嘌呤磷酸核糖转化酶（HGPRT）和胸腺嘧啶核苷激酶（TK）的存在。骨髓瘤细胞在体外培养过程中，丧失合成HGPRT的能力而成为缺陷型细胞。然而，这种酶在B淋巴细胞中存在。经过融合后，在含次黄嘌呤、氨基蝶呤和胸腺嘧啶核苷的选择培养基（HAT）中进行培养，未融合的骨髓瘤细胞因其DNA的主要合成途径被氨基蝶呤阻断，替代途径无HGPRT也无法进行，所以只有骨髓瘤细胞与B淋巴细胞形成的杂交瘤细胞因得到HGPRT（来自B淋巴细胞）并具备连续培养特性（来自骨髓瘤细胞）而生存下来。因为它们不具有分裂的能力，所以没有与骨髓瘤细胞融合的B淋巴细胞，也不能存活很久。

存活的杂交体经过稀释，将个体细胞放置于一个单独的孔中（96孔平板的每孔含有一个细胞），然后每个杂交体开始分裂，再加上同一病原体的悬浮液，从而产生出一系列的克隆体，每一个克隆体能够在培养物中无限分裂并且只产生一种抗体。因此，如果一个克隆体转移到一个有大量培养物的容器里，细胞将持续分裂并产生无数个单克隆抗体，这些抗体具有高度的专一性。这意味着所有的特异性单抗能识别同一种抗原决定簇并与之结合。

从这个角度看，有必要筛选这些克隆体，来获得产生有用的抗体的克隆体。筛选方法包括ELISA：将抗原固定在多孔平板上（通常用简单吸收来进行），将含有克隆体的培养基加入到每个孔中，经过冲洗，加入一种酶标的第二抗体识别有用的克隆体（例如，如果一抗是用小鼠免疫反应获得的，那么可以用山羊产生的抗小鼠抗体作为二抗）。有用的克隆体被转移到大的培养容器中培养，即可从培养基中收集到大量的抗体。骨髓瘤细胞的永生特性可以让这些产生抗体的细胞无限繁殖。

生产单克隆抗体的一个问题，是哺乳动物细胞不像细菌和真菌那样容易培养。然而，许多生物技术公司成功地开发了基于单克隆抗体的检测体系。

另一种获得抗体的方法是通过基因克隆法。通过从免疫或非免疫的鼠细胞中分离mRNA来获得重组抗体。如果小鼠没有进行免疫处理，可以获得具有广泛特异性的B淋巴细胞，而经过免疫的小鼠能提供限制性的特异性抗体。一旦分离出mRNA，用逆转录可以获得cDNA（互补DNA），并且用PCR扩增抗体基因，然后将这些基因插入到噬菌体载体中，就可以创造一个抗体基因文库。如果这种载体已经被建立，那么从抗体基因中可以获得重组体。一旦含有目的基因的噬菌体被分离出，就可以用来生产大量的单特异性抗体，它与单克隆抗体非常相似。

重组体法有两个优点：①迅速和灵活，可以直接找到抗体基因，抗原可特异性识别最小的氨基酸序列；②由于已经复制出抗体基因，可以直接进行序列分析并设计新的序列，提高专一性和耐热性。

3. 免疫测定法的前景

从表8-3看出，目前对免疫测定法非常关注。为了使这个表更充分地体现出目前的检测体系发展的代性，列出了用于检测食物残留物的免疫测定法的简单应用研究和在兽

表 8-3 目前用于诊断的免疫测定法（Perry，2002）

检测目标	研究团体的数量	免疫法的类型
杀虫剂	33	agg[a]，cELISA[b]，生物传感器
毒枝菌素	8	ELISA，荧光法，生物传感器，cELISA，免疫亲和法
残留抗生素	6	生物传感器，cELISA
Salmonella spp.	6	cELISA，ELISA，自动化检测，生物传感器，agg
过敏原	5	ELISA，荧光法，生物传感器，斑点印迹
肉类鉴别	3	cELISA，ELISA
葡萄球菌肠毒素	2	生物传感器，荧光法
维生素	2	生物传感器
植物毒素	2	cELISA，荧光法
壳多糖寡糖	1	cELISA
牛奶的热处理	1	cELISA
肉制品中脂肪的氧化	1	cELISA
Listeria spp.	1	ELISA
腐败微生物	1	ELISA
麸质	1	ELISA
转基因作物	1	ELISA
海藻毒素	1	生物传感器
诺沃克病毒	1	ELISA

注：a. agg，粘合法；b. cELISA，竞争性 ELISA。

医范围内的研究（牛体内布鲁氏杆菌的检测）。在 76 个研究中，33 个是针对食物、水或土壤样品中农药特效成分的检测，8 种研究是尝试开发对霉菌毒素的检测，6 种研究是对抗生素残留物的检测。令人惊讶的是，只有 9 种研究是针对细菌病原体或毒素的检测，5 种是针对食品质量评估的研究（与病原体无关）。总的来说，当前的检测发展的方向是与食物中不需要的残留物的检测相关，另一种趋势是向电子检测系统的方向发展。这些就是生物传感器，在后文进行详细的讨论。

由于农药、抗生素和霉菌毒素是低分子质量非蛋白质化合物，所以用抗体对它们进行检测是不可取的。这些成分倾向于低免疫原性（不能引发抗体产生）。但是，如果它们与其他的高分子化合物结合，它们的免疫原性常常会有非常明显的提高，所以这种小分子化合物被称为半抗原。

开发小分子化合物的特异性抗体的问题是什么因素困扰着对这些物质进行的免疫测定。农药检测的传统方法依赖于 HPLC（高效液相色谱）或气相色谱这样的耗费时间的方法，它们需要昂贵的设备，这限制了能够用它们来检测农药残留物的实验室的数量，也限制了可检测样品的范围。因此，很难打消目前消费者对食品中农药残留而导致的食品安全问题的疑虑心理，尤其是未加工的水果和蔬菜。对于食品中残留农药的简便而快捷的检测手段的发展，将允许对食物的频繁检测，并且也可以更有效地追踪进入土壤和水环境的农药残留物（王鑫等，2007；Perry，2002）。

五、荧光检测技术

1. 卫生评测

许多食品加工设备能够对检测设备及其表面的微生物污染水平进行监测。例如，用测量清洗后设备的微生物量来评估和监测设备清洗的程度。这可以采用传统培养法来进行，但是这种方法如同本章前述的那样存在费力、耗时和成本高的问题。

近来，几家生物技术公司在市场上推出了几种设备，它们能够用检测ATP（三磷酸腺苷）的方法来指示设备上的微生物含量，这种方法是由微生物生态学家开发的，他们一直从事对自然体系（如土壤和沉积物）中微生物量和活度之间联系的研究。用ATP法测量微生物量是可行的，因为所有的有机体都用ATP作为细胞中的能量货币，微生物在生长过程中必然从环境中摄取能源（如葡萄糖这样的碳源），并且将这种能源转变为ATP，合成的ATP作为多种代谢过程的能源，如细胞壁的生长、蛋白质的合成和膜的形成。

由于所有的细胞内都含有ATP，所以在惰性表面和设备组件上ATP的存在量说明了微生物的存在量。对用户来说，ATP的检测与生物体（样本可能是沙门氏菌、酵母菌、食物残渣、人的唾液等）的鉴别无关，它被认为是唯一的一种卫生指示器。如果惰性表面和设备组件上ATP的量很多，可以说明清洗的过程不够充分，并且必须重新清洗，这在日常卫生操作中是十分重要的。

ATP的检测首先收集检测区域的物质并且溶解收集到的微生物细胞。如果有ATP存在，荧光酶会引起荧光反应，反应如下：

$$荧光素 + ATP + Mg^{2+} \xrightarrow{荧光酶} 氧化荧光素 + AMP + CO_2 + 光$$

产生光的量与ATP的量成比例。由于这种检测依赖于对低亮度光的感应性，所以用ATP法监测卫生需要特殊的设备（照度计）。

2. 荧光技术的新应用

荧光技术在其他的食品安全应用方面也有巨大的潜力。大多数应用领域都有细菌荧光酶基因的工程应用，细菌荧光酶基因已经被成功地转移到杆菌属、李斯特菌属、葡萄球菌属、气单胞菌属和乳酸菌。虽然由细菌荧光酶催化的显光反应与真核生物的反应不同（最主要的不同点是不直接使用ATP），但在显光的强度与细胞活力和能量水平的关系上是相似的。这就引起了对与食物相关的细菌的重组体新的应用。带有重组荧光酶的细菌可以用来评测食品工业处理操作中清洁流程的功效，用荧光菌检测的过程分为表面处理、清洗和对细菌散发的光的检测。这就可以有效地、实时地对特异性微生物进行评测，而传统的平板计数测定至少需要24h。

荧光技术的另一个应用是带有细菌荧光酶基因的重组噬菌体的使用，这是个令人激动的技术，因为每一种菌种都有一些不能感染其他菌种的特异性噬菌体，一些噬菌体有较宽的宿主范围，这是很有用的。例如，能够感染肠杆菌类细菌的噬菌体，可以非常有效地监测食物中的病原体，包括大肠杆菌和沙门氏菌。这种噬菌体在食物样品中短时间培养（1h），如果肠杆菌存在的话，它们将被噬菌体感染，然后导致噬菌体基因的表达，其中也包括荧光酶基因的表达，通过检测样品释放的光，可以检测微生物的量（张伟和袁耀武，2007；解立斌等，2007；王鑫等，2007）。

六、生物传感器检测技术

1. 生物传感器的应用

"生物传感器"这个词已经用来描述一些不同的检测体系，并且很难准确地区分它们。然而，可以遵循以下的共识：生物传感器有一个生物感应器，并且连接传感器，传感器能够将来自生物感应器的信号转化为可记录和储存的信号（一般是电子信号）。例如，一些生物传感器用特异性抗体 抗原结合物来检测食物样品中的病原体。当存在病原体时，病原体与抗体结合，与抗体结合的抗原产生出一种电信号，这种电信号可被检测和记录。生物传感器——生物体和电子电路的结合体是微生物学家、生化学家、物理学家和电子工程师共同合作开发的成果。

生物传感器在临床设备上有许多应用（如在粪便和其他样品中检测由食物携带的病原体）和保证食物的安全性（如微生物量的测定和食物中特殊病原体的检测）。灵敏的（能检测出25g样品中的一个病原体）、选择性的（能从大量的非病原体中区分病原体）、迅速的（实时）、自动化的、可携带和价格低廉的生物传感器在理论上是可能存在的，虽然到目前为止还没有开发出这种生物传感器，但是生物传感器的开发研究是积极的，并且可以预见它在将来可以稳步发展。

生物传感器在与病原体的检测无关的方面也有很多应用。例如，困扰大规模微生物培养的一个问题（详见第七章和第八章）是很难监测微生物生长的情况。监测所需产物的形成率可通过对从生物反应器（用来进行大规模微生物培养的容器）获取的样品进行分析，通过反应器内部一种产物的特异性电流来连续监测产物的形成。生物传感器已经用于对某些产物（乳酸菌）和一些其他的生物反应器参数（如葡萄糖的消耗、细胞的生长和成活力）的监测。

还可对许多食品安全或设备损坏进行监测，尤其是在液体的加工过程中（牛奶、啤酒等），需要在管道内连续监测特定部位的微生物量。在巴氏消毒过程中饮料和食物的污染是酸败和食物疾病暴发的重要原因。1987年，用于制作冰淇淋的牛奶中的S-大肠杆菌引起的巴氏消毒过程的污染导致美国史上最大规模的食源性疾病。管线内检测可以阻止类似事件的发生，也可阻止巴氏消毒过程污染所引起的酸败问题。

加工设备的污染问题是很难根除的。一个连续的监测系统能对管道中微生物生长情况进行实时监测，这比对稀释后样品的检测或对设备的擦拭等方法要好。如果在传递管道里实时监测微生物的生长，就可以立即停止生产过程并且清除污染源，因此可以避免生产出大量受污染的产品。

而富集和选择培养法的传统检测方法，则不适于进行连续的监测，它们需要收集分散的样品单元（几批样品），然后每个样品在适宜的培养基中进行培养。用培养法的连续监测系统需要大量的样品单元，但生物传感器不需要收集分散的样品进行连续监测。

生物传感器也能用分批采样来进行，传感器的一个重要的应用就是大大缩短了用培养法进行病原体识别的时间。例如，鲜肉的腐败是经济上的一个重要问题，与许多种腐败微生物的大量存在有关。传统的监测方法是在允许不同细菌生长的非选择培养基培养后进行平板计数。然而，这至少需要24h，不是理想的阻止肉类腐败的方法。生物传感器已经达到经过短期（1h或少于1h）的肉类样品培养后检测微生物污染的水平。

在食品工业中也常常需要连续地检测物理参数的加工过程，连续监测温度这样的物理参数也异常容易，如果温度超过了限制范围则可以进行迅速的调整，并且可以提供温度变化的记录。如果产品的质量下降，追查连续的记录是有用的，过程中温度的偏差也是关键的因素。生物传感器也能够用来监测一些物理化学过程（如CO_2的产生）。

2. 生物传感器的类型

区分生物传感器的类型与传感器的类型、转换方法和测定方法直接相关。亲和生物传感器依赖于传感器和目标之间的特异性识别，通常使用抗体技术来组成传感器，核酸杂交技术（与在基因探针测定的用处相似）和受体-配体交互作用（胰岛素和胰岛素受体的结合）也常常用来组成亲和传感器。针对于大多数主要的食源性病原体（如沙门氏菌、*E. coli* O 157：H7 和 *L. monocytogenes*）的抗体传感器已经被开发。

抗体-抗原的结合体是如何被检测并转化为电信号的呢？一种方法是将抗体固定在压电晶体的表面上，压电晶体对质量的变化十分敏感。当抗原与抗体结合，它们增加抗体-晶体复合体的质量。压电晶体在受到外压的作用（附着于抗体的重力作用）会导致振动并且产生一个可检测的电位。当抗原与抗体结合，它增加了这个复合体的质量，将会改变晶体振动的频率，用电流可以检测出这种频率的变化。

酶联抗体也能用于生物传感器中。例如，用一个固定在一个电极的抗体检测 *S. aureus* 的生物传感器（图 8-9）。这些抗体"捕捉"到细菌，然后加入与其他的 *S. aureus* 的抗原决定簇结合的抗体，这些抗体与辣根过氧化物酶（HRP）共价结合。然后，电极被移到含有水杨酸（AMSA）的溶液中。另一种酶（葡萄糖酶）也被固定在电极上，葡萄糖酶的唯一目的是从葡萄糖和氧气中产生过氧化氢。HRP催化过氧化氢与AMSA反应形成5-ASA-醌亚胺（ASAQ），然后这种产物被电极的电子还原，当 *S. aureus* 菌的数量增加时，电极之间的电流也会加大。

亲和传感器的主要问题之一是在样品之间产生电流。所有的结合抗原必须从电极上一处来保持它的敏感性，如果不用碱性化合物（如尿素）很难达到这个目标，但是碱性化合物很容易降低电极的寿命。

这也是一个倾向于核酸杂交技术的亲和生物传感器的原因。不像抗体-抗原结合物，杂交发生在相当大的分子之间，并且有大量的氢键保持它的稳定性。相反，抗体-抗原结合发生在短的氨基酸序列之间并且作用力由氢键、离子键和非极性作用力共同作用。除了具有稳定性之外，通过对溶液的离子环境的调节，很容易使杂交的链解开，这非常具有吸引力。这种用核酸杂交的亲和生物传感器的设计，通常包括电极上寡核苷酸的固定。与抗体技术的生物传感器相似，用核酸杂交技术的生物传感器可以检测到杂交体的变化（例如，由目标核酸的杂交体引发的质量变化对压电晶体的反应）。在核酸杂交技

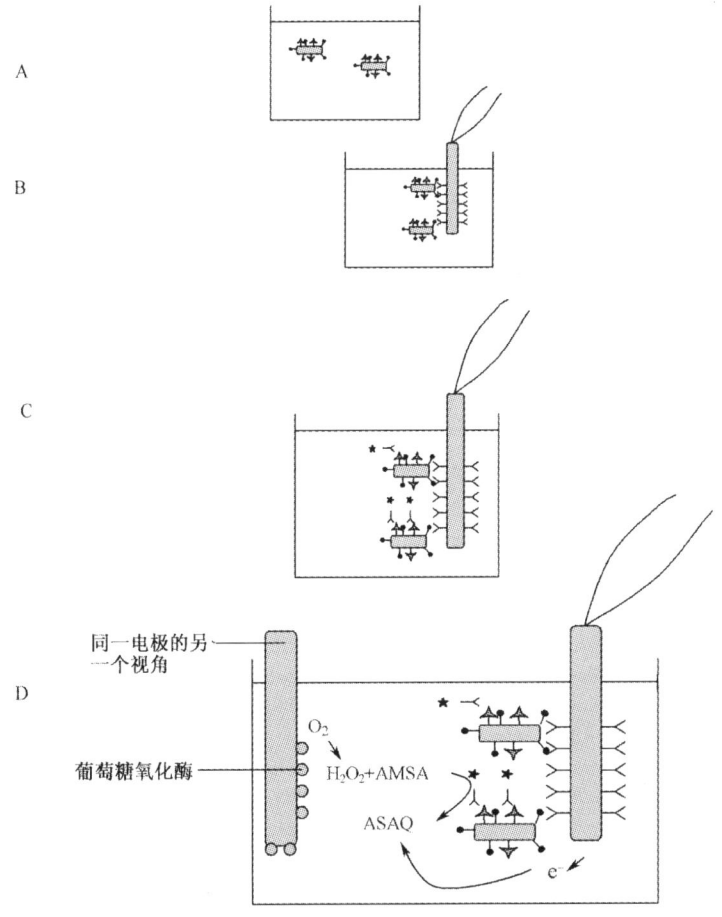

图 8-9 检测 S. aureus 的生物传感器（张伟和袁耀武，2007）

A. S. aureus 的细胞；B. 与电极上的抗体结合；C. 加入第二种抗体，与细胞不同抗原决定簇结合的抗体。这种抗体与辣根过氧化物酶（HRP）共价结合，即图中的"＊"标记。D. 电极被移到水杨酸（AMSA）溶液中，电极被葡萄糖氧化酶包围，这种酶产生过氧化氢。HRP 催化 AMSA 与过氧化氢反应形成 5-ASA-醌亚胺（ASAQ），电极的电子还原 ASAQ，因此，从电极的电流随着 S. aureus 的数目的增加而增加

术的生物传感器设计中，也成功地应用到光学传感器。这些传感器，依赖于电极中物质光学特性的变化。例如，杂交可能引起外包物质折射率的变化，然后用敏感的光探测器就可以检测到这种变化。

另一种类型的生物传感器依赖于微生物的代谢，以此来监测微生物的生长情况或微生物的污染情况。大多数常见的方法是用氧化还原酶作为微生物生长的信号。过氧化物酶常常改变介质化合物的结构，这种结构的变化反过来引发转换器的应答。在一个系统中，将细菌固定在包有 P-苯醌介质的电极上。脱氢酶，一类在大多数微生物细胞中找到的氧化还原酶，将电子转移给这种介质。被还原的介质然后将电子转移给电极，产生可探测的电流。虽然很有效，但目前这种和其他基于微生物代谢的生物传感器，仅仅当

存在高密度的微生物时才有不错的效果。这些生物传感器只能用于检测那些轻度污染可以接受的食品（如新鲜肉类）。

生物技术学家已经成功地设计出用于检测葡萄糖和乳酸等代谢物变化的生物传感器。可以用葡萄糖氧化酶的生物传感器连续监测葡萄糖浓度的变化。葡萄糖氧化酶催化的反应如下：

$$\text{葡萄糖} + \text{氧气} \xrightarrow{\text{葡萄糖氧化酶}} \text{过氧化氢} + \text{葡萄糖酸}$$

用葡萄糖氧化酶的葡萄糖生物传感器的关键部分，是检测氧气和过氧化氢变化的系统。有几种可行的方法，许多是用荧光化合物检测氧气的变化。例如，用 Tris（1，10-二氮杂菲）氯化钌，这种成分暴露于氧气中将有不同的荧光特性，这种传感器有一个光纤系统能允许钌的激发和荧光的检测。

在淀粉生产淀粉糖浆的过程中，葡萄糖的变化是重要的。淀粉向葡萄糖的转化是许多来自于微生物的酶催化的复杂过程，并且在此过程中葡萄糖浓度是一个重要的参数。因为在生物反应器的许多原料中富含葡萄糖，所以食品相关代谢物的微生物生产是另一个能够用葡萄糖生物传感器监测的过程。葡萄糖也是许多加工过的食品（如糖果和其他的糖果类食品）的重要成分。不需要昂贵分析仪器的监测手段作为有效保证质量的方法十分具有吸引力。

不管葡萄糖生物传感器在食品生物技术上的应用如何，发展它们的另一个驱动力是巨大的，这就是需要经常检测体内血糖的糖尿病患者的市场。近来的临床研究表明，通过经常的检测来严格控制血糖，会降低并发症的发生，这将会提高对简便而迅速的监测系统的需求，并且也会驱使研究向移植系统方向转变，而对移植系统的研究最终会导致人工胰脏的开发。这将由连续监测血糖的皮下生物传感器（可能用葡萄糖过氧化物酶）组成，并与一个控制胰岛素泵的电子系统连接，这样的设备将创造一个"密闭环"，胰岛素依赖型患者（I 型）再也不必通过皮下注射胰岛素来监测血糖。为达到这个目标将需要在生物传感器的设计上有重大的突破，这也可能适用于食品工业。

电子元件的小型化和开发"芯片实验室"的能力提高，这也将会导致它们在食品工业中更为广泛的应用。目前生物传感器的应用还很少，主要是因为它们的低灵敏性、食物成分的相互作用性和电极再生的困难性。然而，考虑到它们的潜在优势，值得人们继续研究和开发这些优秀的检测系统（张伟和袁耀武，2007；武文斌，2007；翟俊辉，1999）。

参 考 文 献

蔡文琴. 1994. 实用免疫细胞化学与核酸分子杂交技术. 成都：四川科学技术出版社
陈福生，高志贤，王建华. 2004. 食品安全检测与现代生物技术. 北京：化学工业出版社
韩翠丽，刘代成. 2004. 基因芯片在食品检测中的应用. 生物学杂志, 21（1）：41
李志亮，吴忠义，王刚等. 2005. 转基因食品安全性研究进展. 生物技术通报, 3（3）：1~4
邱礼平. 2008. 食品安全概论. 北京：化学工业出版社
沈娴，龚柏华. 2005. 转基因食品安全性的争论. 上海预防医学杂志, 17（6）：297~300
王鑫，车振明，黄韬睿. 2007. 分子生物学方法在食品安全检测中的应用. 食品工程,（3）：7~10
武文斌. 2007. 生物传感器及其在微生物检测中的应用评价. 海军医学杂志, 28（4）：374~376

萧家捷等. 2004. 食品工程全书（第三卷，食品工业工程）. 北京：中国轻工业出版社

解立斌，黄建，霍军生. 2007. 食品快速检测技术应用进展. 国外医学（卫生学分册），34（3）：192～196

翟俊辉. 1999. 生物传感器在微生物检测中的应用. 国外医学（微生物学分册），22（2）1～5

张伟，袁耀武. 2007. 现代食品微生物检测技术. 北京：化学工业出版社

Baron S. 1996. Medical Microbiology. 4th ed. Texas：University of Texas Medical Branch

Bellin T, Pulz M, Matussek A *et al*. 2001. Rapid detection of enterohemorrhagic *Escherichia coli* by realtime PCR with fluorescent hybridzation probes. J Clin Microbiol, 39 (1)：370～374

Crowther, J R. 2001. The ELISA guidebook. 2nd ed. (Methods in Molecularbiology) Humana Press

Michnick S W, Sidhu S S. 2008. Submitting antibodies to binding arbitration. Nature Chemical Biology, 4 (6)：326～329

Perry J. 2002. Introduction to food biotechnology. Boca Raton, FL：CRC Press

Purves W K, Sadava D, Orians G H, *et al*. 2003. Life：The Science of Biology, 7th ed. Sinauer Associates (www.sinauer.com) and W H Freeman (www.whfreeman.com)

第九章 伦理、安全和规范

第一节 概 述

当对一个新技术的伦理问题进行评价时，不仅仅是简单的对与错的问题，对风险性与益处的评估也应当一起进行。这些风险的本质和严重性随着食品生物技术类型的变化而变化，并且这些风险通常被认为与人类的健康有着直接的联系。市场上的生物技术产品（如转基因作物），可能含有的毒性直接威胁到人类健康；同时，检测系统中潜藏着间接的风险，这种间接的风险也是非常重要的。检测系统如果不能正确检测出食物中的微生物，可能会导致极为严重的后果（表 9-1）。

表 9-1 食品生物技术的益处与风险（Perry，2002）

类型	益处	潜在的风险	规范
重组蛋白质	改善粮食供应(如凝乳酶)；提高酶活(重组淀粉酶)	毒性	国家标准
转基因作物	提高农业水平(如除草剂抗性)；减少杀虫剂的应用；提高营养含量	毒性；破坏环境(如日益严重的杂草问题)	国家标准和国际标准
检测技术	快速检测病原体；改良特性；在线监测	降低灵敏性；检测结果不具有连续性	协会（如 AOAC[a]）标准和国际标准
转基因动物	提高质量(如牛奶)；促熟(用激素催熟大麻哈鱼)	毒性；降低动物的免疫能力；破坏环境(对野生鱼群的破坏)	国家标准
微生物技术	提高效率(如淀粉的改良)；新的食品添加剂	毒性(如嗜酸细胞过多引起的肌痛症)	国家标准和工业标准
保健食品	提高大众健康水平	毒性(尤其是与食物相关)；误导消费者	国家标准

a. 美国官方农业化学家协会。

食品生物技术的广泛应用给环境带来益处的同时也伴随着风险。例如，在美国的一些区域大规模种植能够产生毒素蛋白的转基因作物，导致杀虫剂使用的减少，从而减少了毒素蛋白在土壤和水中的富集，因此，降低了其他非目标昆虫、鸟和其他野生生物受到致命危害的可能性。然而，这些具有杀虫性的转基因作物对环境也有危害，1999 年发生的转基因作物对帝王蝶有毒的事件（第四章第四节）。

生物技术程序的规范性标准一般都是国家或国际（欧盟）标准，这就使得政府处于非常微妙的处境。生物技术对环境和健康的危害必须与其带给环境、健康和经济的益处保持平衡。拥有科学的证据也是安全评估中重要的因素，由于安全评估已经涉及法律、政治、贸易和经济等多方面的问题，所有这些都影响着食品生物技术的本质和发展方向。由于错综复杂的原因，政府也面临着来自于商业团体的压力，这种压力要求标准的限制保持在最低的程度。由于这些因素的影响力不同，政府趋向于应对最主要的问题。因此，尽管安全评估可以采用同一种方法，但是不同的政府也可能会公布不同的标准。在欧洲和美国对转基因作物的培养和使用标准的不同，就是这种现象的典型例子。在欧洲，只有两种转基因栽培变种可以被种植、销售和出口。在欧洲的大部分地方，转基因作物的种植面积很小，并且百货商店中没有含有转基因作物的食物。相反，在美国、加拿大和其他的几个国家，作为食品的转基因作物的种植面积有几百万公顷，并且销售含有转基因玉米和大豆的食物的百货商店随处可见。

另外，许多政府大力支持生物技术研究，这种支持的潜在风险受到了许多激进团体和科学团体的关注。如果一个政府支持生物技术，那这个政府还能够诚实并有效地规范它的应用吗？假若对生物技术的正反两方面的评估责任有明确分工的话，那么这个问题的答案则是肯定的。对政府部门其他的普遍批评是大多数国家所执行的生物技术标准是不公开的。由于许多公司需要对产品的实验数据做一些保密的限制，政府通常不公布其对健康和环境的影响的评测数据，这导致了科学家和人们对政府和企业的不满，并且这很可能是目前人们对食品生物技术工业不信任的因素之一。最后的批评是关于标准的制定，在大多数国家，食品生物技术标准是根据现有的食品安全法制定的，有时也应用于杀虫剂。在美国，食品生物技术法由三个部门管理，即美国农业部、美国环境保护部和美国食品和药物管理局。这种复杂的管理网对于生物技术公司执行标准的操作性来说是不利的，并且似乎也很难进行管理。在欧洲，情况更为复杂，因为在欧盟中法律的制定必须得到其他国家法律的承认，并且欧洲人对生物技术都有敌对的情绪。

不管怎样，生物技术产品已经得到规范，并且食品生物技术工业已经拥有良好的、健康的环境安全纪录。本章的许多内容介绍了生物技术对健康和环境的影响，在对生物技术食品的生产（特别是转基因作物）进行标准规范时，这些都是必须考虑的因素。众所周知的转基因生物一词包括转基因动物和重组微生物。下面从消费者的角度评估生物技术，并且讨论相关的道德伦理问题（邱礼平，2008；萧家捷等，2004；Serageldin，1999）。

第二节　消费者的观点和食品生物技术

像上面提到的，管理转基因作物的标准在欧洲比北美更为严格。它不仅仅是一个消费者所关注的问题，目前许多主流媒体关于这点也做了大量的讨论。在欧洲和北美的大量调查表明，在这两个地区内很多消费者已经注意到转基因作物的安全性和对环境的影响。然而，关注这一问题的欧洲人比北美人要多，因为欧洲人对于转基因生物更为敏感。这主要归因于在欧洲发生的三个历史事件：①牛脑海绵状（BSE）病（疯牛病）在英国的蔓延；②1999年，比利时的鸡蛋和其他禽类产品的二氧（杂）芑的污染；③法国的污染血丑闻（20世纪80年代中期至少3000法国人由于血液输送而被人类免疫缺陷病毒感染）。这些国家的政府因为工作失误（特别是使人们了解其含有风险）而遭到大众的批评。政府用于保护人们的政策和标准在疯牛病和污染血丑闻等事件上显示出不足之处。这些因素是欧洲人目前对政府保证食品安全性的能力缺乏信心的主要原因。虽然许多北美的消费者也关注转基因作物，但是他们没有表现出对政府的不信任感。因此，北美还未出现对含有转基因成分的食物的强烈反应。

因为疯牛病在牛和人类的蔓延，所以政府对农业和食品技术调控，并且将食品安全的信息传递给人们。1996~1997年间，英国至少出现了10个并且很可能是超过80个雅克氏变体形式的克劳伊氏病（CJD）病例，这种变异的疾病导致脑组织萎缩并死亡。克劳伊氏病病症的特征是脑中形成混乱纤维，被认为是一种神秘的疾病，它的病理至今没有得到确认。有许多证据认为，能够将脑中正常部分转变为异常形式的一种异常蛋白是一种能引起传染疾病的朊病毒。克劳伊氏病在人类中的发病概率很小，但老年人较容易感染，然而，英国出现了10例不寻常的病例，这些病例全部发生在年轻人身上。因此，这些病例被认为是克劳伊氏病的变体形式（vCJD）。

1986年，首先从牛体内检测出来BSE。遗憾的是直到1996年，英国政府对BSE测定的政策仍然以对牛检测为重点，而不是对人。然而，1996年有证据显示，引起BSE和vCJD的主要原因是同样的朊病毒，当时已经有80个人死于vCJD。虽然还不确定朊病毒是如何从牛传给人的，但很可能是通过食用牛肉。1996年，英国政府证实vCJD与BSE有关。由于英国政府早先对牛肉的安全作了保证，这种不负责任的做法激怒了英国大众。大多数英国消费者对含有转基因植物的食品的反对，源于vCJD蔓延事件以来人们对政府信任的崩溃。1999年，由于比利时政府对含有二氧（杂）芑的鸡蛋和禽类制品的贸易监管不力，欧洲人对食品安全的信心也受到相当程度的冲击。2001年，包括德国在内的许多欧洲国家发生了BSE感染牛的新闻，也震惊了整个欧洲。因此，欧洲人对新的有潜在风险的食品技术抱有不信任的态度也不足为奇。

对转基因作物及转基因动物所含物质的怀疑，是另一个驱动消费者关注转基因产品的原因。许多人感觉科学家利用DNA重组技术创造出非自然产生的生物，这违背了有机体发展的基本规律。生物技术学家确实将转基因转移到远亲生物体中，这种方法实质上用自然的交配和杂交技术是不可能实现的。生物技术的支持者唯一可采取的方法，就是教导消费者转基因植物和动物只是传统植物和动物培育方法的延伸，并且人类使用基因改良生物已经有相当长的时间。

最后，许多反对生物技术的激进团体对食品生物技术公司的本质持消极态度。虽然许多独立的研究者已经从事转基因植物的研究，但这些转基因植物的商业化大多数是由Monsanto、Novartis和Aventis这样的跨国公司来进行。这会引起大众普遍的忧虑，人们会认为商业化的转基因种子，最终将会导致全球的食物供应将由企业控制，这种担心不无道理。转基因种子，尤其是具有除草剂抗性的，在生产中已经非常普遍了。在北美，转基因作物减少了种子的多样性，并且提高了销售种子的企业的经济利益。过去的经验表明，企业的垄断是危险的，例如，1990~1999年间，几个主要的维生素生产商密谋并实施了操纵维生素的价格，但是最终被美国法院起诉，导致对两家公司（Hoffman-La Roche和BASF）开出5亿美元的罚单和对一个被卷入的行政人员处以4个月的监禁。

实际上，5个跨国公司一直垄断着玉米和小麦种子在全球贸易中的大部分。以小麦为例，这种公司垄断的主要是用传统技术培育的小麦。转基因种子的出现只是引发了人们对种子供应垄断的忧虑,从已经造成的垄断转移到新的垄断上来。因此,全球种子供应的公司垄断是全球种子工业的问题,而不仅仅只包括转基因种子贸易的部分。同样,人们对转基因生物的敌意所产生的副作用,就是小公司开发转基因生物是不可能的。因此,转基因作物的商业化被大的跨国公司牢牢掌握,也是因为它们具有抵抗风险的经济实力。

生物技术工业将消费者对食品生物技术持有消极态度的责任,归咎于绿色和平组织这样的非政府组织(NGO)。这些组织和其他的激进团体对转基因生物有对抗的敌意,因此,即使有大量的证据证明转基因作物或其他的转基因生物(如重组微生物)的安全性和益处,也不能缓解绿色和平组织对这项技术的反对情绪。然而,这并不意味着人们不相信它,但仍需要进行更多的关于转基因生物对环境和健康的安全性研究。这些研究的成果应当实时地提供给人们,使消费者做出自己的判断,而不受非政府组织或者生物技术工业宣传的影响(刘美丽和赵德明,2004;王颖,2000;Bonneau and Laarveld,1999)。

第三节 转基因作物的安全评估和规范

一、评估方法

很少有生物技术产品中能像转基因植物那样引起消费者和非政府组织的反感。而当20世纪90年代早期,第一种转基因产品(Flavr Savr^{Tm})被引入时并没有引发巨大的争议,那时很少有人能预见到现在的这种情况。而90年代中期情况发生了变化,面对世界范围内激进团体的激烈反对,许多国家不得不制定对转基因生物进行限制的法律。尤其是英国人和法国人,采取了更为直接的暴力行为,如破坏进行转基因植物研究的实验室。由于转基因植物风险因素存在着复杂性和多样性,必须在消费者的权利和农民、食品生产商、食品销售商和生物技术公司的权利间找到一个平衡点,大多数消费者主要担心的是转基因作物给人类带来的风险是不可预知的。其中转基因作物对环境的危害也是风险评估的一个重要因素。

20世纪80年代中期,开发转基因作物的技术已经成熟,政府、组织(如联合国粮食与农业组织)和生物学家越来越关注这种新技术对健康带来的潜在风险。此后的10年里,用实质等同性原则作为健康风险评定的方法已经达成广泛的共识。实质等同性原则,是指如果一种新作物与原作物有相似的化学成分和生物特性,那么它与原作物具有相同的品质。采用这种方法还有其他的原因,但是最重要的是用于测定新药物、合成的食品添加剂或杀虫剂安全性的普通毒物学法,并不适用于转基因产品的检测。

对新的化学物质进行传统的毒物学分析需要知道一些毒物的剂量。所有的化学物质都有毒性,如果毒性只在高浓度时才能显现出来,而消费者又不可能与这些高毒物接触,就可以认为这种化学物质是安全的。因此,一般采用的检测方法是将实验动物暴露于浓度逐渐递增的物质中,以此来找出引起毒性的最低量和致死量(如50%浓度的LD_{50}引起实验动物死亡的浓度)。然后制定一个至少100倍的安全量,确保人在与毒性反应的最低浓度的1%量接触时不引起中毒反应。但是由于食物本身具有低浓度的毒性，这种方法不适用于对新食品的检测。如果用大量的某种食物饲养动物，动物可能会产生一些营养失衡的症状（如缺乏某种维生素），但这与食物中的毒性无关。因此，安全性评估通常只对转基因蛋白进行毒性检测实验，而不需要对新食品进行更多的毒性测定。理论上，转基因植物里仅仅比原作物多出一种新的化合物成分，这是对采取上述方案的合理解释。但反对生物技术的激进团体认为，这种解释是不充分的，他们坚持认为不进行更多的毒素检测，是政府与企业为了减少转基因作物的开发费用。有意思的是，如果人们对生物技术的争论发生于20世纪90年代早期，这种论点则很难被人们接受。

有必要指出，政府和生物技术学家应当对每种新的作物进行单独测定达成共识是基于它的最终特性，而不是基于诱导基因改变的方法。即不论具有除草剂抗性的作物是由DNA重组技术还是通过传统的培育技术得到的，都将被认为是一种新作物，必须对它进行安全性评估。而反生物技术的激进团体又提出了不同的意见，他们认为用DNA重组技术培育的所有作物都是有危害的（王向东和赵良忠，2007；萧家捷等，2004）。

二、实质等同性原则的争议

实质等同性原则是通过对转基因植物的各种化学成分进行多重分析，然后与上一代非转基因植物的成分作一个比较。可食用植物的营养水平尤其重要，开发者必须说明这种新植物的蛋白质、脂肪、糖、维生素等的水平与上一代植物的相似程度。许多作物（如土豆、大豆）都含有毒素，开发者必须检测这些毒素的水平来说明它们与上一代植物中毒素水平相似。一些科学家坚持企业必须用具体数字说明这种新植物和原植物是否有差异，这在技术上要比简单地说明营养和毒素水平在同一个范围更为困难，但通过统计学的方法也是可以做到的。然而，大多数政府部门已满足于得到新植物和原植物的营养和毒素相似范围的数据。

实质等同性是一个颇具争议的概念，因为它在本质上的模糊性和定义上的非精确性，一些科学家认为它是一个非科学性的概念。实质等同性的检测并没有揭示出新毒素的存在，是专家批评这种原则的主要原因。理论上这可能是向植物里插入基因的随机结果，实质上生物技术学家不能控制转基因插入的位置（见第四章第三节）。这种新的DNA有时被插入到关键基因的中间，则会使植物死亡。从这点可以看出，转移的基因作为一种诱导物，具有产生不可预期的新基因序列的能力。大多数生物技术学家承认此类情况有可能发生，通过这种方式产生新毒素的概率大小则是专家们争议的焦点。生物技术的支持者断言说这是不可能发生的，作物中产生的新毒素的记录仅仅是几次，并且通常是传统培养程序造成的结果。然而这点并不能让生物技术的反对者放心，他们坚持在转基因作物销售给人们之前，应该进行广泛的和大量的动物实验，就像食物或药品产业中对新型化合物进行的检测一样。开发者必须说明这种化合物不存在，或者急性或慢性的毒性成分含量非常低，并且没有致癌物或致畸物（使婴儿产生缺陷的物质）。如果进行这些实验，生物技术公司将面临很长的研发周期，并且耗费巨额的成本。然而这种检测却能成为改变人们对食品生物技术态度的有效证据。

近来慢性毒性的实验包括用转基因和非转基因土豆长期饲养大鼠，用以证明转基因作物不含毒性。日本研究者和苏格兰的 Arpad Puszta 分别进行了类似的实验，对大鼠进行肠解剖后发现，食用两种不同土豆的大鼠肠腺存在差异，并且转基因土豆有一种可杀虫的植物血凝素基因。但是，这个研究方法有严重的实验设计缺陷。例如，由于大鼠所吃的食物是大量的土豆，这可能会产生蛋白质的不足，很难进行数据判读；另外，还漏掉了十分重要的对照（如只饲喂植物血凝素的大鼠），并且这个研究没有有效的数据支持。例如，在对不同种类土豆的毒物研究中，比较生物碱毒素是非常重要的。由于这些原因，观察得到的结果不能用来对转基因的诱导机制盖棺定论。最后，在这个研究中观察到的现象是肠腺内的变化，很难精确测量，同样也很难评估这种变化对健康的重要程度。在公布了研究成果后，Pusztai 强调它的研究不是说明转基因的毒性效果，只是说明了它们与非转基因土豆的不同之处。遗憾的是，这些信息由媒体传播后就成了转基因土豆具有严重的毒性。

在欧洲，人们对实质等同性原则的批评尤其猛烈。2001 年 7 月，欧盟公布了对转基因生物新法规的建议书，建议书指出实质等同性原则将仍然是风险评估的一个工具，但是它强调实质等同性不能单独作为风险评估的手段。建议书没有指出或提出可以用来与实质等同性原则一起进行风险评估的方法，但是明确了用动物进行毒理试验将是检测的一部分。在美国和加拿大，转基因作物的种植者、政府部门一直将实质等同性原则作为新的转基因作物的风险评估的主要方法。有几个国家（如荷兰）计划扩充用于实质等同性评估的数据范围。目前广为流行的是对转基因作物代谢指纹（metabolic fingerprints）的开发，它涉及对植物中所有成分进行广泛的检测。用这种方法，识别出新的或没有预见的毒素的可能性会增加。但不利的是，这种方法有许多问题，许多可能有毒的次要成分在植物组织中的含量会有一个相当大的波动范围，这些波动可能与环境的变化相关，而且代谢指纹法也不是一个直接的方法（沈娴和龚柏华，2005；Serageldin，1999）。

三、新基因的风险评估

根据实质等同性原则，转基因植物和天然植物在它们的发展过程中仅在新的诱导基因上有区别。因此，对诱导基因的安全性评估是这个过程的一个关键部分。正像以前所提到的，由新基因所表达的蛋白质通常要经过急性毒素检测。将一定剂量的纯化蛋白质注射到实验动物的体内，然后监测动物的健康状况，经过一段时间，杀死动物并对内部的伤害情况作检查。大多数检测通过这种实验之后，还需要对组织样品（如肝的切片）进行检查来检测出异常的细胞。应用这种方法很多情况下没有发现毒性，这主要是因为大多数蛋白质是非毒性的，并且在胃肠（GI）解剖中大多数已经被破坏掉了。然而，这并不意味着不含有毒素，许多微生物蛋白质是潜在的毒素（如肉毒杆菌毒素），并且植物中毒素蛋白（如植物血凝素）也很常见。因此，生物技术公司也对新基因的 DNA 序列进行分析，将它与已知的蛋白毒素作比较，任何相似的序列（相似的碱基顺序）都可被检测出来。这种方法（序列分析＋急性毒素检测）的缺点，是对慢性毒素的灵敏度不高。已知的毒素蛋白都表现出急性毒性，不像许多合成物质要很长的时间才表现出毒性，所以不需要检测慢性毒素。生物技术公司考虑到检测慢性毒性的经济成本和困难，不愿做慢性毒性的检测，而这些困难主要来自必须区分哪些作用是衰老造成的，哪些又是由被检成分引起的。

序列分析也常常用来评价新蛋白质中的过敏性。植物中的一些蛋白质是极危险的过敏原（如花生过敏原），所以在进行转基因操作时必须小心谨慎，必须先将新的基因序列与已知的基因序列作对比，公司和政府管理部门也应对基因的来源多加注意。如果这个来源是曾经含有过敏原的植物或微生物，公司和政府部门更应该小心为上。检测食物中的新过敏原具有一定难度，因此也很难确定这种食物是不是非过敏性的。消费团体和基金组织十分关注这一问题，令他们振奋的是生物技术公司已经对过敏原转移的潜在可能性表现出足够的重视。20世纪90年代早期，有试验表明，一种转基因大豆可能会增加过敏的可能性，这种旨在提高甲硫氨酸含量的大豆已经被禁止生产了，转入的基因源自巴西坚果，是一种易引起过敏反应的食物，这证明了甲硫氨酸含量丰富的蛋白质确实是过敏原。显而易见，从含有过敏原的植物中转移基因时小心谨慎是必要的。

新基因不能被单独转移，通常携带多余的部分。对这些多余的序列最大的争议，是这些序列是否会在转基因作物中作为基因存在（见第四章第一节和第三节）。最常用的基因是抗卡那霉素基因，这种抗卡那霉素的应用会导致未经改造的植物细胞死亡，而携带有这种新基因（具有抗生素抗性的新基因）的细胞不受抗生素的影响。

具有抗生素抗性基因的病原菌的广为流行，是全世界面临的严峻问题，并且许多激进团体指出，在新作物内部具有抗生素抗性基因会导致环境中含有这种基因的植物大量激增。因为这种现象可能会导致抗生物素病原体数量的增加，必须重新审视这个问题。为了评估这种风险，必须解决以下几个问题：这些基因在残留的作物中能存留多久？对于土壤中的微生物来说有可能从残留的作物中获得这些基因吗？有可能将这些基因从土壤微生物转移到病原体中吗？由于转基因作物是以消费者食用为目的，也带来了另外的问题：胃肠的微生物能够从消化的残留作物中获得抗生素基因吗？这些基因能够使微生物具有相对于其他胃肠微生物的竞争优势吗？

没有资料可以回答这些问题。很明显DNA可以在消化过程中存留下来，这在理论上使得肠内微生物暴露于抗生素耐性基因成为可能。溶液中许多细菌有吸收小片段DNA的能力，并且能够将它们整合到自身的染色体中。然而，这个过程（转化）并不适用于所有的基因片段。如果DNA是以质粒形式存在并且含有某种特定的序列，这个序列又可以使适宜的细菌（具有转化能力）将其从近缘病原菌中识别出来，那么转化过程会更有效。

大多数生物技术学家和政府管理部门已经得出了结论：即使大面积种植转基因作物，土壤和肠道中的细菌获得抗生素基因的可能性也是可以忽略的。而抗生素在农业和人类药物中的滥用才是真正的原因，因为相对于其他细菌而言，它提供给抗生素抗性细菌更具有竞争优势的环境。抗生素抗性的细菌在缺少抗生素的情况下增长的可能性微乎其微，这点非常关键。然而，大多数管理者（尤其在欧洲）仍然强烈建议生物技术公司，应当开发不含抗生素抗性的转基因作物。

最后应当提一下基因的因素。转基因作物通常含有启动子，它是一段能够导致高水平转基因表达的 DNA 序列。一种广泛应用的启动子是从花椰菜花叶病毒（CaMV）中得到的，这种病毒是能够感染 brassicaceous 植物。激进主义者宣称这是一段危险的 DNA 序列，理论上完整的启动子能经肠道进入血管，最后进入到个体细胞中。如果与人类的基因组整合，它可能会引起毒蛋白的表达，如控制细胞分裂的蛋白质，这会带来严重的后果，可能会导致肿瘤的形成。

生物技术学家和管理部门认为这种情况不可能发生，主要的原因是这种启动子对动物蛋白质的表达影响很小，并且 CaMV 通常会感染植物。即使人类与相当大数量的启动子接触很长时间，也没有产生任何问题。事实上，也没有摄取 DNA 序列会导致健康问题的记录（沈娴和龚柏华，2005；王颖，2000）。

四、转基因食品标注的意义

2000 年 10 月，由于一种转基因作物（Starlink）在玉米卷外壳和其他含有玉米的食物中出现，在北美的主要媒体上，食品生物技术成为讨论的热点标题。Starlink 玉米被美国食品和药物管理局批准可以作为动物的饲料，但是不能用于食物中，这是因为在 Starlink 玉米中含有能引起人过敏性反应的因素，这种作物含有一种来自于苏云杆菌的 cry 基因，这种基因能使植物对玉米钻虫有抵抗作用。不像其他的 cry 编码的蛋白质，Starlink 蛋白会抵抗胃蛋白酶和其他人体肠道中蛋白酶的消化作用。这延长了在小肠中保持其结构的时间，在理论上会使某些人产生过敏反应。

作为玉米卷中的 Starlink 污染的结果，Kraft 公司不得不付出高昂的代价重新召回销售的食品。美国食品和药物管理局也改变了它的管理政策，避免在将来的转基因作物评定中再次出现模糊不清的规定。美国疾病控制中心（CDC）也对已经食用受污染玉米卷的人展开研究。2001 年春天，他们公布了一份报告，说明了在与 Starlink 接触的人群中，没有发现过敏的症状或其他健康问题。

最后，美国食品和药物管理局发现在玉米卷的 Starlink 污染是始自得克萨斯的一家面粉厂，几车皮的 Starlink 玉米被错误地用于食品的加工。这说明了商品隔离存在的困难性，商品在功能上都是一样的，但区分的原则只是是否存在转基因。通过可追溯和可查证的草案表明，人们需要具有主动性和强制性的标注法。现在，欧盟、日本、澳大利亚和许多其他国家，已经制定了必须对含有转基因生物的食品进行标注的法律。在欧盟，部分是由于 Starlink 事件，科学家们承认很可能在无转基因生物的食品中出现转基因生物。因此，欧盟计划规定对于非转基因生物食品可允许的"污染量"为 1%。Starlink 事件引发的另一个结果，是越来越多的组织着力于开发商品和食物中转基因的检测系统。因为聚合酶链反应（PCR）在检测原 Starlink 污染物的成功，PCR 已经作为一种检测转基因的方法出现。

国际贸易也由于 Starlink 污染事件而受损。由于发现了含有 Starlink 的作物，日本政府已经拒绝了几船玉米入境。无转基因生物的菜籽油被转基因菜籽油污染，几船运往欧洲的菜籽油也因此被拒绝入境。据报道，还没有转基因作物对健康和环境的损害事件，所以这些贸易的问题是有争议的。转基因生物的出口国家，像美国和加拿大，认为对转基因生物的 1% 的限制过于严格（可以用 5% 代替），并且坚持欧盟的这套＜1%污染物的标准将会被证明是不可行的。在可预见的将来，这和其他围绕着转基因生物的贸易问题，将可能一直是转基因生物的出口国和食品进口国之间产生矛盾的根源（Shetty et al., 2006；萧家捷等，2004）。

五、检测评估的标准

如果某种技术可能给人们带来巨大的危险，那么政府对此种技术的应用制定相应的规定就显得十分必要。大多数国家对生物技术的规定是国家标准，然而，对于一些生物技术则是采用联合规定形式。例如，当一个生物技术学家或一个公司开发出一种新的检测技术并且决定向市场推广，这种技术必须经历一个确认的过程，它是根据其检测不同食物的灵敏度和一致性建立的检测方法（标准方法）。这往往需要相当多独立实验室的合作来进行。如果这种研究与目前的方法等同或比其先进，那么政府性质的农业化学家协会（AOAC）或美国公共卫生学会（APHA）将会重新审视这些数据，并且可能将这种方法添加到现行的标准之中。

政府（如美国食品和药物管理局）和非政府组织（如国际标准化组织 ISO）常常将协会认可的标准方法，作为他们的指导意见和法律依据。因此，由协会发展的标准常常具有相当于法律的地位。例如，在大多数国家里，法律的标准规定了在巴氏灭菌之前或之后可允许存在的微生物数量。在制定这些标准时，制定者指定了用于牛奶检测的标准方法。在美国，这样的标准方法是由 APHA 来审定，并且当公共卫生部和美国食品和药物管理局周期性地更新巴氏牛奶条例时，他们就会采用这种标准方法。这提供了一个条例，以便于州政府和市政府在他们的权限内规范牛奶的生产。在这点上，由于牛奶样品必须是新鲜的牛乳，并且与其他的因素有关（牛的体积），另外由于培养基的准备、接种和生长的评估等因素也必须有一个标准，协会常常在许多方法中选择一个正确性和性能相似的方法作为另一个选择（萧家捷等，2004）。

六、生物技术和发展中国家

在 20 世纪后半叶，全世界都在努力提高发展中国家的食品安全性。在许多发展中国家里由于很多人不能得到充足的食品（食品的热量及其品种），食品的安全性是很低的。普遍的饥饿阻碍了社会发展，导致营养不良并带来健康问题（如免疫能力降低），而且无法维持人们进行正常的活动，如工作。因此，饥饿常常会加剧贫穷，而贫穷又是饥饿的根源。

经过 50 年的发展，饥饿问题的解决已经取得一些成功，但在许多国家有相当比例的人口每天仍然忍受着饥饿。回顾从前，可以发现一些常用的方法是相当失败的。例如，20 世纪 50～60 年代，普遍认为提供给发展中国家技术能够对那些国家的经济有刺激作用，并且能够改善农村和农民的生活。如果给一个乡镇的农民大量的拖拉机，这可能会提高生产力并增加农民的财富，然后农民用更多的钱进行消费，从而也让其他人富裕起来。但这种没有后续的支持（如对拖拉机的保养和维修的技术输出）是低效的，并且导致了对工业化国家的长期依赖性。

最近围绕国际化发展的一个热门想法，是发展中国家应当通过向西方国家出口粮食来推进经济的发展。这种构想广为流行，通过一个时髦的词（全球化）成为一种贸易方案。这个方案包括在自由市场体系下加大发展中国家的进出口贸易。自 1999 年最近一轮世贸组织（WTO）的会议在西雅图召开以来，已经出现了强烈反对经济全球化和贸易自由化的声音。这主要是因为人们担心全球化将加重工业化国家对发展中国家的剥削。从事并且研究社会发展的人们同意贸易是重要的，但仅仅贸易本身不能显著地减少贫困或减少普遍的饥饿和营养不良。

众所周知，简单地提供给发展中国家食物或紧急援助并不能解决长期问题。有时食品的捐助会引起当地市场降低当地食品的价格。而西方的经济援助应当发挥更好的效用，这可以通过改善获得低额贷款的方法和帮助其建立工业基础来进行。

另一个更有效地利用西方经济援助的方法是鼓励发展中国家的农业研究。发展中国家的许多地区（如中国）已经具备使农业生产率的增长与人口的增长相配合的能力，这主要是因为绿色革命，即高产的水稻变种和其他高产作物的使用。如果高产种子对于农民（尤其南亚）不是免费的，饥饿问题将更为严重。过去的 40 年里，农用化学品工业由于其过度侵略性的市场政策（尤其是化学杀虫剂）而受到严厉的批评。绿色革命也加大了富国和穷国的差距。

目前的主要问题是，食品生物技术能够有助于减轻发展中国家的饥饿和贫穷吗？生物技术可以用来提高食物（如大米）中的维生素含量，转基因作物也可以用来消除困扰着发展中国家农民的病虫害。但是希望转基因种子的主要开发者（如西方的农化产品公司）为了帮助穷困农民而进行开发是不可能的，跨国公司也不可能轻易放弃能够保证其改良种子销量的知识产权（专利权）。

基于以上原因，更多的开发者认为，如果生物技术能沿着一条不同于发达国家发展模式的道路发展下去，它是一种有效且具有发展潜力的力量。换言之，应由当地的企业和人们的需求来指导生物技术的发展方向。例如，对于居住在南亚的种植旱稻农民来说，干旱对于他们的农业体系来说是一个严重的威胁，他们十分需要能够抗旱的高产种子，一些实验室正在开发这样的抗旱变种作物（彭志英，2008；Serageldin，1999）。

第四节　食品生物技术的未来

由于转基因作物是食品生物技术规范最多且争议最多的部分，本章主要讨论了转基因作物，很难预测未来 20 年的转基因作物的发展前景。人们可能会慢慢接受，这是因为证实这些作物对人类和环境安全的影响需要一个长期的过程。由于对这个问题的关注度增加，对安全性的检测方法也可能会增多。然而，消费者对转基因作物和动物的敌意可能会延续下去，对于许多人来说食品的安全性是引起担心的根源，并且反生物技术的激进团体，已经让很多人相信转基因如果应用到食物中是危险的。

当对能够抵抗疾病的特殊食品成分有了更多的了解，其他方面的食品（如保健食品）生物技术革命将会持续繁荣。不论人们是否意识到，微生物技术今后都将成为重要的经济力量，检测技术也将随其发展，从而逐步提高食品工业保证食品安全性的能力（彭志英，2008；Serageldin，1999）。

参 考 文 献

刘美丽,赵德明. 2004. 疯牛病与转基因动物研究. 中国动物检疫,21 (9):46~49

彭志英. 2008. 食品生物技术导论(普通高等教育"十一五"国家级规划教材). 北京:中国轻工业出版社

邱礼平. 2008. 食品安全概论. 北京:化学工业出版社

沈娴,龚柏华. 2005. 转基因食品安全性的争论. 上海预防医学杂志,17 (6):297~300

王向东,赵良忠. 2007. 食品生物技术. 南京:东南大学出版社

王颖. 2000. 克隆技术研究现状. 世界农业,(11):29~32

萧家捷等. 2004. 食品工程全书(第三卷,食品工业工程). 北京:中国轻工业出版社

Bonneau M, Laarveld B. 1999. Biotechnology in animal nutrition, physiology and health. Livestock Prod Sci, 59 (2):223~241

Perry J. 2002. Introduction to Food Biotechnology. Boca Raton, FL: CRC Press

Serageldin J. 1999. Biotechnology and food security in 21st century. Science, 285 (5426):387~389

Shetty K, Paliyath G, Paliyath G *et al*. 2006. Food Science and Food Biotechnology. Boca Raton, FL: CRC Press

附 录

转基因食品卫生管理办法

发布单位：中华人民共和国卫生部

第一章 总 则

第一条 为了加强对转基因食品的监督管理，保障消费者的健康权和知情权，根据《中华人民共和国食品卫生法》（以下简称《食品卫生法》）和《农业转基因生物安全管理条例》，制定本办法。

第二条 本办法所称转基因食品，系指利用基因工程技术改变基因组构成的动物、植物和微生物生产的食品和食品添加剂，包括：

（一）转基因动植物、微生物产品；

（二）转基因动植物、微生物直接加工品；

（三）以转基因动植物、微生物或者其直接加工品为原料生产的食品和食品添加剂。

第三条 转基因食品作为一类新资源食品，须经卫生部审查批准后方可生产或者进口。未经卫生部审查批准的转基因食品不得生产或者进口，也不得用作食品或食品原料。

第四条 转基因食品应当符合《食品卫生法》及其有关法规、规章、标准的规定，不得对人体造成急性、慢性或其他潜在性健康危害。

第五条 转基因食品的食用安全性和营养质量不得低于对应的原有食品。

第六条 转基因食品的生产企业须达到国家有关食品生产企业卫生规范的要求。

转基因食品的生产经营者应当保证所生产经营的转基因食品的食用安全性和营养质量。

转基因食品的生产者应当保留转基因食品进（出）货记录，包括进（出）货单位、地址、数量，相关记录至少保留二年备查。

第二章 食用安全性与营养质量评价

第七条 卫生部建立转基因食品食用安全性和营养质量评价制度。卫生部制定和颁布转基因食品食用安全性和营养质量评价规程及有关标准。

第八条 转基因食品食用安全性和营养质量评价采用危险性评价、实质等同、个案处理等原则。

第九条 卫生部设立转基因食品专家委员会，负责转基因食品食用安全性与营养质量的评价工作。委员会由食品安全、营养和基因工程等方面的专家组成。

第十条　卫生部根据转基因食品食用安全性和营养质量评价工作的需要，认定具备条件的检验机构承担对转基因食品食用安全性与营养质量评价的验证工作。

第三章　申报与批准

第十一条　生产或者进口转基因食品必须向卫生部提出申请，并提交下列材料：

（一）申请表；

（二）国家有关部门颁发的批准文件；

（三）企业标准；

（四）食用安全性的保证措施；

（五）设计包装及标识样稿；

（六）与食用安全性和营养质量评价有关的技术资料；

（七）申请单位对转基因食品食用安全性和营养质量评价报告和卫生部认定的检验机构出具的对转基因食品食用安全性和营养质量评价的验证报告；

（八）其他有助于转基因食品食用安全性与营养质量评价的资料。

第十二条　本办法第十一条第（六）项规定的转基因食品食用安全性和营养质量评价有关的技术资料包括：

（一）转基因食品的（物种）名称；

（二）转基因食品的理化特性、用途与需要强调的功能；

（三）转基因食品可能的食品加工方式与终产品种类以及主要食物成分（包括营养和有害成分）；

（四）基因修饰的目的与预期技术效果，以及对食品产品特性的预期影响；

（五）基因供体的名称、特性、食用史；载体物质的来源、特性、功能、食用史；基因插入的位点及特性；

（六）引入基因所表达产物的名称、特性、功能及含量；

（七）表达产物的已知或可疑致敏性和毒性，以及含有此种表达产物食用安全性的依据；

（八）可能产生的非期望效应（包括代谢产物的评价）。

第十三条　申请进转基因食品的除必须提交本办法第十一条、第十二条规定的材料外，还应当提供出口国（地区）政府批准在本国（地区）生产、经营、使用的证明文件。

第十四条　卫生部自受理转基因食品申请之日起六个月内作出是否批准的决定。

第十五条　批准的转基因食品，由卫生部列入可用于食品生产、经营的转基因食品品种目录。

第四章　标　　识

第十六条　食品产品中（包括原料及其加工的食品）含有基因修饰有机体或/和表达产物的，要标注"转基因××食品"或"以转基因××食品为原料"。

转基因食品来自潜在致敏食物的，还要标注"本品转××食物基因，对××食物过敏者注意"。

第十七条 转基因食品采用下列方式标注：
（一）定型包装的，在标签的明显位置上标注；
（二）散装的，在价签上或另行设置的告示牌上标注；
（三）转运的，在交运单上标注；
（四）进口的，在贸易合同和报关单上标注。

第十八条 转基因食品的标签应当真实、客观，不得有下列内容：
（一）明示或暗示可以治疗疾病；
（二）虚假、夸大宣传产品的作用；
（三）卫生部规定的禁止标识的其他内容。

第五章 监 督

第十九条 卫生部对已经批准生产或者进口的转基因食品发现有下列情形之一的，进行重新评价：
（一）对转基因食品食用安全性和营养质量的科学认识发生改变的；
（二）转基因食品食用安全性和营养质量受到置疑的；
（三）其他原因需要重新评价的。

第二十条 卫生部对转基因食品的生产经营组织定期或者不定期监督抽查，并向社会公布监督抽查结果。

第二十一条 卫生部认定的转基因食品食用安全性和营养质量检验机构须按照卫生部制定的规程及有关标准进行评价。

对出具虚假检验报告或者疏于管理难以保证检验质量的，由卫生部责令改正，并予以通报批评；情节严重的，收回认定资格。

第二十二条 从事转基因食品检验、评审和监督工作的人员应当具备相应的专业素质和职业道德。

第二十三条 转基因食品生产经营的经常性卫生监督管理，按照《食品卫生法》及有关规定执行。

第六章 附 则

第二十四条 违反本办法，由卫生行政部门按照《食品卫生法》的有关规定进行处罚。

第二十五条 本办法由卫生部负责解释。

第二十六条 本办法自 2002 年 7 月 1 日起施行。